预应力混凝土材料及结构性能

姚大立　余　芳　著

中国建筑工业出版社

图书在版编目（CIP）数据

预应力混凝土材料及结构性能/姚大立，余芳著．—
北京：中国建筑工业出版社，2019.10
ISBN 978-7-112-24154-5

Ⅰ．①预… Ⅱ．①姚… ②余… Ⅲ．①预应力混
凝土-结构性能 Ⅳ．①TU528.571

中国版本图书馆 CIP 数据核字（2019）第 191090 号

本书共八章，主要内容包括：绪论、超高强混凝土、纤维增强超高强混凝土、自密实再生骨料混凝土、钢绞线的腐蚀与疲劳、预应力混凝土梁的腐蚀与疲劳、预应力超高强混凝土梁、预应力型钢超高强混凝土梁。本书可供从事土木工程专业的科技人员和设计人员参考，也可以作为土木工程专业的研究生和本科生的参考书。

责任编辑：张伯熙
责任校对：赵听雨　芦欣甜

预应力混凝土材料及结构性能
姚大立　余芳　著
*
中国建筑工业出版社出版、发行（北京海淀三里河路 9 号）
各地新华书店、建筑书店经销
霸州市顺浩图文科技发展有限公司制版
北京圣夫亚美印刷有限公司印刷
*
开本：787×960 毫米　1/16　印张：13¾　字数：238 千字
2019 年 10 月第一版　2019 年 10 月第一次印刷
定价：**70.00** 元
ISBN 978-7-112-24154-5
（34596）

前　言

随着我国城市化进程的快速发展，高层建筑、超高层建筑、城市桥梁及跨海桥梁也如雨后春笋般地林立在中国大地。建筑行业作为自然资源消耗量较大行业之一，传统混凝土材料受到国家“节能减排”基本国策的制约。因此，开发出节能环保的高性能混凝土材料成为当今我国建筑科研工作者的热点研究问题。高性能混凝土应具有高抗压强度、良好的工作性能和耐久性能等优点。现今，国内外学者已开发出高强及超高强混凝土、自密实混凝土及纤维增强混凝土等高性能混凝土材料，但是，环保特点并不十分突出，鉴于此，作者利用100%再生粗骨料制备出自密实再生骨料混凝土材料，并进行了性能测试。

由于预应力结构具有跨越能力大、受力性能好、耐久性优越及经济效益显著等优点，目前，国内外许多学者对预应力混凝土结构的力学性能、疲劳性能和耐久性能开展了大量的研究工作，取得了令人瞩目的研究成果，然而，氯盐环境下预应力混凝土梁的疲劳性能、预应力超高强混凝土及预应力型钢超高强混凝土组合结构的研究相对较少，为此，作者将近几年完成的有关预应力混凝土梁耐久性能、锈蚀预应力混凝土梁的疲劳性能、预应力超高强混凝土及预应力型钢超高强混凝土结构的部分研究成果做一总结，汇成此书。

本书除介绍作者的研究工作外，还介绍了国内外其他学者的部分研究成果，目的是使读者对该领域有一个更全面的了解。全书共8章：第1章绪论，介绍了预应力材料、预应力结构分类与特点、预应力结构耐久性能以及预应力结构疲劳性能；第2章超高强混凝土，主要介绍了超高强混凝土的配制技术以及超高强混凝土的性能测试，并将超高强混凝土的弹性模量的测试结果与现有规范公式的预测结果进行比较；第3章纤维增强超高强混凝土，这里主要介绍了钢纤维超高强混凝土和高弹模PVA纤维超高强混凝土的配制技术和相关性能测试结果，给出最优纤维掺量；第4章自密实再生骨料混凝土，专题研究了自密实再生骨料混凝土的力学性能和抗渗性能，并比较自密实再生骨料混凝土与普通混凝土、自密实天然骨料混凝土性能的差异；第 5 章钢绞线的腐蚀与疲劳，主要介绍了腐蚀对钢绞线静力拉伸性能和疲劳性能的影响，建立了腐蚀钢绞线的力学性能指标计算公式和疲劳寿命方程；第 6 章预应力混凝土梁的腐蚀与疲劳，主要介绍了钢绞线腐蚀对预应力混凝土梁的静力性能和疲劳性能的影响，提出了腐蚀预应力混凝土梁跨中挠度和混凝土残余应变在疲劳荷载下的计算公式，建立了钢绞线腐蚀后的部分预应力混凝土梁的疲劳损伤全过程分析方法；另外，也运用 ANSYS 有限元软件对试验梁进行了数值分析，探讨了钢绞线腐蚀对预应力混凝土梁的静力性能影响。第 7 章预应力超高强混凝土梁，专题研究了预应力超高强混凝土梁的受剪性能，探讨了抗剪性能的影响因素，分析了预应力普通混凝土梁与预应力超高强混凝土梁的受剪性能区别，建立了预应力超高强混凝土梁的受剪承载力计算公式；第 8 章预应力型钢超高强混凝土梁，主要介绍了预应力型钢超高强混凝土梁的受剪性能以及与预应力超高强混凝土梁剪切性能的区别，提出了预应力型钢超高强混凝土梁的受剪承载力计算模型，最后专题研究了循环荷载对预应力型钢超高强混凝土梁受剪性能的影响，分析了静载梁与循环荷载梁剪切性能的区别，给出了预应力型钢超高强混凝土梁的剪切构造措施。同时，利用有限元分析软件对预应力型钢超高强混凝土梁进行数值计算，将数值计算结果与试验结果进行比较分析。这些研究成果可为规范的再次修订以及预应力超高强混凝土结构的设计和施工提供参考。

本书内容是作者课题组共同完成的研究成果，为此，对参与本课题研究工作的研究生杨卫闯、王建贞、刘云峰、张恒、迟金龙、黄潇宇、胡绍金、谢关飞、张亚欢和潘是均等人表示感谢，感谢他们对本书做出的重要贡献。同时，关于本书的超高强混凝土和纤维增强超高强混凝土两部分研究内容也得到了姜睿博士研究支持，在这里表示感谢。

本书在写作过程中引用了国内外同行的研究成果，在此向相关作者表示最衷心的感谢！

姚大立

2019 年 6 月

目　　录

第1章　绪　　论

1.1　预应力材料

1.1.1　混凝土材料

1. 混凝土的特点

混凝土一般采用水泥为胶凝材料，预应力混凝土应具有强度高（包括早期强度）、变形小（包括收缩和徐变）等特点。一般来说，预应力构件的混凝土强度等级不应低于C30。当采用钢绞线、钢丝、热处理钢筋等作为预应力筋及应用于大跨度预应力混凝土结构时，则不宜低于C40。

（1）强度高

采用高强度混凝土与高强钢筋相匹配，保证高强钢筋发挥作用，有效地减少构件截面尺寸和减轻自重。高强混凝土具有较高的弹性模量，从而具有更小的弹性和塑性变形，减少预应力损失。另外，高强混凝土具有较高的抗拉强度、局部抗压强度及较强的粘结性能，从而可以延缓或推迟混凝土构件截面裂缝的出现。

（2）收缩与徐变小

在预应力结构中采用收缩与徐变小的混凝土，既可减小由于混凝土收缩、徐变产生的预应力损失，又可以有效地控制预应力结构的徐变变形。改善混凝土的收缩、徐变性能，可以通过控制水灰比、选择合适的骨料种类、控制养护温度和湿度、掺加适量的纤维材料及增加减水剂等方法来实现。

（3）快硬、早强

预应力结构中的混凝土应该具有快硬、早强的性质，以实现早施加预应力、加快施工速度、提高设备以及模板的利用率。可以通过掺加高效减水剂等方法来实现混凝土的快硬、早强。

2. 混凝土的种类

预应力混凝土结构中的混凝土可分为普通混凝土（强度等级在C30～C50）、高强混凝土（强度等级在C60～C80）、超高强混凝土（强度等级大于或等于C100）、纤维增强混凝土和自密实再生骨料混凝土。

（1）普通混凝土

普通混凝土是指采用常规的生产工艺，以常规的水泥、砂石为原材料形成的混凝土，它是目前工程中最为常用的混凝土。

（2）高强混凝土

高强混凝土是指采用常规的生产工艺，以常规的水泥、砂石为原材料，通过添加高效减水剂或同时掺加一定数量的活性矿物材料来提高混凝土的工作性能，高强混凝土具有强度高、密实性好、耐久性好、抗渗和抗冻性能优越等特点。

（3）超高强混凝土

超高强混凝土是指采用常规的水泥、砂石为原材料，使用常规的制作工艺，主要依靠外加高效减水剂或同时外加一定数量的活性矿物材料，使新拌混凝土拥有良好的工作性能，并在硬化后具有超过100MPa的水泥混凝土。超高强混凝土的重要特点是强度高、耐久、变形小，能适应现代化工程结构向大跨、重载、高耸发展和承受恶劣环境条件的需要。随着混凝土强度等级的提高，在相同荷载条件下，强度高的混凝土可减少结构构件的截面尺寸，扩大柱网尺寸，降低结构自重。

（4）纤维增强混凝土

纤维增强混凝土是在混凝土中掺加纤维以改善混凝土性能，形成纤维增强混凝土。纤维的存在改善了普通混凝土的抗拉强度和变形性能，可以使混凝土抗裂和抗疲劳性能得到较大的改善，同时，掺入纤维混凝土的物理耐久性能和化学耐久性能也得到较大提高。目前，应用较多的有钢纤维、耐碱玻璃纤维、碳纤维、聚丙烯纤维和尼龙合成纤维等。

（5）自密实再生骨料混凝土

将100％再生粗骨料应用于自密实混凝土而形成的自密实再生骨料混凝土既能解决当今建筑结构复杂多样不易浇筑难题，又能满足国家“节能减排”的基本国策。现有研究成果得出自密实再生骨料混凝土的抗拉强度和弹性模量均较普通混凝土的小。

1.1.2 预应力筋

1. 预应力筋的特点

(1) 强度高

预应力筋中有效预应力的大小取决于预应力筋张拉控制应力大小，考虑到预应力筋的张拉应力在构件的整个制作和使用过程中会出现各种应力损失，只有采用高强材料，才可以建立较高的有效预应力，否则，张拉时所建立的应力可能因为预应力损失而达不到设计要求，甚至会因为损失而丧失预应力。

(2) 粘结应力较好

在先张法预应力构件中，预应力筋的预加力是靠钢筋与混凝土之间的粘结力传递到混凝土中，张拉力越大，需要的粘结力就越高，否则，钢筋与混凝土就会发生相对滑移。因此，在先张法中，预应力筋与混凝土之间必须有较高的粘结自锚强度；在后张法预应力构件中，预应力筋与孔道后灌水泥浆之间应有较高的粘结强度，以使预应力筋与周围的混凝土形成一个整体来共同承受外荷载。这样，对一些高强度的光面钢丝通常加工成刻痕钢丝、波形钢丝及扭结钢丝等，以增加粘结力。

(3) 塑性较好

钢材强度越高，其拉断时的伸长率越低，即塑性低。当处于低温和冲击荷载条件下，低塑性钢筋可能发生脆性断裂。为此，预应力筋应该有良好的塑性。

(4) 加工性能良好

良好的加工性能是指焊接性能好，以及采用墩头锚板时，钢筋头部墩粗后不影响原有的力学性能等。

2. 预应力筋种类

预应力筋必须用高强材料，而提高钢材强度的办法主要有：在钢材成分中增加某些合金元素；采用冷拔、冷拉或冷扭等方法提高钢材屈服强度；采用调质热处理、高频感应热处理、余热处理等方法提高钢材强度。目前，预应力筋除我国经常应用的高强钢丝、钢绞线和热处理钢筋外，国外还有超高强钢绞线、高抗腐蚀筋、大直径钢绞线、超耐久性钢绞线等。

(1) 钢绞线

预应力混凝土结构常用的钢绞线是由冷拔钢丝制造而成，方法是在绞线机上以一种稍粗的直钢丝为中心，其余钢丝围绕其进行螺旋状绞合，再经低温回火处理即可形成。钢绞线规格有2股、3股、7股和19股等，最为常用的是7股钢绞线。模拔钢绞线是在普通钢绞线绞制成型时，通过一个钨合金模拔机模拔，并经低温回火处理而成。这种钢绞线由于每根钢丝在挤压时被压扁，钢绞线的内部空隙和外径都大大减小，提高了钢绞线密实度，与相同外径的钢绞线相比，有效面积增加20%左右；同时由于周边面积较大，易于锚固。我国生产的钢绞线分为普通松弛钢绞线和低松弛钢绞线两种。钢绞线的屈服强度和极限强度之比为0.85。7股钢绞线由于面积大、柔软，可适用于先张法和后张法，施工操作方便，已经成为国内外应用最广的一种预应力筋。

（2）高强钢丝

高强钢丝是用优质碳素钢经过几次冷拔而形成的达到所需要直径和强度的钢丝。常用的高强钢丝，按交货状态分为冷拉和矫直回火两种，按外形分为光面、刻痕和螺旋肋三种。若用机械方式对钢丝进行压痕处理就成为刻痕钢丝，对钢丝进行低温处理（一般低于500℃）矫直回火处理后便成为矫直回火钢丝。高碳素钢的直径有3.0mm、4.0mm、5.0mm、6.0mm和7.0mm五种，高强钢丝的直径按ISO6934国家标准有2.5mm、3.0mm、4.0mm、5.0mm、6.0mm、7.0mm、8.0mm、9.0mm、10.0mm和12.2mm等。高强钢丝多用于大跨度构件。我国生产预应力钢丝分为普通松弛和低松弛两种。

（3）高强度钢筋

高强度钢筋分为冷拉热轧低合金钢筋和热处理低合金钢筋。冷拉钢筋是指经过冷拉提高了屈服强度的热轧低合金钢筋，目前，国内可供选用的冷拉钢筋有：冷拉Ⅰ级、冷拉Ⅱ级、冷拉Ⅲ级和冷拉Ⅳ级钢筋。冷拉Ⅱ级钢筋强度低，预应力构件中应用较少，冷拉Ⅲ级钢筋可以用到次要预应力混凝土构件中，冷拉Ⅳ级钢筋应用较多，但焊接质量不宜保证，易在焊接区域发生断筋现象，在不需要焊接的情况才能用于承受重复荷载的构件。

（4）冷轧变形钢筋

冷轧变形钢筋是采用普通低碳钢筋或低合金热轧圆盘条为母材，经过冷轧或冷拔减径后在其表面冷轧成具有三面或两面月牙横肋的钢筋。这种冷轧钢筋的抗拉强度标准值（极限抗拉强度）及设计值都比母材大大提高，与混凝土的粘结强度也得到提高，但直径较小，这种预应力筋可以用作先张法制作的混凝土中、小型构件的受力主筋等。

（5）钢丝束

在后张法构件中，当需要钢丝的数量很多时，钢丝常成束布置，称为钢丝束。钢丝束就是将几根或几十根钢丝按一定比例的规律平行地排列，用铁丝绑扎在一起。

1.1.3 非预应力筋

预应力混凝土构件中的非预应力筋与普通混凝土结构所用的钢筋品种和级别一样，其力学性能也与普通钢筋混凝土结构中钢筋的物理力学性能一致。非预应力筋在预应力混凝土结构中有着重要的用途，预应力构件腹板中抵抗主拉应力的钢筋可用预应力筋，但大多数情况下采用的是非预应力筋，在后张法预应力混凝土构件的张拉端和固定端布置非预应力筋防止混凝土在高应力下开裂。另外，非预应力筋还可与预应力筋一同在构件中起到主筋作用。

1.1.4 型钢

预应力型钢骨混凝土结构所用的钢材主要是 Q235 钢和 Q345 钢，这些钢种属于低碳软钢。

1. 钢材的要求

为了防止在一定条件下出现脆性破坏和满足结构的承载能力要求，所选用的钢材牌号和材料性能除应符合行业标准的规定外，还应符合下列要求。

（1）焊接结构的要求

含碳量。钢材的含碳量不应超过焊接性能所规定的限值，即 Q235-D 级钢的含碳量小于 0.17%，硫、磷含量小于 0.035%时，焊接性能较好。

断面收缩率。断面收缩率不小于规定值。

钢材的冷弯性能必须符合要求。

（2）抗震结构要求

强屈比。钢材的强屈比是指钢材的极限抗拉强度实测值与屈服强度的比值。抗震结构强屈比不应小于 1.2，抗震设防烈度为 8 度及以上时，则不应小于 1.5。

钢材的拉伸试验应具有明显的屈服台阶。钢材的伸长率应大于 20%

(标距 50mm)，以保证构件具有足够的塑性变形能力。

钢材应具有良好焊接性，且能保持良好的延性。

钢材的冲击韧性必须得到保证。

2. 钢材种类

钢材的分类可以用钢的牌号来区分。例如 Q235A・F 表示按顺序由如下四部分组成："Q" 代表屈服强度；"235" 代表屈服值；"A" 代表质量等级，如 A、B、C、D；"F" 代表脱氧方法。

高层建筑钢结构的钢材，宜选用 Q235 的 C、D、E 等级的碳素结构钢，或采用 Q345 的 C、D、E 等级的低合金高强度结构钢。

重要的焊接构件宜采用碳、硫、磷含量较低的 C、D、E 级碳素结构钢和 D、E 级低合金结构钢。

1.2 预应力结构分类与特点

1.2.1 预应力结构分类

1. 按预应力工艺分类

先张法：采用永久或临时台座张拉预应力筋，在模板内浇筑混凝土，待混凝土达到设计强度和龄期后，释放预应力筋中的应力，在预应力筋回缩的过程中利用预应力筋与混凝土之间的粘结力，对混凝土施加预应力。

后张法：后张法是先浇筑混凝土，并预留孔道，待混凝土结硬并其强度达到设计值后，穿入预应力筋，以构件本身作为支撑张拉预应力筋，然后用特制的锚具将预应力筋锚固形成永久预加力，最后在预留孔道内压注水泥砂浆防锈，并使预应力筋与混凝土结成整体。

2. 按预应力度分类

根据预应力程度不同，预应力混凝土可以分为全预应力混凝土结构和部分预应力混凝土结构。全预应力混凝土结构：全预应力混凝土结构是指在全部荷载最不利组合下，截面混凝土不允许出现拉应力，混凝土不受拉，当然就不会出现裂缝。这种在全部使用荷载下必须保持全截面受压的设计，通常称为全预应力设计，"零应力" 或 "无拉力" 则为全预应力混凝土的设计基本准则。全预应力虽有抗裂性能好、刚度大、节省钢材等优点，但是在预应力混凝土结构的应用中也出现一些严重的缺点。例如，构件反拱大、裂缝、结构延性差及对抗震不利等。全预应力混凝土结构最难处理的一个问题是反拱长期不断发展。

部分预应力混凝土结构：部分预应力混凝土结构是指在全部荷载最不利组合下，构件截面混凝土允许出现裂缝，但裂缝宽度不超过规定允许值。在正常使用荷载下，允许截面的一部分处于受拉状态，甚至出现裂缝，此时需要用一些非预应力筋来加强，所以，通常部分预应力混凝土结构是预应力比较低，且有中等强度非预应力筋的配筋混凝土结构。

3. 按预应力体系分类

根据预应力体系的特点，预应力混凝土结构可分为：体内预应力混凝土结构、体外预应力混凝土结构、有粘结预应力混凝土结构及无粘结预应力混凝土结构等。

体内预应力混凝土结构：体内预应力混凝土结构是指预应力筋布置在混凝土内部的预应力混凝土结构，如先张预应力混凝土结构和后张预应力混凝土结构等。

体外预应力混凝土结构：预应力筋与混凝土之间的粘结人为取消后，即形成无粘结预应力混凝土结构。体外预应力属于无粘结预应力的一种，其预应力筋布置在混凝土截面外，预应力通过锚具和转向块施加在混凝土上。

无粘结预应力混凝土结构：无粘结预应力混凝土结构，一般是指采用无粘结预应力筋，按后张法制作的预应力混凝土结构。预应力筋采用专门的工艺生产，其表面涂有一层专用防腐润滑油脂、外包一层塑料防腐材料。施工时同非预应力筋一样按设计要求进行辅放、绑扎，然后浇筑混凝土。当混凝土强度达到一定要求后，再对预应力筋进行张拉、锚固。由于预应力筋受力时在塑料套管内变形，不与外围混凝土直接接触，二者之间当然不存在粘结应力，故工程中将其称为无粘结预应力混凝土结构。

1.2.2 预应力结构特点

1. 高效预应力混凝土梁

预应力技术最初的研究和应用就是为了解决钢筋混凝土受弯构件使用中出现的抗裂性能低、结构自重大和不能充分利用高强钢材等种种缺陷问题。利用混凝土抗压强度较高而抗拉强度低的特点，采用高强度钢筋在混凝土梁的受拉区预先施加压力，使之建立一种人为的应力状态，当荷载作用时，利用此种预压应力去平衡由于荷载引起的大部分或全部预应力，从而使梁在使用荷载作用下不致开裂，或推迟开裂，或者减小裂缝开展的宽度。这样既改善了混凝土梁的抗拉性能，又可达到充分利用高强材料性能的目的。而高效预应力混凝土采用高强钢材和高强（高性能）混凝土，与传统预应力混凝土相比，更具优点。

（1）预应力混凝土由于可以有效利用高强度的钢筋和混凝土，因而可以作为比普通钢筋混凝土跨度大而自重较小的细长的受弯构件。研究表明，高效预应力混凝土梁、板的经济跨度要比钢筋混凝土的大50%～100%。

（2）所采用的高强钢材的强度设计值远高于普通热轧钢筋的强度，与普通Ⅱ级热轧钢筋的设计强度相比，约高3.5～4倍，因而可显著减少用钢量，且因配筋量减少，钢筋（钢绞线）易于配置，截面有效高度可提高。

（3）预应力可以改善受弯构件使用性能，通过对截面受拉区施加预应力，使其具有较高的抗裂性，从而可以防止混凝土开裂或者将裂缝宽度限制在可靠的范围。这一方面提高了受弯构件的耐久性，另一方面也使构件的弹性范围增大，相对地也提高了构件的截面刚度。

（4）预加应力使得受弯构件中将产生反拱而降低了其变形。这一变形特性，就意味着可选用较小的构件截面尺寸。通常，跨度相近时，预应力混凝土受弯构件的截面高度 h 为普通混凝土的0.7～0.8倍左右。所以预应力混凝土可减轻受弯构件自重，使其更为轻巧，更适宜在大开间，大柱网的结构中应用。

（5）另外，预应力混凝土受弯构件可以承受相当大的过载而不引起永久的破坏，只要钢筋的应变保持在一定值下，超载引起的裂缝就会重新闭合。

2. 体外预应力筋混凝土梁

体外预应力混凝土薄壁T形梁和箱梁具有施工方便、易检测和换索等优点。随着桥梁跨度的增大，恒载作用效应占结构总作用效应的比例愈大，因此减轻结构自重对提高结构抵抗使用荷载的有效性、增大结构的跨越能力具有极为重要的意义。由此必然导致预应力技术和高强、高性能混凝土的引入及应用以期能进一步减小构件尺寸、减轻结构自重，但此举势必带来T形梁和薄壁箱梁的一个构造问题，即在大跨度预应力混凝土T

形梁和箱梁中，如果其壁厚较小，则预应力筋会布置不下，预应力混凝土T形梁和箱梁的最小壁厚不是由于结构的受力要求所决定，而是取决于结构的构造要求。在此情况下，采用体外预应力技术不失为一种最佳选择，此举可以保证在满足结构受力的前提下，取壁厚为最小而不必担心预应力筋会布置不下。特别是对于混凝土薄壁箱梁而言，体外预应力筋可以放置在箱梁室内，利用箱梁横隔板作为其体外预应力筋的锚固端和转向鞍，施工简便，而且不会带来美观上的缺陷。因此，体外预应力混凝土薄壁箱梁无疑会成为新建桥梁的一种较好的可供选择的结构形式。

3. 预应力型钢混凝土梁

型钢混凝土结构是指在混凝土中配置型钢，并配有一定的构造钢筋及受力钢筋，使型钢、钢筋和混凝土三种材料协调工作，共同抵抗外部作用的一种组合结构。根据所用型钢的不同可分为实腹式和空腹式两大类，实腹式构件的钢骨用型钢或用钢板焊成，空腹式构件的钢骨由缀板或缀条连接角钢或槽钢组成。对型钢混凝土结构施加预应力形成预应力型钢混凝土（Prestressed Steel Reinforced Concrete，简称 PSRC）结构兼具预应力混凝土结构和型钢混凝土结构的特点。

PSRC 梁与预应力混凝土梁相比，具有以下特点：①抗剪承载力高，抗震性能好；②可将模板悬挂在钢骨架上，利用型钢承受构件自重和施工时的活荷载，节省支撑，施工方便；③用钢量增加，截面刚度增大，变形容易控制；④截面内用材较多，预应力筋布置受限制。

PSRC 梁与 SRC 梁相比，具有以下特点：①施加预应力扩大了结构的弹性范围，调整了结构中内力分布，延缓了裂缝开展，使得变形控制更易满足；②使用预应力技术可有效利用高强钢材，提高经济指标，工程实践证明可节约钢材 10%～30%，降低总造价 10%～20%；③施工复杂，锚固构造要求高，防腐与防火要求比较严格；④预设人为应力状态，增强了构件抗疲劳性能。

将预应力型钢混凝土梁与其他结构形式的梁进行比较，可以看出，预应力型钢混凝土梁在具有诸多优点的同时，也存在着一些不足，但随着理论的不断完善和实际工程经验的不断积累，将预应力型钢混凝土梁应用到实际工程中去，可获得美观、耐久、安全的使用性能，并取得显著的经济效益。

1.3 预应力结构耐久性能

1.3.1 应力状态下混凝土碳化性能

混凝土结构是土木工程领域中应用最为广泛、最为常见的结构形式，众所周知，钢筋混凝土是一种耐久性能良好的建筑材料。然而，在使用荷载和环境等因素作用下，仍然存在材料老化、腐蚀，以及由此引起的结构性能劣化等问题。在一般大气环境条件下，混凝土碳化并引起埋置其中的钢筋锈蚀是影响钢筋混凝土耐久性的最主要因素。

混凝土是一种强碱性材料，钢筋在这种环境下产生钝化膜而不会锈蚀。一旦暴露在大气中，大气中的二氧化碳浸入混凝土并中和混凝土中的氢氧化钙，使其碱性下降，从而使钢筋钝化膜破坏并导致锈蚀。因此，混凝土碳化是钢筋锈蚀的重要前提。钢筋不断地锈蚀促使混凝土保护层开裂，产生沿筋裂缝和剥落，进而导致粘结力减小，钢筋受力面积减小，结构耐久性和承载力降低等一系列不良后果。

因混凝土碳化引起的钢筋锈蚀已经或正在给国民经济带来巨大的损失。西方发达国家由于工程建设开始得比较早，工程服役时间较长，此问题暴露得比较凸显。在英国，由于混凝土碳化引起钢筋锈蚀而需要重建或更换钢筋混凝土的建筑物占 36%。据 1975 年苏联有关资料统计，在一般的工业区，大部分冶金、化工、机械制造、造纸和食品工业的厂房和构筑物都受着钢筋锈蚀的侵害，为此而受到的损耗其总值达 400 亿卢布以上，占工业固定资产的 16%，若不对这些厂房和构筑物采取专门的措施，则因建筑结构使用期限缩短而造成的材料损耗每年就达 20 亿卢布。在中国国内，1985 年安徽省对省内 14 座水工混凝土建筑物进行了锈蚀破坏调查，发现几乎全部存在不同程度的混凝土碳化和钢筋锈蚀破坏。因此，进行混凝土碳化研究，无论是对既有建筑物的耐久性评定、维修加固，还是对建筑物的耐久性设计均有重要的现实意义。

1.3.2 非预应力钢筋锈蚀的结构性能

混凝土内钢筋锈蚀主要是由混凝土中性化和氯离子侵蚀引起的，近年来，国内外已针对锈蚀钢筋混凝土构件做了大量的试验研究和工程调查工作。钢筋的锈蚀，首先引起混凝土构件内部钢筋混凝土材料的物理和化学作用的变化，主要有：①锈蚀导致钢筋有效截面面积减少，力学性能随之发生变化；②锈蚀产物的体积膨胀对钢筋周围混凝土挤压产生环向拉应力，当环向拉应力达到混凝土抗拉强度时，钢筋与混凝土交界面处产生沿钢筋的径向裂缝，随锈蚀加剧，径向裂缝发展至混凝土表面，直至混凝土保护层开裂或保护层剥落；③锈蚀导致钢筋和混凝土间黏结性能退化，严重时影响混凝土与混凝土的共同工作，导致混凝土构件材料强度不能充分发挥。

国内外学者已经分别利用试验研究和有限元分析手段对锈蚀钢筋混凝土梁的抗弯承载性能进行了大量的研究。其研究成果主要为以下几个方面：①当钢筋锈蚀率较小时，混凝土保护层为出现锈胀开裂，锈蚀钢筋力学性能没有明显变化，锈后钢筋与混凝土之间的黏结强度往往略有增大，锈蚀后受弯构件承载能力和破坏模式无明显变化，承载力计算时可不考虑钢筋锈蚀的影响；②当钢筋锈蚀率较大时，梁的破坏模式虽然一般仍表现为正截面受弯破坏，但破坏特征与来锈蚀构件已有所不同，锈蚀构件的正截面受弯承载力发生明显的降低；③当钢筋锈蚀率很大时，锈蚀钢筋混凝土受弯构件可能发生破坏模式的突变，可能由锈蚀受弯构件的适筋破坏转变为类似于少筋破坏，当混凝土保护层锈胀剥落时，则可能发生钢筋端部锚固滑移破坏。此时钢筋混凝土受弯构件承载能力的变化极为显著。

箍筋锈蚀对混凝土梁剪切性能的影响主要包括以下几个方面，第一，箍筋有效面积减小和力学性能的降低直接减弱箍筋承担的外剪力；第二，箍筋锈蚀造成箍筋对混凝土开裂的约束降低，进而影响了斜裂缝间骨料咬合力和摩擦力；第三，箍筋锈蚀产生的锈胀裂缝削弱了混凝土保护层部分的截面面积，进而降低了混凝土梁抗剪承载力；第四，箍筋锈蚀导致了混凝土梁向无腹筋梁破坏转变。

1.3.3 预应力钢筋锈蚀的结构性能

世界范围内出现一系列预应力混凝土结构耐久性失效的事故，在1950～1977年的28年期间，世界范围内共发生28起著名的后张预应力筋腐蚀导致整体结构破坏的工程实例。基于预应力钢筋腐蚀的耐久性退化包括两种可能类型，一种是有些结构与其所处的环境共同构成了对应力腐蚀敏感的体系而使预应力钢筋发生应力腐蚀破断，这种破断不需要很多的腐蚀量，但需要一种非常特殊的局部腐蚀条件；另一种是有些结构有些与其所处的环境共同构成了对应力腐蚀不敏感的体系而仅发生一般腐蚀减损，其腐蚀量往往较大，当这种腐蚀达到一定程度时也会引起处在高应力状态的预应力钢筋的破断。

随着时间的流逝，预应力混凝土结构耐久性失效的问题将更加突出，主要有以下几个原因：①现有预应力结构在设计建造以及使用过程中对耐久问题考虑不足，而其服役时间正在增加；②大量现代建筑主要建造在氯盐浓度大的沿海地区，且随着环境污染的加剧，城市空气中二氧化碳等有害气体浓度上升，加速了引起预应力筋腐蚀破坏的碳化进程以及产生酸雨侵蚀等；③随着预应力钢筋强度的不断提高，力筋的工作应力也在不断提高，因而应力对腐蚀的影响也在不断加大；④现代预应力结构被大量用来建造大、高、重、特结构，这些结构往往是造价高昂、事关重大的重要工程，一旦出现耐久性破坏，将会造成严重后果。因此，研究预应力混凝土结构的耐久性问题既有重要的意义，也是十分必要的。

1.4 预应力结构疲劳性能

1.4.1 混凝土疲劳性能

混凝土材料在疲劳荷载作用下的疲劳强度、疲劳变形和疲劳损伤研究是预应力混凝土构件疲劳强度、疲劳变形和疲劳损伤破坏分析的基础，是混凝土结构疲劳性能研究中的一个重要方面。国内外大量的预应力混凝土梁的疲劳性能试验研究的结果表明：除非构件配筋率过高或者截面形状为倒 T 形时，才可能发生受压区混凝土的疲劳破坏，否则构件受压区混凝土几乎没有发生疲劳破坏的。由此可见，混凝土的轴心抗压疲劳强度一般不是部分预应力混凝土构件疲劳破坏的控制性因素。另一方面，对于不允许开裂的预应力混凝土构件，如恶劣环境下，腐蚀介质中的预应力混凝土构件，混凝土轴心受拉、拉—压疲劳性能的研究对于构件的疲劳抗裂性显得尤为重要。此外，在使用荷载作用下，受拉区混凝土的开裂以及受压区混凝土的动力徐变对预应力混凝土构件的疲劳性能也会产生较大影响。

1.4.2 非预应力钢筋疲劳性能

钢筋的疲劳强度是钢筋的基本性能参数之一，对于承受疲劳荷载的预应力混凝土结构尤为重要。影响钢筋疲劳强度的因素很多，如应力幅值和应力比，钢筋的外形和直径，钢筋的强度等级，弯起钢筋的弯曲半径，钢筋之间的连接，疲劳荷载的频率，温度和介质条件等。其中，钢筋的尺寸和强度等级对疲劳强度的影响相对较小。研究表明：钢筋的弯折和焊接会使钢筋的疲劳强度显著。不管是在空气中还是埋置在混凝土中，经过焊接后的钢筋，其疲劳断裂总是发生在焊接连接处。在正常使用下，当构件以及环境确定以后，应力幅便成为影响钢筋疲劳强度的主要因素。

① 光圆钢筋

早期国外进行的光圆钢筋的疲劳试验都是在高频下完成的，与实际使用情况不符，且研究结果表明：高频机得出的疲劳强度偏高，工程应用偏于不安全。以后，随着高强变形钢筋的普遍使用，人们对光圆钢筋的疲劳研究减少。但根据国外对预应力光圆钢筋在空气中和埋置在混凝土中的疲劳对比试验来看，认为光圆钢筋埋置在混凝土中的疲劳强度比在空气中降低约为1/6。研究表明，弯曲对光圆钢筋的疲劳强度影响较大，弯曲45°的光圆钢筋，其疲劳强度比不弯曲的减小约29%。

② 变形钢筋

变形钢筋在空气中和在埋置混凝土中疲劳强度的差异，具体来讲，笔直连续的热轧变形钢筋，在空气中进行的疲劳试验，断裂发生在钢筋的最大缺陷处，埋置在混凝土中的弯曲疲劳试验，断裂一般发生在混凝土弯裂区钢筋横向突缘与其纵肋的根部。由此可见，变形钢筋肋根部应力集中，对承担疲劳荷载是不利的。

1.4.3 预应力钢筋疲劳性能

预应力钢筋的疲劳强度与预应力钢筋的种类、表面状态、制造处理方法、锚具形式、夹持方法以及粘结程度有关。由于难以计算和测量埋置在混凝土内预应力钢筋的应变，许多预应力钢筋的疲劳试验都是在空气中进行的，而不是埋置在混凝土中。空气中钢丝和钢绞线的疲劳试验也需要特制的夹具，否则断裂多发生在上下夹头附近。

研究结果表明：钢绞线疲劳源绝大多数出现在边丝和边丝之间的接触面上，个别出现在自由表面上。钢绞线的疲劳破坏机理不同于高强度钢丝，且疲劳强度低于高强度钢丝。钢丝的疲劳破坏主要是由钢丝表面缺陷引起，而钢绞线则主要是由各钢丝之间的擦伤疲劳引起。擦伤疲劳最早是在机械工程中发现的，其破坏是由变化的轴向应力、摩擦应力、侧向压力和滑移等因素共同作用所引起的。“擦伤”是指在上述重复荷载作用下材料发生磨损、腐蚀，促使表面裂缝提前出现。

1.4.4　预应力混凝土结构疲劳性能

在桥梁结构服役期间，预应力混凝土构件除承受静力荷载作用之外，还要承受频繁的重复荷载作用，例如，车辆荷载、风浪荷载等。在预应力混凝土结构应用早期，由于混凝土桥梁自重较大，静活载比也较大，混凝土桥梁的疲劳问题往往容易被忽视，工程界并没有特别注重其疲劳问题，目前我国现行公路混凝土桥梁设计规范中尚未对结构的疲劳验算问题进行规定。随着桥梁朝着大跨、轻质方向发展，也相应地要求降低主梁高度、减小腹板厚度，以减轻自重；同时日益严重的超载问题导致构件长期承受较高的应力作用，静活载比逐渐减小，预应力混凝土结构的疲劳问题日益显著。

部分预应力混凝土构件一般采用既配预应力钢筋又配普通钢筋的混合配筋形式。部分预应力混凝土结构在设计使用荷载下从允许产生拉应力至一定宽度的裂缝，较普通钢筋混凝土和全预应力混凝土具有更广泛的设计性能状态。在对部分预应力混凝土梁进行疲劳性能分析时，其疲劳极限状态验算的主要内容是钢筋和混凝土的应力，正常使用极限状态验算的基本前提是裂缝宽度和挠度的计算。而对部分预应力混凝土梁进行疲劳寿命预测不仅是疲劳设计阶段的重要内容，而且对服役期的部分预应力混凝土梁来说也有极其重要的意义。因此，在对部分预应力混凝土梁进行疲劳性能分析的基础上，准确预测其疲劳寿命是目前设计人员和工程技术人员最为关注的内容。

部分预应力混凝土梁在设计使用寿命期间材料就存在腐蚀疲劳的问题，导致结构发生疲劳破坏的可能性大大增加。对于允许出现裂缝的部分预应力混凝土桥梁构件来说，疲劳荷载产生的裂缝会为侵蚀环境中的钢筋锈蚀创造条件，从而加速了结构的疲劳破坏。作为应用最为广泛的预应力钢筋，钢绞线的钢丝截面面积小且常处于高应力水平，在部分预应力混凝土梁承受疲劳荷载产生裂缝后，处于腐蚀环境中更容易发生钢绞线锈蚀断裂引起的疲劳破坏。而且钢绞线从开始锈蚀到断裂往往是一个比较快的过程，构件通常是没有先兆的脆性破坏，这种破坏往往会造成巨大的经济损失和社会影响。

本章小结

本章首先详细叙述了混凝土和预应力筋等预应力材料的物理性能和力学性能特点，其次，叙述了现今工程界所使用的预应力结构种类以及每种结构特点和性能特征，最后，鉴于预应力混凝土桥梁结构的工况环境，详尽阐述了预应力混凝土结构的耐久性能和疲劳性能。

参考文献

[1] 蒲心诚，王志军，王冲等. 超高强高性能混凝土的力学里能研究 [J]. 建筑结构学报，2003，23 (6)：49-55.

[2] 贾金青，赵国藩. 钢骨高强混凝土短柱力学性能 [M]. 大连：大连理工大学出版社，2006.

[3] Josef H.，Claus G.，Structural behavior of partially concrete encased composite sections with high strength concrete. ASCE Conf. Proc. 2006，186 (33)：346-355.

[4] Aitcin P. C.，Developments the application high-performance concretes. Construction and Building Materials，1995，9 (1)：13-17.

[5] Melby K，Jordet E A，Hansvold C.，Long-span bridges in Norway constructed in high-strength LWA concrete. Engineering Structures，1996，18 (11)：845-849.

[6] 杜拱辰. 现代预应力混凝土结构 [M]. 北京：中国建筑工业出版社，1988.

[7] 王传志，腾智明. 钢筋混凝土结构理论 [M]. 北京：中国建筑工业出版社，1989.

[8] 叶见曙. 结构设计原理 [M]. 北京：人民交通出版社，2001.

[9] 卢树圣. 现代预应力混凝土理论与应用 [M]. 北京：中国铁道出版社，2000.

[10] 房贞政. 无粘结与部分预应力结构 [M]. 北京：人民交通出版社，1999.

[11] 江见鲸. 混凝土结构工程学 [M]. 北京：中国建筑工业出版社，1998.

[12] 范立础. 预应力混凝土连续梁桥 [M]. 北京：人民交通出版社，1988.

[13] 林同炎，Ned H. Burns. 预应力混凝土结构设计（第三版）[M]. 路湛心等译. 北京：中国铁道出版社，1983.
[14] 张建华. 预应力钢骨混凝土三角形支托刚架试验研究 [D]，重庆：重庆大学，2000.
[15] 李峰. 预应力钢骨混凝土梁承载能力试验研究 [D]，重庆：重庆大学，2007.
[16] 杨波. 预应力钢骨混凝土构件裂缝试验研究 [D]，重庆：重庆大学，2007.
[17] 黄承逵. 纤维混凝土结构 [M]. 北京：机械工业出版社，2004.
[18] 赵国藩. 高等钢筋混凝土结构学 [M]. 北京：中国电力出版社，1999.
[19] 赵国藩. 黄承选钢纤维增强机理及其结构设计理论课题研究总结. 大连：大连理工大学土木系结构研究室，1993.
[20] 孟刚. 部分预应力钢骨超高强混凝土梁抗弯性能研究 [D]. 大连：大连理工大学，2014.
[21] Melby K，Jordet E A，Hansvoid C. Long-span bridges in Norway constructed in high-strength LWA concrete [J]. Engineering Structures，1996，18（11）：845-849.
[22] Josef H.，Claus G. Structural behavior of partially concrete encased composite sections with high strength concrete [C]. ASCE Conf. Proc. 2006，186（33）：346-355.
[23] 杨卫闯. 自密实再生混凝土梁受力性能研究 [D]，沈阳：沈阳工业大学，2018.
[24] 余芳，姚大立，胡绍金. 自密实再生骨料混凝土的基本力学性能 [J]. 沈阳工业大学. 2019，41（3）：356-360.
[25] Mehta P K. Concrete durability：fifty year’s progress [C] //Proceeding of International Conference on Concrete Durability，ACI SP126-1，1991：1-33.
[26] 罗福午. 建筑结构缺陷事故的分析及防治 [M]. 北京：清华大学出版社，1996.
[27] Mehta P K. Durability-critical issues for the future [J]. Concrete international，1997，19（7）：27-33.
[28] 洪定海. 混凝土中钢筋的腐蚀与保护 [M]. 北京：中国铁道出版社，1998.
[29] 卢木. 混凝土耐久性研究现状和研究方向 [J]. 工业建筑，1997，27（5）：1-6.
[30] 屈文俊. 现有混凝土桥梁的耐久性评估及寿命预测 [D]. 四川：西南交通大学博士学位论文，1995.
[31] 四航局科研所. 华南沿海部分码头调查情况分析 [J]. 水运工程. 1982，2：1-7.
[32] Concrete Society/Concrete Bridge Development Group. Durable Post-Tensioned Concrete Bridges [R]. Technical Report No. 47 Crowthorne，UK：2002.

[33] 刘椿，朱尔玉，朱晓伟. 预应力混凝土桥梁的发展状况及其耐久性研究进展[J]. 铁道建筑，2005，11：1-2.
[34] Schupack M. A survey of the durability performance of post-tensioning tendons [J]. ACI Journal，1978，75 (10)：501-510.
[35] Schupack M，Suarez M G. Some recent corrosion embrittlement failures of prestressing systems in the United States [J]. PCI Journal，1982，27 (2)：38-55.
[36] Nurnberger U. Corrosion protection of prestressing steels [C]. FIP State-of-the-Art Report，Draft Report，FIP，London，1986.
[37] Gredersa. 碳化深度和氯离子的分布 [C]//钢筋混凝土结构的修复与维护国际学术交流会. 同济大学，2001.
[38] 金伟良，赵羽习. 混凝土结构耐久性 [M]. 科学出版社，北京，2002.
[39] 张德峰，吕志涛. 裂缝对预应力混凝土结构耐久性的影响 [J]. 工业建筑，2000，30 (11)：12-14.
[40] Maslehuddin M，Allam I A，Al-Sulaimani G J. Effect of rusting of reinforcing steel on its mechanical properties and bond with concrete [J]. ACI Materials Journal 1990，87 (5)：496-502.
[41] Allam I M，Maslehuddin M，Saricimen H. Influence of atmospheric corrosion on the mechanical properties of reinforcing steel [J]. Construction and Building Materials，1993，8 (1)：35-41.
[42] Almusallam A A. Effect of degree of corrosion on the properties of reinforcing steel bars [J]. Construction and Building Materials，2001，15 (8)：361-368.
[43] Apostolopoulos C A，Papadopoulos M P，Pantelakis S G. Tensile behavior of corroded reinforcing steel bars BSt 500s [J]. Construction and Building Materials，2006，20 (9)：782-789.
[44] 惠云玲，林志伸，李荣. 锈蚀钢筋性能试验研究分析 [J]. 工业建筑，1997，27 (6)：10-13.
[45] 张平生，卢梅，李晓燕. 锈损钢筋的力学性能 [J]. 工业建筑，1995，25 (9)：41-44.
[46] 王军强. 大气环境下锈蚀钢筋力学性能试验研究分析 [J]. 徐州建筑职业技术学院学报，2003，3 (3)：25-27.
[47] 吴庆，袁迎曙. 锈蚀钢筋力学性能退化规律试验研究 [J]. 土木工程学报，2008，4 (12)：42-46.
[48] 张克波，张建仁，王磊. 锈蚀对钢筋强度影响试验研究 [J]. 公路交通科技，2010，27 (12)：59-66.
[49] 张伟平，商登峰，顾祥林. 锈蚀钢筋应力-应变关系研究 [J]. 同济大学学报：自然科学版，2006，34 (5)：586-592.

第 2 章　超高强混凝土

高强混凝土具有强度高、耐久、变形小的特点，在实际工程中推广使用超高强混凝土不仅仅是经济、技术的要求，而且也是时代发展的要求。随着混凝土这一建筑材料的制备技术与施工技术不断革新，强度等级达到C100 级的超高强混凝土材料在实际工程中也逐渐被推广。本章开展了超高强混凝土（C100）的配合比设计，测试并分析了其抗压强度、劈拉强度等力学性能指标。

2.1　超高强混凝土的配制

尽管国际上 C100 级超高强混凝土的配制技术比较成熟，国内在试验室也已经成功配制出 C100～C150 超高强混凝土，但迄今为止，还没有一个普遍认可或通用的超高强混凝土配比的设计方法。这主要因为混凝土是一种地方性很强的材料，而超高强混凝土对骨料特别是粗骨料有特殊要求，对水泥的选择也需要比对普通混凝土水泥的选择更加严格，加之超高强混凝土的组分较为复杂（一般至少为六组分），配制时必须考虑到超塑化剂的作用及超塑化剂与胶凝材料特别是水泥的相容性问题，所以依靠传统的仅根据强度与水灰比的关系来设计超高强混凝土是行不通的。因此，本试验只能借鉴国内外的有关资料和经验，根据大连本地区原材料的供应情况（主要是砂、石、水泥），以及其他原材料的市场情况，通过仔细的试配并不断的优化、反复修改后确定一个较佳的配合比。

2.1.1　原材料要求

1. 高效减水剂

高效减水剂又称为超塑化剂。20 世纪 60 年代高效减水剂的出现，使混凝土技术实现了第三次飞跃，即向高强高性能化发展。配制超高强混凝土应该选用减水率大、增强率高、引气性低的高效减水剂。高效减水剂是在不影响混凝土工作性的前提下，具有大幅度减水和增强作用的外加剂，保持相同流动性情况下一般减水率可达15%～30%；或者用水量不变，使混凝土拌合物的流动性大大提高。

高效减水剂几乎都是聚合物电解质。目前较为广泛使用的高效减水剂，按化学成分分类，主要有五种类型：改性木质素磺酸盐高效减水剂；奈磺酸盐甲醛缩合物，即萘系高效减水剂；三聚氰胺磺酸盐甲醛缩合物，即密胺树脂系高效减水剂；氨基磺酸盐甲醛缩合物，即氨基磺酸盐系高效减水剂；聚羧酸盐系高效减水剂。后两种为目前较为先进、新型高效减水剂，尤以聚羧酸盐系高效减水剂的性能为佳，如三峡工程总工周厚贵教授来我校作报告时就介绍：三峡工程三期大坝混凝土防裂施工技术及工艺的关键技术之一就是不断优化混凝土的配合比，初期采用奈系高效减水剂，后期则采用聚羧酸盐系高效减水剂，实现了无缝大坝。表2-1为根据文献总结的占水泥质量的掺量范围、减水率及性能指标，以备试验参考选用。

高效减水剂在使用时一般要进行试掺工作包括相容性试验、掺量和掺加方法等。减水剂对坍落度损失的控制特性将决定它能否适合于混凝土搅拌站或建筑工地的现场浇筑等。

高效减水剂性能比较　　　　**表2-1**

名称	掺量	减水率	主要性能
改性木质素	0.5%～1.0%	18%～20%	资源丰富，价格较低；具有一定的缓凝与引气性，可满足泵送；超量则过度缓凝或引气；与水泥有相容性问题
萘系	0.3%～1.5%	15%～30%	泌水性小；坍落度损失速率快；不缓凝，有时异常；对铝酸盐水泥不适应；早强好，增强好；不能用于耐火混凝土
密胺树脂系	0.5%～1.0%	18%～25%	引气性小，泌水性小；坍落度损失速率较快；不缓凝，无异常；对水泥适应性好；早强较快，增强好；可用于耐火混凝土
氨基磺酸盐系	0.2%～1.0%	17%～32%	无引气性，泌水性小，超掺量易泌水；坍落度损失明显降低，保塑性好；对水泥适应性明显提高；早强更快，增强好
聚羧酸盐系	0.05%～0.3%	25%～40%	轻微引气性，泌水性小；坍落度损失最小，保塑性强；轻微缓凝性；良好的增强作用；具有抗缩性

2. 水泥

宜选用52.5级或者更高强度的纯硅酸盐水泥或者普通硅酸盐水泥。

所配制的混凝土强度越高，所需水泥用量越多，常在 450～550kg/m^3 的范围。值得一提的是，在沈阳远吉大厦工程中，C100 超高强泵送混凝土的配制采用了 P·Ⅱ42.5 级水泥，每 m^3 混凝土水泥用量仅为 475kg，就满足了高工作性、高强度、高耐久性的要求。

3. 骨料强度和粒径

骨料包括粗骨料和细骨料。对混凝土强度的影响主要来自于粗骨料，细骨料的影响相对要小些。对于高强超高强混凝土来说，骨料的性能对混凝土的抗压强度起到决定性的制约作用。试验表明应选用坚硬密实的岩石碎石作粗骨料，并且最大粒径通常为 20mm，最好在 12～15mm。细骨料应该选用洁净的中粗砂，最好是圆形颗粒的天然河砂。细度模数在 2.7～3.1 左右为宜。

4. 超细活性矿物掺和料

超细活性矿物掺和料是超高强混凝土中除砂、石、水泥、水、外加剂以外的第六种组分。通常的掺和料有粉煤灰、硅粉和磨细粒化高炉矿渣。它们具有相当高的活性，可以改善混凝土的工作性能和密实性，提高混凝土强度，代替部分水泥，并且掺量一般较大。可以提高混凝土强度，改善混凝土的工作性能和密实性等，对于强度提高而言，硅粉作用效果更为明显。

粉煤灰的作用可归结为化学和物理作用两个方面。化学作用指的是粉煤灰的火山灰效应，可使对混凝土不利的 $Ca(OH)_2$ 转换为水化硅酸钙 C—S—H 组分。而物理作用是指粉煤灰的微集料效应与形态效应，它可以改善集料的级配、流动性及密实性。配制超高强混凝土必须选用Ⅰ级粉煤灰。粉煤灰的掺量为水泥重量的 15％～30％。

硅粉是电炉生产硅或硅铁合金的副产品，细度极高，比表面积达20～25×10^3 m^2/kg，要比水泥细度高两个数量级。硅粉中非结晶 SiO_2 含量极高，在混凝土中起活性反应料和填料两种作用，比水泥活性高 1～3 倍。掺量为水泥重量的 5％～15％，一般可取 10％。

2.1.2　配合比的设计

超高强混凝土配制的技术途径采用“硅酸盐水泥＋超塑化剂＋活性超细矿物掺合料”这一技术路线。进行配合比设计时考虑强度和流动性两方面的要求。首先设定胶凝材料用量、水胶比、和砂率，然后用容重法计算出砂石的数量，最后在试验过程中通过调整高效减水剂的品种和掺量使拌合物的工作性满足要求。

具体的配制工作分为三个阶段：

1. 单一追求强度阶段

试配工作从2003年9月份开始进行。参考当时我国新施行《混凝土结构设计规范》GB 50010—2002的条文说明和《高强混凝土结构设计与施工指南》给出的标准差估计公式可得：$\sigma=3.2+0.025f_{cu}=3.2+0.025\times100=5.7$MPa，因此，试配前超高强混凝土的标准差按5～6MPa估计，那么试配混凝土的目标强度为$f_{cu,m}=f_{cu,k}+1.645\sigma=108\sim110$MPa。试配时，留置7d和28d试块，同时考虑到超高强混凝土早强特点，7d强度达不到80MPa，即调整配合比，着手进行下一组混凝土试配工作。

试验初期所用水泥为大连小野田水泥厂生产的P·Ⅰ52.5R硅酸盐水泥，外加剂采用上海迈斯特公司生产的SP-8N高效减水剂。硅粉采用埃肯国际贸易（上海）有限公司生产的微硅粉920U，活性SiO_2含量≥87.23%，烧失量≤3.63%。粗、细骨料均选用大连本地材料，细骨料为过筛去除泥块、砾石的中粗砂，粗骨料石子的颗粒和粒径经过精挑细选，为5～20mm连续级配的石灰岩碎石。没有使用粉煤灰。然而经多次试配，混凝土强度却达不到超高强混凝土的要求，强度始终徘徊在80MPa上下。

观看试块破坏现象发现，粗骨料基本上全部被劈开。分析可知，混凝土强度上不去的主要原因为粗骨料强度不够所致。后粗骨料改用采用抚顺上党石灰石矿生产的碎石，细骨料采用抚顺清原中砂。

重新进行试配得到了满足强度要求的配比一，如表2-2所示。此配比高效减水剂用量为水泥掺量的3%，水胶比$W/B=0.24$，砂率SP=0.36。

用此配合比配制的超高强混凝土拌合物坍落度极低，几乎没有流动性，为干硬性混凝土，和易性极差，须上振动台经强力振捣后方可密实成型。且早期水化热严重，收缩值大。试件浇筑后初期，数小时后，试件表面手感明显发烫，表面出现细微裂缝，后发展为几条明显的裂缝，大致与试件的横截面平行。

2. 综合考虑工作度阶段

上述配合比一是不能满足实际工程需要的，尤其是不适合配筋相对较密的建筑结构构件。因此，为了改善拌合物的和易性，使超高强混凝土的配合比具有能够应用于实际工程的意义，在配合比一的基础上，运用正交试验方法，对影响超高强混凝土和易性的因素进行了优化设计，主要思路是采用双掺工艺和重新选择高效减水剂，确定了第二批试件的配合比。外加活性矿物材料增加了Ⅰ级粉煤灰，葫芦岛绥中热电厂粉煤灰有限责任公司生产。外加剂采用大连西卡公司的 Sikament NN 高效减水剂。Sikament NN 属萘系高效减水剂，用于生产高流动度、高强度混凝土，减水率可达 25%，推荐掺量为 0.8～2.0%。

因细骨料对高强混凝土强度的影响不大，砂重新选用大连当地中砂。其余材料悉数同前。进行数次试配后得到了可满足强度要求和施工要求的配比二，如表 2-2 所示。此配比高效减水剂用量为水泥掺量的 3.8%，水胶比 $W/B=0.207$，砂率 SP=0.275。

在拌合物的流动过程中，粗骨料没有在中间堆积，表面粗细骨料分布均匀，拌合物的边缘无砂浆析出，表明拌合物的抗离析性能良好。用铁锹铲运时，明显感觉到拌合物发粘，在后面的浇注试件时，可观测到超高强混凝土穿越钢筋、填充模板空间的能力明显要弱于相同坍落度的普通混凝土，因此超高强混凝土试件需要更强力和细致的振捣。这也意味着要达到与混凝土相同的工作度，超高强混凝土需要更大的坍落度以满足流动性之需。

这里需要着重指出的是表中的坍落度是几组试验的中间值，最大坍落度可达 10cm 以上，最小坍落度只有 3～4cm。究其原因主要为：尽管每次试验前都对砂的含水率进行测定，但粗、细骨料为室外露天堆积，其含水率的大小受天气条件影响较大，试验时还不能做到随着时间实时、方便、快速测得砂的含水率；试验浇筑混凝土也只能在露天条件下进行，混凝土的工作度受温度、湿度、风速等因素的影响加大，尤其大连属海洋性气候，上述因素与一般地区存有显著不同，因而超高强混凝土的配制就更易受到天气条件的影响或制约。受试验条件和试验手段所限，还不能给出工作度与上述变量之间的确切定量关系。因此，如何实时监控室外天气的变化，考虑温度、湿度、风速对超高强混凝土工作度的影响，也是一个值得深入研究的课题。

此配合比的和易性较好，可满足实际工程需要。采用配比二浇筑的试件，初期水化热明显较低，浇筑后十小时试件表面手感温热，且试件表面收缩裂缝数量减少，裂缝宽度也明显减小了。

用此配比浇筑的试件在后文中标明。另外实际浇筑试件的过程中，有部分试件使用铁岭电厂三环建筑新技术开发中心生产的复合型CZ-Ⅱ型超细掺合料代替了矿物掺合料粉煤灰，对超高强混凝土的工作度和强度的影响未见有明显差异，对应试件详见后文。

3. 进一步优化阶段

分析配比二，有几点明显的缺点如下：减水剂的含量明显过高，达3.8%，不经济，且对强度不一定有利（尽管产品使用说明中为有利）。水泥含量过高，达552.4kg/m^3，由此产生过高的水化热，可能会抵消水泥对强度的贡献，另外也易引起开裂问题。砂率较低，将会引起混凝土流动性的降低。水胶比也较低，不经济。坍落度受外界温度、湿度、风速等因素的影响较大。

因此，对配比二还应进一步进行优化、设计。优化的思路着重放在优选新型高效减水剂、降低水泥用量、选择合理的砂率上。

首先，外加剂择优选用Sika Viscocrete 3420型新一代高效减水剂。Sika ViscoCrete由香港西卡公司生产，属改性聚羧酸盐类高效减水剂，是专门用来生产高强度、流动性和自密实型混凝土的新一代混凝土外加剂。它符合SIA 162（1989）和prEN 934.2超塑化剂要求，能够提供极大的减水作用（高达30%）、优良的流动性，同时还具有超强的粘聚性和高度的自密实性能。推荐掺量为1.0%～2.5%。试验过程中发现，减水剂的品种和掺量对拌合物的流动性起决定性影响。在配制C100混凝土的配比二的过程中，萘系Silcament NN的掺量超过2.7%以后拌合物仍不能满足工作度的要求。继续加大掺量，当掺量为3.8%时拌合物的工作度基本满足要求。因此最终选定减水剂掺量为胶凝材料总量的3.8%。当改用Sika ViscoCrete后，在配比三的试配过程中，掺量为2.67%时工作度就满足了要求。其次，降低水泥用量，混凝土用量由552.4/kg·m^{-3}降至421.9/kg·m^{-3}，单方用量降低130.5kg。最后将降低的水泥用量用砂补偿，并适当调整砂率。

除减水剂外，其余材料全部与配比二相同。按上述措施最终得到可满足强度要求和施工要求的配比三，如表2-2所示。此配比高效减水剂用量为水泥掺量的2.67%，水胶比W/B=0.24，砂率SP=0.35。

此配合比的和易性较好，坍落度虽然也受温度、湿度、风速的影响，但相对较小，可满足实际工程需要。采用配比三浇注的试件，初期水化热最低，浇筑后10h试件表面手感仅微热，且试件表面收缩裂缝数量最少，裂缝宽度也最小。

由配比二和配比三的对比可知，新型聚羧酸盐类高效减水剂虽然价格较贵，但用量较少，本次试验的用量仅为前者的一半，而且节约了大量水泥，拌合物及硬化后的混凝土具有更优的工作性能及力学性能。不仅大大节约了造价，本文试验单方混凝土可节约百元以上，而且可大幅提升性能保证质量，因此推荐超高强混凝土的配制宜优先选用聚羧酸盐类高效减水剂。

超高强混凝土的配合比设计　　表 2-2

配合比	材料用量（kg·m^{-3}）							坍落度（mm）	$f_{cu,7}$（MPa）	$f_{cu,28}$（MPa）
	水泥	硅灰	粉煤灰	水	石子	砂	减水剂			
配比一	495	130	—	150	1120	620	14.85	5～15	94.3	110.9
配比二	552.4	63.6	84	145	1166.7	443.3	21	75	82.3	109.6
配比三	421.9	56.3	84.4	135	1158.6	623.9	11.25	95	83.4	113.6

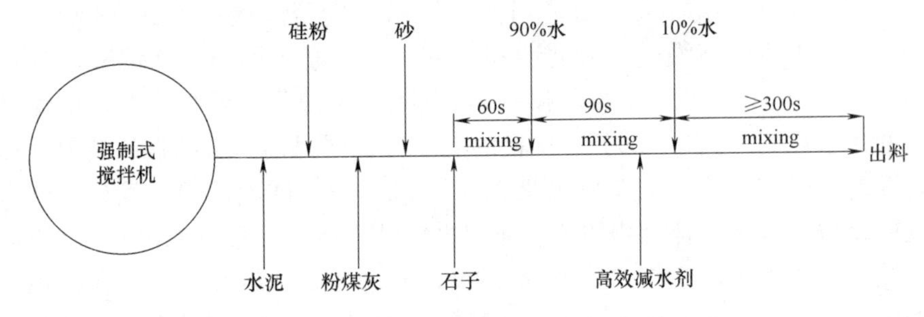

图 2-1　拌制超高强混凝土的投料顺序

2.1.3　超高强混凝土的拌制

每次拌制前，均测定砂的含水率，根据实测值对配合比进行调整。使用容量为 100L^3 的强制式搅拌机搅拌，使用精度为±0.02kg 的电子秤记取除外加剂外各组分的质量，精度为±0.001kg 称量高效减水剂的质量，均保证误差控制在±1%之内。高效减水剂的加入采用后掺法。使用搅拌机前，先检查搅拌机内壁及齿轮是否挂灰，若有则清除干净，然后将扫帚蘸水后甩干，拍打搅拌机内壁后，再开始上料工作。超高强混凝土具体拌制工序为：水泥＋硅粉＋粉煤灰→砂＋石子→干拌→90%的水＋减水剂→10%的水→搅拌，如图 2-1 所示。

2.2 超高强混凝土的性能测试

2.2.1 力学性能测试

采用坍落度筒测得混凝土拌合物的坍落度，所得数据在表中给出。

试配时，混凝土立方体抗压强度由标准条件下成型养护的150mm×150mm×150mm立方体试块测得，试压在可由计算机操控的液压伺服3000kN压力试验机进行。初始加载采用计算机自动控制，加载速率控制在0.8MPa/s；当将要达到试块的峰值荷载时，改为手动控制，加载速率适当降低。由于超高强混凝土破坏时呈高爆性，为观测试块的破坏情况和保证安全，在压力试验机四周挡有透明有机玻璃。随着荷载的施加，当试块的应力达$\sigma=(0.75\sim0.9)f_{cu}$时，试块开始出现裂缝，裂缝位置大体靠近试块的上浇筑面且大致竖直。与普通混凝土相比，试块的破坏非常突然，几乎没有什么征兆，破坏时发出爆炸式巨响，破坏突然释放的能量使试验机也随之晃动，破坏后未能形成普通混凝土的正倒角锥形状，而且试块四周粉较多。实测超高强混凝土的劈拉强度与抗压强度之比$f_{t.s}/f_{cu}$为0.049，约为1/20。与以往研究资料相比，要小一些。

根据标准条件下成型养护的150mm×150mm×300mm棱柱体试块，对最后一组的配合比的超高强混凝土的弹性模量进行了测定，采用贴混凝土应变片的方法进行，所得数据见表2-3。测试方法均按照《普通混凝土力学性能试验方法标准》GB/T 50081—2002的规定执行。

2.2.2 力学性能分析

GB 50010—2002指出根据高强混凝土专题组研究结果，高强混凝土弹性模量可采用下式计算：

$$E_c=\frac{10^5}{2.2+\dfrac{34.7}{f_{cu,k}}} \tag{2-1}$$

已有研究人员根据我国试验结果，给出了计算高强混凝土弹性模量的平均值和下限值公式如下：

平均值 $$E_c=4500\sqrt{f_{cu}}+5000 \tag{2-2}$$

下限值 $$E_c=2600\sqrt{f_{cu}}+1800 \tag{2-3}$$

同时，他还给出日本依田彰彦提出适用于计算所有混凝土强度等级的计算式

$$E_c=\frac{10^5}{1.553+57.25/f'_c} \tag{2-4}$$

美国ACI 318的计算式也适用于计算高强混凝土，但国外研究人员指出该式对抗压强度为6000～12000psi的高强混凝土而言，E_c值高估了20%。给出的国际单位制公式（混凝土密度ρ单位为kg/m^3，f'_c单位为MPa）如下：

$$E_c=0.043\rho^{1.5}\sqrt{f'_c} \tag{2-5}$$

蒲心诚等对24组超高强混凝土试件回归得出了经验公式

$$E_c=(0.287\sqrt{f_{cu,10}}+1.438)\times10^4 \tag{2-6}$$

本文弹性模量的实测值和上述公式之间的比较见表。由表2-3可见，实测弹性模量与ACI 318公式最为接近，与过镇海给出的计算高强混凝土弹性模量平均值的公式也比较接近，而与我国现行规范公式相差最大，值得一提的是中南大学的余志武等统计了国内455组混凝土弹性模量实测值指出：现行规范弹性模量的计算值对C60以上的混凝土偏小。暨南大学的欧阳东等的试验也说明了这一点。这说明我国规范取值与其他国家规范相比，似乎偏于安全较多。另外，从中也可看出，不同研究者测出的弹性模量之间的差异也较大，这是否意味着超高强混凝土弹性模量的计算并不仅仅与混凝土的强度相关联，是否还需要考虑骨料及矿物掺合料的影响，还有待研究者通过以后的试验去验证。

弹性模量实测值与公式计算值之比较　　表2-3

项目	10^4MPa		相对值	计算说明
E_c实测值		5.26	1	实测 $f_{cu,15}=113.6$MPa
我国规范	式(2.1)	3.93	0.747	按 $f_{cu,k}=100$MPa
过镇海平均值	式(2.2)	5.30	1.008	$f_{cu,15}=113.6$MPa

续表

项目	10^4MPa		相对值	计算说明
依田彰彦(日本)	式(2.4)	4.73	0.899	取 $f_c'=0.9f_{cu,15}=102.2$MPa
ACI 318	式(2.5)	5.27	1.002	取 $\rho=2450$ kg/m^3, $f_c'=0.9f_{cu,15}$
蒲心诚	式(2.6)	4.66	0.886	取 $f_{cu,10}=f_{cu,15}/0.9=126.2$MPa

本章小结

根据现有研究成果，对水泥、砂、石等材料性能进行确定，并结合工作性能和力学性能等指标确定最优配合比，同时结合已有文献中提及的性能指标公式进行超高强混凝土的性能指标讨论，发现超高强混凝土的弹性模量为现行规范公式计算值的 1.34 倍。

参考文献

[1] 陈艺菲. 高强混凝土在高层及超高层电信建筑中的应用. 邮电设计技术，2002，10：53-56.

[2] 何廷树. 混凝土外加剂 [M]. 西安：陕西科学技术出版社，2004.

[3] 熊大玉，王小红. 混凝土外加剂 [M]. 北京：化学工业出版社，2004.

[4] 蒋亚青. 混凝土外加剂应用基础 [M]. 北京：化学工业出版社，2004.

[5] 郭佩玲，史冬青，朱新强等. C100 超高强泵送混凝土在沈阳远吉大厦工程中应用 [J]. 混凝土，2003，(7)：48-51，31.

[6] 普通混凝土力学性能试验方法标准 GB/T 50081—2002 [S]. 北京：中国建筑工业出版社，2003.

[7] 过镇海，时旭东. 钢筋混凝土原理与分析 [M]. 北京：清华大学出版社，2005.

[8] Aaard，M. M.，and Setunge，S.. The stress-strain relationship of confined and unconfined normal and high strength concretes. *UNICIV Rep. R*-341，School of Civ. Engrg.，The University of New South Wales，Sydney，Australia，1994.

[9] Jing Liu，Stephen J. Foster. Finite-Element Model for Confined Concrete Columns [J]. Journal of structural engineering，1998，124 (9)：1011-1017.

[10] A. H. 尼尔逊著. 过镇海，方鄂华，方崖屏等译. 混凝土结构设计 [M]. 北

京：中国建筑工业出版社，2003.

[11] 蒲心诚，王志军，王冲等. 超高强高性能混凝土的力学性能研究 [J]. 建筑结构学报，2002，23 (6)：49-55.

[12] 蒲心诚，王志军，王冲等. 超高强高性能混凝土的力学性能研究 [J]. 云南建材，2002，(6)：28-33.

[13] 蒲心诚，王志军，王冲等. C100～C150 超高强高性能混凝土的强度及变形性能研究 [J]. 云南建材，2002，(10)：3-7.

[14] 余志武，丁发星. 混凝土受压力学性能统一计算方法 [J]. 建筑结构学报，2003，24 (4)：41-46.

[15] 欧阳东，余斌. 超高强混凝土基本力学性能研究 [J]. 重庆大学学报，2003，25 (4)：38-42.

第3章 纤维增强超高强混凝土

3.1 钢纤维超高强混凝土

钢纤维弹性模量和抗拉强度高，与基体混凝土的粘结性好，对混凝土具有显著的阻裂、增强和增韧作用。钢纤维混凝土就是在混凝土的改性过程中应运而生的。众所周知，相较普通混凝土而言，高强混凝土的脆性更大。表现在压应力-应变曲线上，高强混凝土通常拥有比普通混凝土更陡的下降段，过峰值荷载后强度迅速下降，其破坏形式为显著的脆性破坏，即高强度导致了脆性的增加，而且这种趋势随强度的提高而更趋明显。其脆性的另一主要标志是抗拉强度与抗压强度之比大大降低，韧性下降。使用钢纤维来增强高强混凝土的韧性的研究与应用也日益增多。然而我国新近施行的《纤维混凝土结构技术规程》CECS 38：2004 中钢纤维混凝土的最高强度等级仅为 CF80，为促进超高强混凝土的进一步应用，因而对钢纤维超高强混凝土（CF100）有进一步研究的必要。

3.1.1 钢纤维超高强混凝土的配制

纤维的形状和几何参数是影响钢纤维增强增韧效果好坏，以及纤维混凝土拌合和施工难易的两个重要因素。但这两方面有时是互相矛盾的，例如采用光面圆直的粗短纤维，纤维混凝土容易拌合，纤维分散均匀，不易结团，拌合物坍落度损失小，易浇捣振实，但其粘结性能较差，有效锚固长度短，增强增韧效果差。反之，采用表面粗糙，两端带钩的纤维虽可提高增强增韧效能，但纤维在混凝土中分散困难易结团，反而达不到预期的增强增韧效果。采用长而细的纤维同样存在拌合困难，增强增韧效能不能充分发挥的问题。纤维的几何尺寸以长度和直径表示。纤维的长径比（aspect ratio）系指纤维长度与直径（或等效直径）的比值，它是影响纤维增强增韧效能的一个重要参数。因此综合考虑以上两方面因素，本试验选用长度为30mm，长径比为55的螺纹型短纤维，其具体参数见表3-1。检查其表面质量不镀有有害物质，也没有涂有不利于与混凝土粘结的涂层。配制纤维混凝土时，要求纤维无杂质和表面清洁。

为确保钢纤维混凝土的增强增韧效果，一般要求：水灰比不宜大于0.50，对于以耐久性为主要要求的钢纤维混凝土不得大于0.45。每立方米钢纤维混凝土的水泥用量（或胶凝材料总用量）不宜小于360kg。配制高强钢纤维混凝土所用的水胶比一般在0.24～0.38范围内，并掺高效减水剂。当钢纤维体积率或基体混凝土强度等级较高时，水泥用量（或胶凝材料用量）可适当增加，但不宜大于550kg。粗骨料直径一般不宜大于20mm和纤维长度的2/3。

钢纤维的基本参数　　表3-1

型号	长度 mm	等效直径 mm	长径比	形状合格率(%)	抗拉强度 (MPa)	弹性模量 (GPa)	弯折 $D=3mm\ \alpha=90°$
螺纹型	30～30.4	0.55	55	93	540～650	200	合格

为便于对比，本次试验直接选择前述配合比三的超高强混凝土作为混凝土基体，并且也与上述要求基本一致。因钢纤维的掺入或多或少会混凝土的流动性降低，影响浇筑质量，因此采用单一增加高效减水剂掺量的办法来保证必要的流动性。故钢纤维超高强混凝土配比中高效减水剂用量调整为水泥掺量的3.33%，即每立方钢纤维超高强混凝土中Sika Viscocrete 3420高效减水剂的用量为14.05kg。

钢纤维混凝土加料顺序相应改为：干拌时将纤维均匀抛洒至混合料中，其他程序同超高强混凝土；最后装模成型，试验表明这样可以有效防止纤维在搅拌中堆积结团。

3.1.2　抗压强度

钢纤维混凝土立方体抗压强度的试件尺寸和试验方法与普通混凝土的有关规定基本相同。不同的是需要考虑钢纤维长度的影响。当纤维长度大于50mm时应采用边长不小于3倍钢纤维长度的非标准试件；当纤维长度小于等于33mm时可以采用截面为100mm×100×100mm的非标准试件。为此，根据《普通混凝土力学性能试验方法标准》GB/T 50081—2002规定：进行了边长为100mm的非标准立方体试块的强度测试。测试每组三个试件28d强度取其平均值作为每组混凝土的强度。根据《普通混凝土力学性能试验方法标准》GB/T 50081—2002，边长100mm与150mm的立方体试块之间的强度换算系数取为0.9。

压缩破坏后的素高强混凝土试块呈爆裂式破坏，其裂缝开展路径单一。而钢纤维高强混凝土试块裂缝开展路径较多，裂而不散，坏而不碎，表现了一定程度上的塑性破坏，试验结束时试块基本保持着正平行六面体的形状；这说明钢纤维超高强混凝土具有优良的抗压韧性。

一般认为钢纤维对混凝土抗压强度和弹性模量的影响较小。根据复合材料强度理论，当钢纤维体积率为0.5%～1.5%时，可推算出一维分布(垂直于受压方向)，弹模或抗压强度提高为2.5%～12%；若考虑纤维分布和方向的影响，可能在1.0%～6.0%。这已被大量的试验数据所证实，试验发现对于中低强混凝土，基本符合上述规律；而对于高强混凝土钢纤维对抗压强度的影响要略高一些。

本次试验抗压强度的试验结果参见表3-2。从表中可以看出，由于钢纤维的加入，提高了超高强混凝土的抗压强度，比基体混凝土提高了11～16.1MPa，提高幅度为10.6%～15.5%，这表明钢纤维对超高强混凝土的抗压强度影响基本上也符合上述规律。这主要是钢纤维对于克服超高强混凝土的脆性，阻碍峰值附近基体的微裂缝扩展起到比普通混凝土更明显的作用。

通过分析表3-2中的抗压强度可以发现：在钢纤维体积率为0.75%时，强度提高最大。这可能是因为在低水胶比情况下，由于钢纤维体积率的增大，使钢纤维难以分布均匀，因此，过高的含纤率会使钢纤维超高强混凝土内部出现较大的含气量以及超塑性效力的损失等，给搅拌和成型带来困难，从而引起某些缺陷所致。

抗压强度与劈裂抗拉强度试验结果 表3-2

试块编号	纤维含量 ρ_f(%)	抗压强度 f_{cu}(MPa)	f_{cu} 相对值	劈拉强度 $f_{t,s}$(MPa)	$f_{t,s}$ 相对值	$f_{t,s}/f_{cu}$ 拉压比	$f_{t,s}/f_{cu}$ 相对值
HSC-0.00	0.00	103.6	1	5.05	1	0.049	1
SFRC-0.50	0.50	115.4	1.114	6.98	1.382	0.060	1.241
SFRC-0.75	0.75	119.7	1.155	9.38	1.857	0.078	1.608
SFRC-1.00	1.00	116.3	1.123	9.49	1.879	0.082	1.674
SFRC-1.50	1.50	114.6	1.106	9.69	1.919	0.085	1.735

3.1.3　劈裂抗拉强度

混凝土的劈拉强度是基于脆性材料的弹性理论得出的。由于纤维的加入，使钢纤维混凝土表现出一定的韧性性能，是否仍能用劈裂法试验结果代表其抗拉强度曾有不同认识。但经过近二十年国内大量的试验表明，劈拉试验方法对于钢纤维混凝土也是适用的，计算轴拉强度与劈拉强度的比值为0.895。因劈裂抗拉强度测试方法简便易行，故采纳此方法。根据《普通混凝土力学性能试验方法标准》GB/T 50081—2002，进行了边长为100mm的非标准立方体试块的强度测试。测试每组三个试件28d强度取其平均值作为每组混凝土的强度。边长100mm与150mm的立方体试块之间的劈拉强度换算系数取为0.85。

劈拉强度的试验结果也参见表3-2。分析表3-2中的试验结果可以发现，钢纤维的加入，对高强混凝土的劈拉强度影响很大，且随着纤维体积率的增大而提高，提高幅度为38.2%～91.9%。其特征为初始增长速率很大，当纤维体积率超过0.75%后，增长速率变缓。已有研究成果给出了钢纤维混凝土抗拉强度的计算模式为

$$\overline{f}_{ft}=\overline{f}_{t}(1+\alpha_{t}\lambda_{f}) \tag{3-1}$$

$$\lambda_{f}=\rho_{f}\cdot l_{f}/d_{f} \tag{3-2}$$

式中，$\overline{f}_{ft}$、$\overline{f}_{t}$分别为钢纤维混凝土及基体混凝土抗拉强度平均值；α_t为钢纤维对抗拉强度的影响系数，主要与钢纤维品种形状与基体强度有关；λ_f为钢纤维含量特征值。

将本次试验结果进行线性回归可得$\alpha_t=1.38$。可见这与规程CECS 38：2004给出的参考值是相差较大的（规程钢板剪切异形钢纤维CF80混凝土对应的α_t为0.63）。这主要由以下几方面原因造成的：①规程钢纤维混凝土强度等级适用的范围为CF20～CF80，国内目前对超高强钢纤维混凝土的研究也相应较少。而α_t实际上是随着混凝土基体强度的增加而呈增大之势的；②规程给出的α_t是根据国内大量试验数据得出，并做适当折减，如对于CF50～CF80，α_t除以1.10；③本次试验的数据点太少，可能存在离散性较大的问题。

3.1.4　拉压比

钢纤维超高强混凝土的劈拉强度与抗压强度之比$f_{t,s}/f_{cu}$也参见

表 3-2。由表可见，拉压强度比从 0.049 提高到 0.085，提高的幅度达 73.5%。因而超高强混凝土的脆性大大降低，韧性则相应提高。

3.2 高弹模 PVA 纤维超高强混凝土

随着化学纤维工业和现代混凝土技术的高速发展，将合成纤维用于混凝土的改性的研究也日益增多，其应用前景十分广阔。为适应这种情况，中国工程建设标准化协会也适时将《钢纤维混凝土结构设计与施工规程》CECS 38：92 修订为《纤维混凝土结构技术规程》CECS 38：2004，增补了有关合成纤维混凝土设计与施工的内容。但新规程有关合成纤维实际应用的条文还相当有限。国内外应用合成纤维改善超高强混凝土力学性能的研究也不多见，因此有必要及时开展这方面的试验研究。为将来规程的修订提供试验依据。试验选用日本可乐丽公司生产的新型高弹模聚乙烯醇纤维（以下简称 PVA 纤维），尝试解决超高强混凝土的脆性问题。

3.2.1 高弹模 PVA 纤维超高强混凝土的配制

高弹模 PVA 纤维是一种用于混凝土的新型高性能纤维。因其伸缩性较低，故可作为结构类型的纤维应用到混凝土中，起到加强材的作用。纤维是否为结构类型的纤维可用弹性模量的大小来区分。一般认为，结构类型的纤维其弹性模量至少要大于 25GPa。本次试验选用 KURALON K-II PVA 纤维。这是一种采用湿抽工艺生产的新型合成纤维，具有高强、延伸率低及耐碱性优良等优点，因而适于用作水泥基材料的加强材。试验选用的纤维长径比（l/d = 长度与直径之比）为 300。其基本性能如表 3-3 所示。

PVA 纤维的基本性能 **表 3-3**

型号	密度 (g/cm^3)	直径 (mm)	细度 (dtex)	长度 (mm)	抗拉强度 (MPa)	弹性模量 (GPa)	延伸率(%)
REC15×12	1.3	0.04	15	12	1600	40	6

为保证合成纤维在混凝土基体中能够具有较好的分散性，合成纤维用于结构性增强、增韧的体积率一般控制在 0.1%～0.4%。新型高弹模纤维由于进行了涂层处理，据其产品应用说明介绍，在混凝土中掺量使用

1.5%，在PVA-ECC中使用2%，都不会引起工作性能降低。本次试验配制了四组不同纤维体积掺量的纤维混凝土，其体积掺量分别为：0.17%、0.25%、0.34%及0.5%。为保证必要的流动性及便于对比，除超塑化剂外，纤维混凝土其他材料的配比均与素混凝土相同，PVA纤维混凝土的掺量为14.06kg/m^3。

高弹模PVA纤维超高强混凝土的搅拌，以及强度试验均与上节钢纤维混凝土基本相同，这里及后文均不再一一叙述。

3.2.2 抗压强度

PVA纤维高强混凝土试块的破坏基本上与钢纤维超高强混凝土相同。不同的是，裂缝数目更多更细。一般的有机纤维掺入到高强混凝土中，会降低混凝土的抗压强度。但本次试验加入高弹模PVA纤维后，却使混凝土的抗压强度得到提高，如表3-4所示。这说明高弹模合成纤维对混凝土具有增强作用。然而强度的提高程度却相当有限，提高的幅度仅为2.9%～8.2%，几乎可以忽略不计。值得一提的是，同济大学曾进行过国产高弹模PVA纤维普通混凝土的力学试验，得出的结论为：素混凝土中加入PVA纤维后，纤维混凝土抗压强度呈下降的趋势，体积掺量最大为1%时，强度大约可下降10%左右。究其原因为PVA纤维掺入后，混凝土的坍落度损失过多，纤维在混凝土中分散性不好，会引起含气量过多，质量不均匀等缺陷。本实验室其他课题组，也曾选择国产的高弹模PVA纤维进行了高强混凝土的试配，由于高强混凝土的水胶比较低，纤维的分散性能又不是十分优良，始终无法满足工作性的要求。我国每年生产PVA纤维和年混凝土用量均居世界第一，如果能将PVA的改性提高到可供混凝土实用的地步，将会产生巨大的经济效益。

3.2.3 劈裂抗拉强度

劈拉强度的试验结果也参见表3-4，可见PVA纤维的加入，对超高强混凝土的劈拉强度影响很大，且随着纤维体积率的增大而提高，提高幅度为22%～46.7%。另外，通过分析表3-4中的试验数据也可以得出：在本次试验的掺量范围内，劈裂抗拉强度的增长与PVA纤维体积率有近似正比的关系。同一纤维体积率（ρ_f=0.5%）下，PVA纤维混凝土抗拉强度比钢纤维混凝土抗拉强度稍高（1.06 倍）。

3.2.4 拉压比

高弹模 PVA 纤维超高强混凝土的劈拉强度与抗压强度之比 $f_{t.s}/f_{cu}$ 也参见表 3-4。混凝土拉压强度比也从 0.049 提高到 0.066，提高的幅度达 35.6%。因而超高强混凝土的脆性大大降低，韧性则相应提高。将其与同一纤维体积率（ρ_f=0.5%）钢纤维超高强混凝土进行比较，可见此时 PVA 纤维混凝土拉压比 0.066 比钢纤维混凝土的拉压比 0.06 要增加 11%，即其韧性要优于钢纤维超高强混凝土。

抗压强度与劈裂抗拉强度试验结果 **表 3-4**

试块编号	纤维含量 ρ_f(%)	抗压强度 f_{cu}(MPa)	f_{cu} 相对值	劈拉强度 $f_{t,s}$(MPa)	$f_{t,s}$ 相对值	$f_{t,s}/f_{cu}$	$f_{t,s}/f_{cu}$ 相对值
HSC-0.00	0.00	103.6	1	5.05	1	0.049	1
PFRC-0.17	0.17	109.6	1.043	6.16	1.220	0.056	1.153
PFRC-0.25	0.25	106.6	1.029	6.38	1.263	0.060	1.228
PFRC-0.33	0.33	109.4	1.020	6.86	1.358	0.063	1.286
PFRC-0.50	0.50	112.1	1.082	7.41	1.467	0.066	1.356

本章小结

分析了钢纤维超高强混凝土的抗压及劈拉强度随含纤率变化的规律。钢纤维对劈拉强度的贡献要远大于对抗压强度的贡献。当钢纤维含纤率为 0.5%～1.5%时，抗压强度提高幅度为 10.6%～15.5%；而劈拉强度提高幅度为 38.2%～91.9%。通过 PVA 超高强混凝土的力学性能试验得出当 PVA 纤维含纤率为 0.17%～0.5%时，对抗压强度的影响较小，提高的幅度仅为 2.9%～8.2%；但可大幅度提高劈拉强度，提高幅度为 22%～46.7%。

参考文献

[1] 中国工程建设标准化协会. CECS 38：92. 钢纤维混凝土结构设计与施工规程

[S]. 北京：中国建筑工业出版社，1992.
[2] 中国工程建设标准化协会. CECS 13：89. 钢纤维混凝土试验方法. 北京：中国建筑工业出版社，1989.
[3] 中国工程建设标准化协会. 钢纤维混凝土 JG/T 3064：1999. 北京：中国计划出版社，1999.
[4] 秦开颜. 钢纤维混凝土路面的工程应用分析 [J]. 土工基础. 2006，20 (2)：35-37.
[5] 叶列平. 混凝土结构 [M]. 北京：清华大学出版社，2005.
[6] 彭定超，袁勇. PVA 纤维混凝土力学参数间的相关关系 [J]. 纤维复合材料. 2003，(04).
[7] 邵晓芸. PVA 纤维增强混凝土受弯构件性能试验研究：(硕士学位论文). 上海：同济大学，2001.
[8] Dobashi H，Konishi Y，Nakayama M et al. Development of steel fiber reinforced high fluidity concrete segment and application to construction [J]. Tunneling and Underground Space Technology Incorporating Trenchless Technology Research，2006，21 (3-4)：422.
[9] Falkner H，Henke V. Application of Steel Concrete for Underwater Concrete Slabs [J]. Cement and Concrete Composites，1998，20 (5)：377-385.

第4章　自密实再生骨料混凝土

随着我国城市化建设的快速发展，大量建筑物被拆除，以废弃混凝土为主的建筑垃圾逐年持续增长，这不仅占用了大量的土地资源，而且严重影响人们的生存环境，另外，天然混凝土的使用，给自然环境造成严重影响，为了保护生态环境，实现可持续发展，如何将废弃混凝土再利用成为全球关注的问题。将再生混凝土应用于实际工程中这仅仅解决了废弃混凝土对环境和生态的影响问题。然而，目前建筑结构形式越来越复杂化，所以将再生粗骨料应用于自密实混凝土而形成的自密实再生混凝土，可以解决实际工程中高耸、复杂的混凝土结构存在浇筑振捣困难的问题。因此，研究自密实再生骨料混凝土的力学性能具有重要的工程实用价值。

在实际工程中，混凝土结构不仅要考虑力学性能，还要考虑耐久性问题。混凝土结构耐久性失效的主要表现包括钢筋锈蚀、冻融循环等，而这些都与混凝土渗透性能直接相关，因此，研究自密实再生骨料混凝土的渗透性能具有重要意义。

综上，本章首先通过试验研究了混凝土强度（C30～C50）、混凝土类型（自密实再生骨料混凝土（RA-SCC）、普通混凝土（NA-C）、自密实天然骨料混凝土（NA-SCC））、粉煤灰掺量（0、25%、50%、75%）和再生骨料特性（原生混凝土强度为C20、C50）对自密实再生骨料混凝土的抗压强度、劈裂抗拉强度、轴心抗压强度、抗折强度、弹性模量等基本力学性能的影响，然后通过吸水试验、水渗透性试验和氯离子渗透性试验对自密实再生骨料混凝土的渗透性能进行了研究。

4.1　力学性能

4.1.1　混凝土强度与混凝土类型对力学性能的影响

1. 试验概况

试验用水泥为山水工源牌水泥，其中配制C30和C40混凝土采用

32.5级矿渣硅酸盐水泥，配制C50混凝土时采用42.5级普通硅酸盐水泥，其表观密度为3100kg/m^3；粉煤灰采用沈西热电生产的Ⅰ级粉煤灰，其表观密度为2200kg/m^3；细骨料均采用含泥量小于1%的天然水洗中砂，其表观密度为2620kg/m^3；天然粗骨料采用辽宁抚顺生产的石灰石碎石，再生粗骨料为试验室强度等级为C50的废弃混凝土试块经破碎、筛分而成，粒径范围均为5.00～20.00mm，见图4-1，实测试验用天然骨料和再生骨料的表观密度分别为2830kg/m^{3}和2730kg/m^3；吸水率分别为0.91和5.10；压碎指标分别为8.71和14.7；减水剂采用辽宁省建筑科学研究院生产的LJ612型聚羧酸高效减水剂。

为保证RA-SCC质量，采取如下工艺来制备RA-SCC：颚式破碎机破碎—筛选（控制最大粒径）—搅拌机搅拌打磨—、二次筛选（控制最小粒径）。

(*a*)

(*b*)

图4-1　混凝土用粗骨料
(*a*) 天然骨料；(*b*) 再生骨料

本试验设计了强度等级为C30～C50的NA-C、NA-SCC和RA-SCC共9种混凝土试件，混凝土配合比及工作性能见表4-1，工作性能测试见图4-2。每种混凝土制作15个100mm×100mm×100mm的立方体试块，用于测定其7d、28d、56d、90d的立方体抗压强度和28d的劈裂抗拉强度，制作6个100mm×100mm×300mm的棱柱体试块，用于测定28d的棱柱体强度和弹性模量，制作了3个100mm×100mm×400mm的棱柱体试块，用于测定28d的抗折强度。NA-C试块装模后放置于振动台上振实，NA-SCC和RA-SCC试块装模后直接放置于水平地面，所有试块均于装模后24h拆模，拆模后立即置于标准养护室内进行养护至规定日期后进行试验。基本力学性能试验的加载制度参照GB/T 50081—2002《普通混凝土力学性能试验方法标准》进行。

混凝土配合比　表 4-1

编号	水 (kg・m⁻³)	水泥 (kg・m⁻³)	粉煤灰 (kg・m⁻³)	砂 (kg・m⁻³)	天然骨料 (kg・m⁻³)	再生骨料 (kg・m⁻³)	减水剂 (%)	坍落扩展度 (mm)
NA-C-30	189	420	0	680	1110	—	0.07	—
NA-C-40	171	450	0	640	1138	—	0.33	—
NA-C-50	189	450	0	670	1090	—	0.10	—
NA-SCC-30	192	336	144	839	839	—	1.00	620
NA-SCC-40	176.8	364	156	826.6	826.6	—	1.20	685
NA-SCC-50	180	350	150	835	835	—	1.20	725
RA-SCC-30	192	336	144	839	—	839	1.00	600
RA-SCC-40	176.8	364	156	826.6	—	826.6	1.20	720
RA-SCC-50	180	350	150	835	—	835	1.20	705

2. 试验结果分析

（1）立方体抗压强度

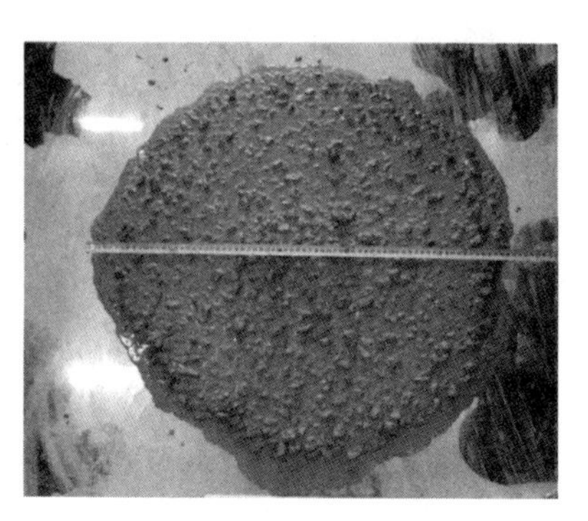

图 4-2　混凝土性能指标测试

按照《普通混凝土力学性能试验方法标准》GB/T 50081 分别测试 NA-C，NA-SCC 和 RA-SCC 三种混凝土的 7d、28d、56d 和 90d 立方体抗压强度，测试结果见表 4-2。由表 4-2 可以看出：随着养护时间的延长，RA-SCC 混凝土的立方体抗压强度也随之增大。与 NA-SCC 相比较，RA-SCC 的 7d 的立方体抗压强度分别降低了 13.7%、7.6%和 11.00%；28d 的立方体抗压强度分别仅降低了 1.7%、4.1%和 0.1%。这是因为粉煤灰能与水泥水化反应后的产物氢氧化钙发生二次水化反应生成凝胶体，有效地填充了再生骨料内部的裂隙和表面的孔洞，改善了 RA-SCC 的内部结构，使 RA-SCC 的抗压强度逐渐接近 NA-SCC。然而，由于早期水泥水化反应不充分，限制了粉煤灰的二次水化反应速度，导致生成胶凝体数量有限，因此，RA-SCC 的 7d 抗压强度与 NA-SCC 相差较大。随着养护龄期的增长，水泥熟料不断发生水化，促使粉煤灰二次水化反应持续进行，进一步细化和改善再生骨料内外的孔隙特征，使 RA-SCC 和 NA-SCC 的 56d 和 90d 强度差异继续缩小。

为研究RA-SCC随不同龄期的强度发展规律，并将不同龄期时的立方体抗压强度值与28d混凝土抗压强度的比值定义为强度发展系数，如图4-3所示。从图4-3中可以发现：抗压强度等级为C30～C50的RA-SCC的7d强度发展系数在0.49～0.54范围内，与NA-C（0.49～0.58）和NA-SCC（0.50～0.57）基本相同，说明RA-SCC与NA-C、NA-SCC的早期强度发展速率基本一致，粉煤灰和再生骨料对RA-SCC的早期强度影响较小。随着混凝土龄期的增长，RA-SCC的强度发展比NA-C更加显著，以C30为例，RA-SCC的56d和90d强度发展系数分别为1.17和1.19，而NA-C仅为1.03和1.07。这是粉煤灰的二次水化反应随水泥水化反应的进行而充分发展的结果。与NA-SCC相比较，RA-SCC的56d和90d略优于NA-SCC，NA-SCC的56d和90d的强度发展系数分别为1.14和1.14。这是因为再生骨料表面疏松多孔会吸收拌合水中的部分水分，造成RA-SCC的实际水胶比降低，导致抗压强度有所提高。

混凝土试验结果 **表4-2**

No.	f_{cu}(MPa)				f_t(MPa)	f_t/f_{cu}
	7d	28d	56d	90d	28d	28d
NA-C-30	21.67	44.17	45.70	47.22	3.51	0.079
NA-C-40	29.43	50.71	52.75	53.86	3.90	0.077
NA-C-50	29.75	53.40	55.47	54.72	4.14	0.076
NA-SCC-30	19.37	35.33	40.53	40.57	2.73	0.078
NA-SCC-40	24.87	49.40	55.60	57.91	3.35	0.068
NA-SCC-50	30.73	53.20	55.75	57.13	3.50	0.066
RA-SCC-30	17.03	34.73	40.80	41.50	2.25	0.064
RA-SCC-40	26.75	47.45	55.23	58.34	2.82	0.059
RA-SCC-50	27.93	51.90	56.00	57.27	2.98	0.057

（2）劈裂抗拉强度

按照《普通混凝土力学性能试验方法标准》GB/T 50081—2002测定混凝土的28d劈裂抗拉强度 f_t，试验结果列于表4-4中，并绘于图4-4中，由图4-4可以看出：随着抗压强度等级的提高，RA-SCC的劈裂抗拉强度也随之提高，这与NA-C和NA-SCC劈裂抗拉强度的变化规律是一致的。通过表4-2中的数据发现：与NA-SCC相比，同等抗压强度等级下的RA-SCC的劈裂抗拉强度降低了17.5%～21.3%，这是由于再生骨料表面附着了较多的旧水泥浆，显著影响了水泥浆体与骨料之间的粘结作用，同时再生骨料内部存在较多裂隙，也会影响骨料之间的机械咬合作

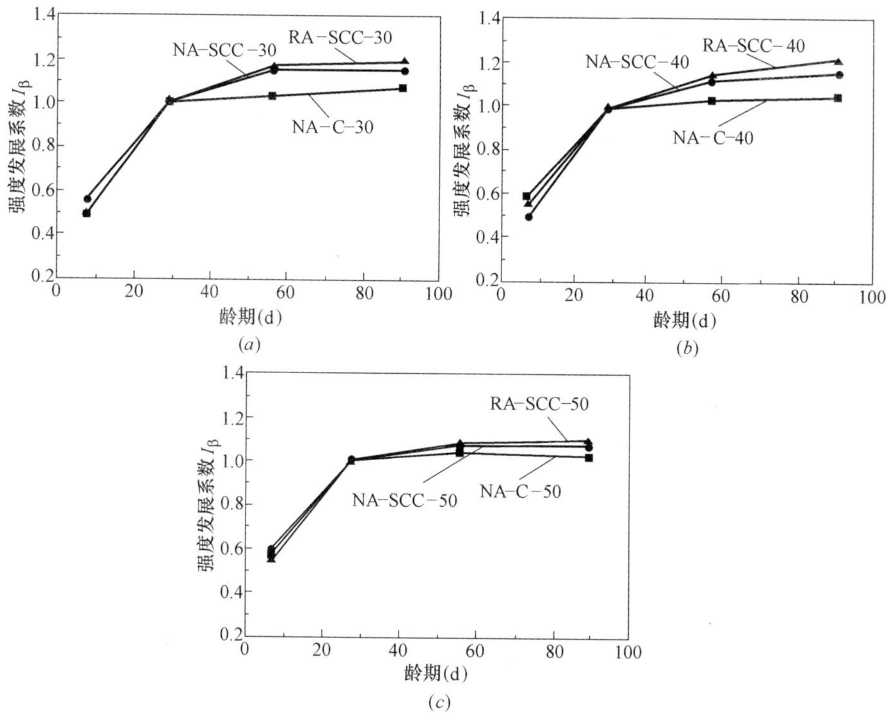

图 4-3 强度发展系数与龄期的关系

(a) C30；(b) C40；(c) C50

用；与 NA-C 相比，RA-SCC 的劈裂抗拉强度降低了 38.3%～56.1%，造成这种结果的原因，除了再生骨料自身性质的影响外，NA-C 中粗骨料含量显著高于 RA-SCC 也是主要原因之一，粗骨料含量越高意味着骨料之间的机械咬合力越好，因此劈裂抗拉强度也越高。

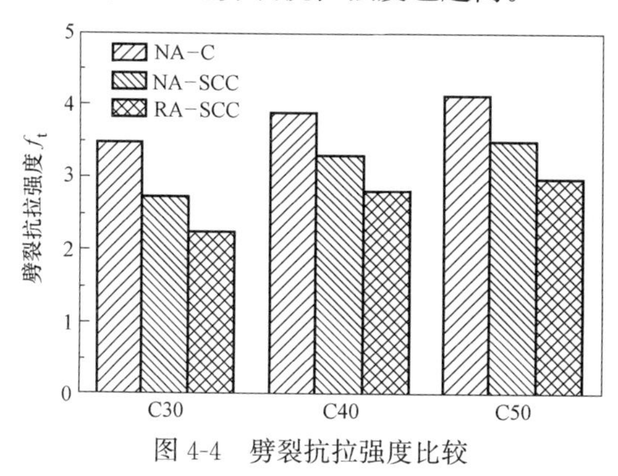

图 4-4 劈裂抗拉强度比较

对表 4-2 中的试验结果进行回归分析，可得出如式（4-1）所示的 28d 劈裂抗拉强度与 28d 立方体抗压强度的线性关系：

$$f_{t,28} = 0.04302 f_{cu,28} + 0.7605 \tag{4-1}$$

该线性关系是本试验 28d 立方体抗压强度介于 34～51MPa 的拟合结果，相关系数为 0.996。

（3）拉压比性能

拉压比为劈裂抗拉强度与立方体抗压强度之比，混凝土拉压比性能是混凝土脆性的主要标志，混凝土强度越高，拉压比越小，脆性越大，韧性越小，已有研究资料表明：普通混凝土的拉压比为 0.058～0.125，且强度越高，拉压比越小。本文中涉及 NA-C、NA-SCC 和 RA-SCC 三种混凝土的拉压比值列于表 4-2 中，从图 4-5 所示的混凝土拉压比的比较可以看出：RA-SCC 的拉压比随着抗压强度等级的提高而降低，与 NA-C 和 NA-SCC 的拉压比发展规律一致。此外，通过表 4-2 中拉压比的分析可以得出：RA-SCC 的拉压比均值较 NA-C 的拉压比降低 28.9%。较 NA-SCC 的拉压比降低 17.8%。这说明 RA-SCC 的脆性特征较 NA-C 和 NA-SCC 更加明显，这意味着 RA-SCC 应用于高烈度地震区应采取必要的构造措施以保证结构的抗震性能。

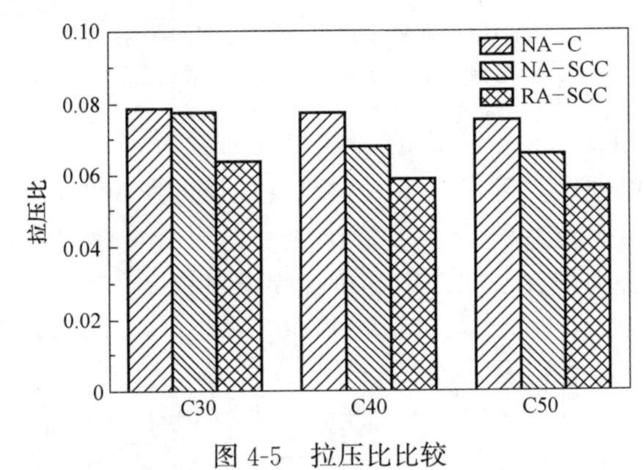

图 4-5 拉压比比较

（4）棱柱体强度

棱柱体强度是混凝土构件设计的主要指标之一。本文采用试件尺寸为 100mm×100mm×300mm 的棱柱体，按照《普通混凝土力学性能试验方法标准》GB/T 50081 测得棱柱体强度 f_c，试验结果列于表 4-3 中，可以看出：RA-SCC 的棱柱体强度随抗压强度的提高而提高，这与 NA-C 和 NA-SCC 的棱柱体强度发展规律一致。将各组试件的棱柱体强度与抗压强

度比值记作 α_{c1}，试验结果列入表 4-3。从表 4-3 可以看出，抗压强度等级为 C30～C50 的 RA-SCC 的 α_{c1} 在 1/1.20～1/1.28 范围内，与 NA-C 的 α_{c1}（1/1.28～1/1.40）和 NA-SCC 的 α_{c1}（1/1.24～1/1.35）相比略有提高，这说明自密实再生混凝土的棱柱体强度与抗压强度的差异最小。

棱柱体强度试验结果　　表 4-3

编号	f_{cu}(MPa)	f_c(MPa)	α_{c1}
NA-C-30	44.17	31.45	1/1.40
NA-C-40	50.71	38.50	1/1.32
NA-C-50	53.40	41.74	1/1.28
NA-SCC-30	35.33	26.17	1/1.35
NA-SCC-40	49.40	39.86	1/1.24
NA-SCC-50	53.20	39.43	1/1.35
RA-SCC-30	34.73	28.87	1/1.20
RA-SCC-40	47.45	37.20	1/1.28
RA-SCC-50	51.90	42.30	1/1.23

（5）抗折强度

抗折强度是评价混凝土构件受弯性能的一个重要指标。本文采用试件尺寸为 100mm×100mm×400mm 的棱柱体，按照《普通混凝土力学性能试验方法标准》GB/T 50081 测得混凝土 28d 抗折强度 f_f，试验结果列于表 4-4 中，可以看出：随着立方体抗压强度的提高，RA-SCC 的抗折强度缓慢提高，这与 NA-C 和 NA-SCC 的抗折强度发展相似。将抗折强度与立方体抗压强度之比记作折压比，可知抗压强度等级为 C30～C50 的 RA-SCC（1/18.0～1/18.2）和 NA-SCC（18.1～18.7）的折压比均在 1/18.0 左右，这说明粗骨料的性质对折压比几乎无影响。但与 NA-C 的折压比（1/16.2～17.2）相比，RA-SCC 的折压比（1/18.0～1/18.2）较低，这意味着在相等抗压强度下，RA-SCC 的抗折强度明显较小，因此简单地按普通混凝土规范进行自密实再生混凝土受弯构件设计是不合适的。

抗折强度试验结果　　表 4-4

编号	f_{cu}(MPa)	f_w(MPa)	折压比
NA-C-30	44.17	2.73	1/16.2
NA-C-40	50.71	3.03	1/16.7
NA-C-50	53.40	3.11	1/17.2
NA-SCC-30	35.33	1.94	1/18.2

续表

编号	f_{cu}(MPa)	f_w(MPa)	折压比
NA-SCC-40	49.40	2.71	1/18.2
NA-SCC-50	53.20	2.96	1/18.0
RA-SCC-30	34.73	1.86	1/18.7
RA-SCC-40	47.45	2.62	1/18.1
RA-SCC-50	51.90	2.86	1/18.1

(6)弹性模量

弹性模量是评价混凝土变形性能的主要指标，反映了混凝土抵抗变形的能力。为了比较 RA-SCC 与 NA-C、NA-SCC 的变形性能，采用试件尺寸为 100mm×100mm×300mm 的棱柱体，按照《普通混凝土力学性能试验方法标准》GB/T 50081 测定混凝土的 28d 弹性模量 E_c，试验结果列于表 4-5 中。根据以往文献成果，不同学者对于普通混凝土建立的弹性模量计算公式大致分为：

$$E_c=\frac{10^5}{A+\frac{B}{f_{cu}}} \tag{4-2}$$

$$E_c=(A\sqrt{f_{cu}}+B)\times10^4 \tag{4-3}$$

我国混凝土结构设计规范采用的是式(4-2)形式，蒲心诚教授采用的是式(4-3)形式。根据本文得到的 RA-SCC 弹性模量试验结果按以上各式进行拟合，发现用式(4-3)形式的计算值与试验值吻合较好，其相关系数为 0.9988，公式如下：

$$E_c=(0.63\sqrt{f_{cu}}-1.63)\times10^4 \tag{4-4}$$

将拟合曲线与试验数据点绘于图 4-6 中，可以看出：NA-C 与 NA-SCC 对应的数据点均位于 RA-SCC 的拟合曲线上方，这说明 NA-C 和 NA-SCC 的弹性模量均大于 RA-SCC，这是由于再生骨料的弹性模量低于天然骨料而造成的。根据图 4-6 还可发现，当抗压强度等级不小于 C40 时，NA-C 的弹性模量相对 RA-SCC 拟合曲线的偏离程度远大于 NA-SCC，而当抗压强度等级小于 C40 时，NA-C 的弹性模量相对 RA-SCC 拟合曲线的偏离程度与 NA-SCC 相近。这是因为当水胶比较小(抗压强度等级不小于 C40)时，混凝土的弹性模量主要取决于骨料的弹性模量和含量，骨料含量越高，混凝土的弹性模量越大；而当水胶比较大(抗压强度等级小于 C40)时，混凝土的弹性模量主要取决于水泥石的弹性模量，即水胶比的大小，此时骨料含量对弹性模量的影响较小。

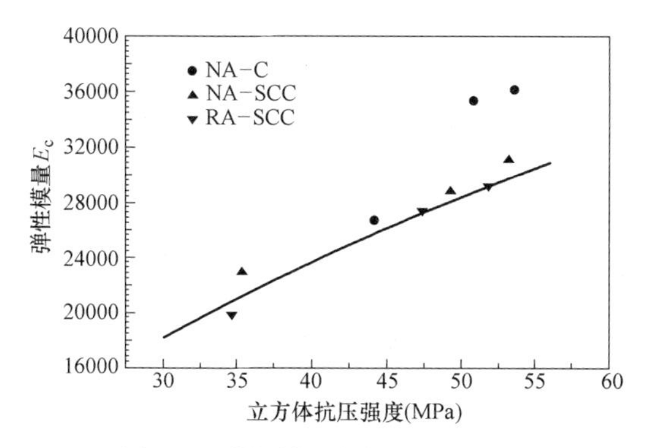

图 4-6　弹性模量与抗压强度关系

弹性模量试验结果　　表 4-5

编号	抗压强度(MPa)	弹性模量(GPa)
NA-C-30	44.17	25.7
NA-C-40	50.71	35.4
NA-C-50	53.40	36.2
NA-SCC-30	35.33	23.0
NA-SCC-40	49.40	28.8
NA-SCC-50	53.20	31.1
RA-SCC-30	34.73	20.9
RA-SCC-40	47.45	27.4
RA-SCC-50	51.90	29.1

4.1.2　粉煤灰掺量和再生骨料特性对力学性能的影响

1. 试验概况

本试验水泥采用的是 P.O42.5 级水泥，粉煤灰采用Ⅰ级粉煤灰，其表观密度为 2200kg/m^3，细骨料均采用含泥量小于 1%的天然水洗中砂，其表观密度为 2620/m^3，天然粗骨料采用辽宁抚顺生产的石灰石碎石，减水剂采用辽宁省建筑科学研究院生产的 LJ612 型聚羧酸高效减水剂。为分析再生骨料的原生混凝土强度对自密实再生骨料混凝土力学性能的影响，再生粗骨料由试验室浇筑的抗压强度等级为 C20 和 C50 的原生混凝土养护至 28d 后经破碎、筛分而成，其粒径范围与天然骨料粒径范围相同，均为 5.00～20.00mm。所测得再生粗骨料与天然粗骨料的基本性质见表4-6。

本试验以粉煤灰掺量和再生骨料特性为研究因素，共设计了12组试件，其混凝土配合比及工作性能测试结果见表4-7。力学性能主要测试项目：按照《普通混凝土力学性能试验方法标准》GB/T 50081进行试验，主要测试的是立方体抗压强度，养护龄期为28d、56d和90d，立方体劈裂强度和轴心抗压强度，养护龄期为28d。

粗骨料的基本性质　　表4-6

类型		强度等级	表观密度（kg/m³）	压碎指标（%）	吸水率（%）
再生骨料	C20A	C20	2634	16.2	3.7
	C50A	C50	2730	14.7	5.1
天然骨料	—	—	2830	8.7	0.9

自密实混凝土配合比及工作性能　　表4-7

编号	水（kg）	水泥（kg）	粉煤灰（kg）	砂（kg）	天然骨料（kg）	再生骨料(kg)		减水剂（%）	坍落扩展度
						C20A	C50A		
R0F0	190	500	0	913.6	849	—	—	0.82	705
R0F25	190	375	125	870.4	849	—	—	0.63	780
R0F50	190	250	250	827.4	849	—	—	0.31	675
R0F75	190	125	375	783.9	849	—	—	0.30	670
C20R100F0	190	500	0	913.6	—	790	—	0.83	695
C20R100F25	190	375	125	870.4	—	790	—	0.60	715
C20R100F50	190	250	250	827.4	—	790	—	0.31	675
C20R100F75	190	125	375	783.9	—	790	—	0.32	680
C50R100F0	190	500	0	913.6	—	—	819	0.83	650
C50R100F25	190	375	125	870.4	—	—	819	0.60	670
C50R100F50	190	250	250	827.4	—	—	819	0.31	640
C50R100F75	190	125	375	783.9	—	—	819	0.29	620

2. 试验结果分析

（1）立方体抗压强度

如图4-7所示为不同粉煤灰掺量对自密实再生混凝土28d立方体抗压强度影响的关系曲线。由图4-7可以看出，随着粉煤灰掺量的增加，自密实再生骨料混凝土的立方体抗压强度表现出先增大后减小的趋势，这点与自密实普通混凝土的立方体抗压强度发展规律一致。当粉煤灰掺量在0～25%时，混凝土的立方体抗压强度随着粉煤灰掺量的增加而变大，这是因为适量的粉煤灰可与水泥中的氢氧化钙充分发生二次水化反应生成凝胶体，有效地填充了再生骨料内部的裂隙和表面的孔洞，改善了自密实再生骨料混凝土的内部结构，起到了提高混凝土抗压强度的作用；而当粉煤灰掺量在25%～75%时，混凝土的立方体抗压强度随着粉煤灰掺量的增加而减小，这是由于过量的粉煤灰取代水泥，减少了水泥用量，使水泥水化反应减弱，这就导致一方面水泥水化反应所贡献的混凝土强度大为降低，另一方面水化产物之一的氢氧化钙的产量减少，并且水化反应产生的热量也大为降低，致使粉煤灰二次水化反应受到阻滞，因此自密实再生骨料混凝土的立方体抗压强度显著降低。由此可见，当粉煤灰掺量为25%时，自密实再生骨料混凝土的立方体抗压强度最高。

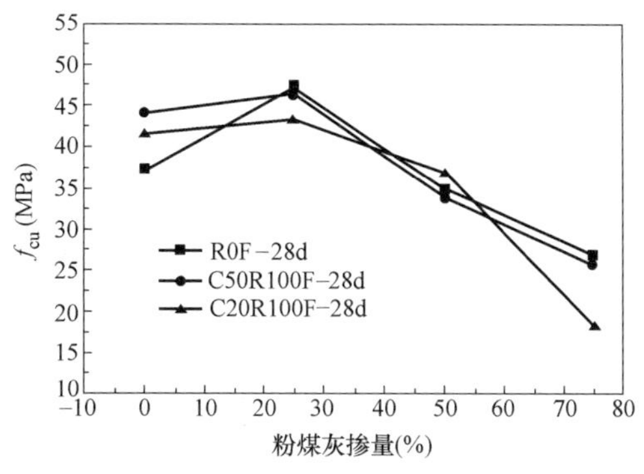

图4-7 粉煤灰掺量与立方体抗压强度的关系

另外，结合表4-8可以发现，当粉煤灰掺量从0增加到50%时，两种再生骨料配制的自密实再生骨料混凝土的28d立方体抗压强度相差仅为3.46%～8.29%，而当粉煤灰掺量增加到75%时，两种再生骨料配制的自密实再生骨料混凝土的28d立方体抗压强度差值达到40.25%，这说明，当粉煤灰掺量低于50%时，可以忽略再生骨料强度对自密实再生骨料混凝土立方体抗压强度的影响。

混凝土力学性能试验结果 **表4-8**

编号	f_{cu}(MPa)			δ_{90}	f_t(MPa)	f_c(MPa)	f_t/f_{cu}
	28d	56d	90d				
R0F0	37.24	45.70	44.18	1.19	2.89	47.34	0.078
R0F25	47.28	47.72	46.93	0.99	2.64	45.89	0.056
R0F50	34.99	39.40	45.32	1.30	2.27	29.02	0.065
R0F75	26.76	27.93	36.67	1.37	1.96	19.41	0.073
C20R100F0	41.64	45.03	44.90	1.08	2.78	32.56	0.067
C20R100F25	43.48	44.99	45.70	1.05	2.04	38.60	0.047
C20R100F50	36.83	38.56	44.08	1.20	1.89	29.78	0.051
C20R100F75	18.36	26.10	33.70	1.84	1.36	19.95	0.074

续表

编号	f_{cu}(MPa)			δ_{90}	f_t(MPa)	f_c(MPa)	f_t/f_{cu}
	28d	56d	90d				
C50R100F0	43.08	45.34	45.32	1.05	2.86	34.68	0.066
C50R100F25	46.77	45.56	47.32	1.01	2.59	42.69	0.055
C50R100F50	34.01	38.95	45.32	1.33	2.52	32.54	0.074
C50R100F75	25.75	29.26	41.77	1.62	2.13	18.51	0.083

此外，本研究还对自密实天然骨料混凝土和以再生骨料为 C20A、C50A 配制的自密实再生骨料混凝土在龄期分别为 56d 和 90d 的立方体抗压强度进行试验，分析不同粉煤灰掺量的混凝土立方体抗压强度随龄期的发展规律。结合表 4-8 中的试验数据可以发现：随着养护龄期的增加，自密实天然骨料混凝土和两种再生骨料配制的自密实再生骨料混凝土的立方体抗压强度均呈现增大的趋势。这是因为：随着龄期的增长，水泥水化反应产物不断增加，促使粉煤灰的二次水化反应继续进行，进而提高了混凝土的强度。

由于粉煤灰二次水化反应与龄期密切相关，为探讨粉煤灰掺量对混凝土长龄期抗压强度的影响，定义强度发展系数 δ_{90} 为养护龄期 90d 的混凝土立方体抗压强度与养护龄期 28d 的混凝土立方体抗压强度的比值。由表 4-8 可知，当粉煤灰掺量不大于 25％时，C20R100F0 和 C20R100F25 的 δ_{90} 为 1.08 和 1.05，而 C50R100F0 和 C50R100F25 的 δ_{90} 为 1.05 和 1.01；而当粉煤灰掺量大于 25％时，C20R100F50 和 C20R100F75 的 δ_{90} 为 1.20 和 1.84，而 C50R100F50 和 C50R100F75 的 δ_{90} 为 1.33 和 1.62。这说明：当粉煤灰掺量为 25％时，自密实再生骨料混凝土的长龄期立方体抗压强度最为稳定。

（2）劈裂抗拉强度

如图 4-8 所示为不同粉煤灰掺量对自密实再生混凝土 28d 劈裂抗拉强度影响的关系曲线。由图 4-8 可以看出，自密实天然骨料混凝土和两种再生骨料配制的自密实再生骨料混凝土的劈裂抗拉强度均随着粉煤灰掺量的增加而降低。通过表 4-8 的试验结果得出，当粉煤灰掺量从 0 提高到 75％时，自密实天然骨料混凝土和以再生骨料为 C20A、C50A 配制的自密实再生骨料混凝土的劈裂抗拉强度分别降低了 47.45％、104.41％和 34.27％，可以发现：以再生骨料 C20A 配制的自密实再生骨料混凝土的劈裂抗拉强度较自密实天然骨料混凝土和以再生骨料 C50A 配制的自密实再生骨料混凝土的劈裂抗拉强度降低幅度更为明显。分析表 4-8 的数据还可以发现：当粉煤灰掺量从 0 增加到 75％时，以再生骨料为 C50A 配制的自密实再生骨料混凝土与自密实天然骨料混凝土的劈裂抗拉强度变化仅为 1.05%～9.92%，另外，对比分析两种再生骨料配制的自密实再生骨料混凝土的劈裂抗拉强度得出，当粉煤灰掺量为 0 时，C20R100F0 仅比 C50R100F0 的劈裂抗拉强度低 2.88%，然而当粉煤灰掺量从 25%提高到 75%时，可以看出 C20R100F25 的劈裂抗拉强度较 C50R100F25 降低了 26.71%，而 C20R100F75 的劈裂抗拉强度较 C50R100F75 降低了 56.61%。由此可见，以再生骨料为 C50A 配制的自密实再生骨料混凝土，其劈裂抗拉强度与自密实天然骨料混凝土的劈裂抗拉强度相当，而以再生骨料为 C20A 配制的自密实再生骨料混凝土劈裂抗拉强度与自密实天然骨料混凝土的劈裂抗拉强度相差较大。

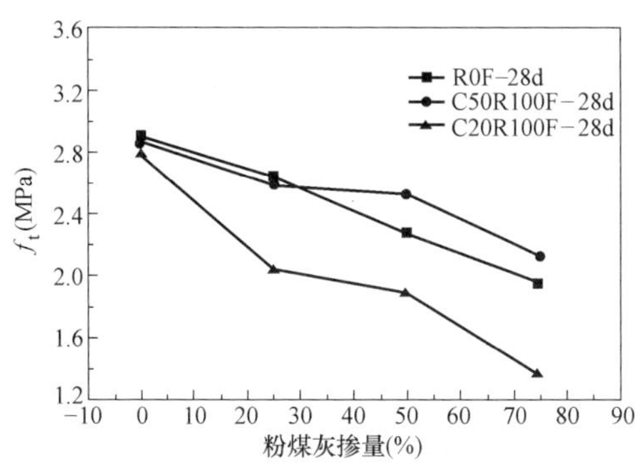

图 4-8 粉煤灰掺量与劈裂抗拉强度的关系

(3) 拉压比性能

图 4-9 所示为不同粉煤灰掺量对自密实再生骨料混凝土拉压比的关系曲线，由图可以看出，自密实再生骨料混凝土与自密实天然骨料混凝土的变化规律相似，当粉煤灰掺量小于 25%时，自密实混凝土的拉压比随着粉煤灰掺量增加而减小，当粉煤灰掺量大于 25%时，自密实混凝土的拉压比则随着粉煤灰掺量的增加而变大。另外，发现当粉煤灰掺量从 0 增加到 75%时，以再生骨料 C50A 配制的自密实再生骨料混凝土的拉压比均大于以再生骨料 C20A 配制的自密实再生骨料混凝土；而当粉煤灰掺量为 25%时，以再生骨料为 C50A 配制的自密实再生骨料混凝土的拉压比与自密实天然骨料混凝土仅相差 1.82%，这意味着，使用以高强度原生混凝土为再生骨料配制自密实再生骨料混凝土，能得到不低于自密实天然骨料

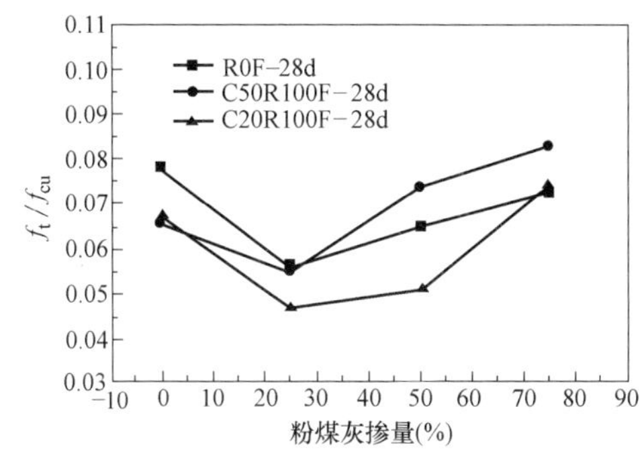

图 4-9 粉煤灰掺量与拉压比的关系

混凝土的抗震性能。

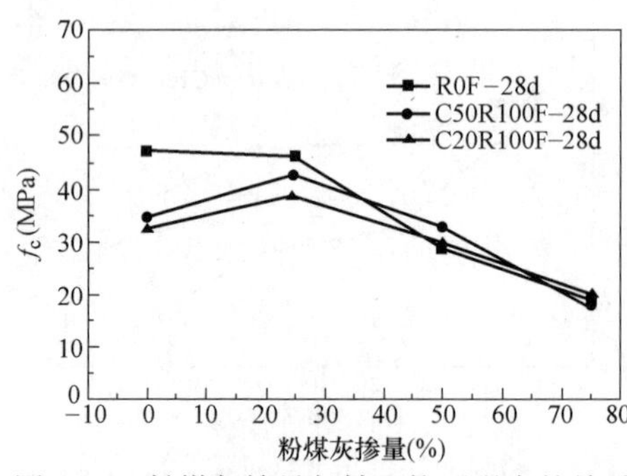

图 4-10　粉煤灰掺量与轴心抗压强度的关系

(4) 轴心抗压强度

图 4-10 为不同粉煤灰掺量对自密实再生混凝土 28d 轴心抗压强度的关系曲线。粉煤灰掺量从 0 增加到 25%时，自密实天然骨料混凝土、以再生骨料为 C20A、C50A 配制的自密实再生骨料混凝土的轴心抗压强度分别变化了 3.16%、15.65%和 18.76%，可以看出：此阶段粉煤灰掺量的增加对天然骨料自密实混凝土的轴心抗压强度是几乎没有影响的，但对自密实再生骨料混凝土的影响较为明显。然而，当粉煤灰掺量从 25%增加到 75%时，自密实再生骨料混凝土的轴心抗压强度与自密实天然骨料混凝土的轴心抗压强度变化规律相似，均随粉煤灰掺量的增加呈现出降低趋势，这意味着粉煤灰掺量为 25%时，自密实再生骨料混凝土的轴心抗压强度最好。对比以再生骨料为 C20A、C50A 配制的自密实再生骨料混凝土的轴心抗压强度可以发现，当粉煤灰掺量从 0 增大到 75%时，两种再生骨料配制的自密实再生骨料混凝土的轴心抗压强度相差仅为 6.51%～10.61%。

另外，对于表 4-8 中的试验结果进行回归分析，可得到考虑粉煤灰掺量的立方体抗压强度与轴心抗压强度的关系式，如下所示：

$$f_c=0.88f_{cu}\left(\gamma+\frac{1}{1.82\gamma^2+0.28\gamma+1.11}\right) \tag{4-5}$$

其中 f_c 为轴心抗压强度，f_{cu} 为立方体抗压强度，γ 为粉煤灰掺量，式（4-5）的相关系数为 0.9931，拟合程度较好。

4.2　抗渗性能

4.2.1　吸水性试验

1. 试验概况

水泥采用辽宁山水工源矿渣硅酸盐水泥，其中配制 C30 和 C40 混凝土采用 PS32.5 级矿渣硅酸盐水泥，配制 C50 混凝土时采用 P·O42.5 级水泥，其表观密度为 $3100kg/m^3$；细骨料均采用含泥量小于 1%的天然水洗中砂，其表观密度为 $2620kg/m^3$，再生粗骨料为普通混凝土通过粉碎、清洗、分级而得，其粒径大小为 5～20mm，实测试验用天然骨料和再生骨料的表观密度分别为 $2830kg/m^3$ 和 $2730 kg/m^3$；吸水率分别为 0.91 和 5.10；压碎指标分别为 8.71 和 14.7；粉煤灰采用沈西热电生产的 1 级粉煤灰，其表观密度为 $2200kg/m^3$；减水剂采用辽宁省建设科学研究院研发的 LJ612 型聚羧酸系高效减水剂；拌合水为沈阳市自来水。

本试验以混凝土类型和强度、加载方式为因素，共设计了 45 组试件，每组两个，尺寸 100mm×100mm×100mm，混凝土配合比与工作性能见表 4-9。其中，循环加载试件采用等幅匀速加卸载制度，加卸载速率为 2kN/s，见图 4-11。循环荷载后立即进行吸水率试验。

混凝土配合比　　表 4-9

编号	水 $(kg \cdot m^{-3})$	水泥 $(kg \cdot m^{-3})$	粉煤灰 $(kg \cdot m^{-3})$	砂 $(kg \cdot m^{-3})$	天然骨料 $(kg \cdot m^{-3})$	再生骨料 $(kg \cdot m^{-3})$	减水剂 (%)	坍落扩展度 (mm)
NA-C-30	189	420	0	680	1110	—	0.07	—
NA-C-40	171	450	0	640	1138	—	0.33	—
NA-C-50	189	450	0	670	1090	—	0.10	—
NA-SCC-30	192	336	144	839	839	—	1.00	620
NA-SCC-40	176.8	364	156	826.6	826.6	—	1.20	685
NA-SCC-50	180	350	150	835	835	—	1.20	725
RA-SCC-30	192	336	144	839	—	839	1.00	600
RA-SCC-40	176.8	364	156	826.6	—	826.6	1.20	720
RA-SCC-50	180	350	150	835	—	835	1.20	705

试验结束后，根据相关规定，采用测重法测定混凝土吸水率，计算公式为：

$$P=\frac{W-W_0}{W_0}\times 100\% \tag{4-6}$$

式中　P——试件 3h 后吸水率；

W——试件吸水 3h 后重量，g；

W_0——试件干重，g。

根据吸水率计算公式 4-6，计算结果见表 4-10：

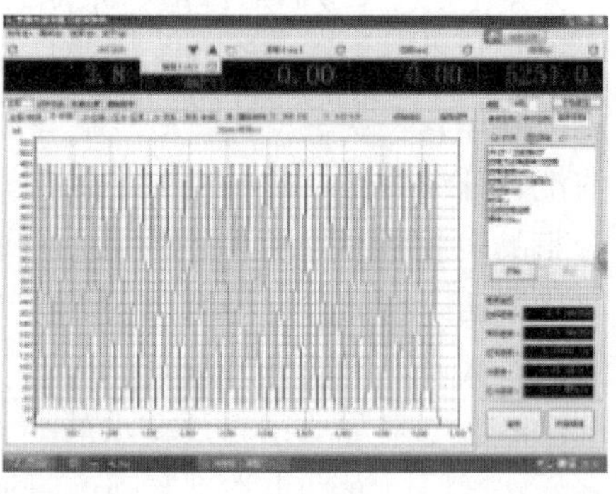

(*a*) (*b*)

图 4-11 试件循环加载

(*a*) 试件循环加载；(*b*) 循环 50 次加载程序

不同工况下的混凝土吸水率 (%) 表 4-10

混凝土类型	强度等级	荷载=0	荷载水平=0.4f_{cu}		荷载水平=0.8 f_{cu}	
			10次	50次	10次	50次
NA-C	C30	0.83	0.85	0.86	0.87	0.92
	C40	0.58	0.62	0.63	0.65	0.68
	C50	0.35	0.36	0.39	0.42	0.47
NA-SCC	C30	1.12	1.15	1.16	1.25	1.36
	C40	0.65	0.72	0.77	0.80	0.85
	C50	0.30	0.32	0.37	0.39	0.41
RA-SCC	C30	1.09	1.11	1.12	1.20	1.26
	C40	0.62	0.70	0.74	0.76	0.78
	C50	0.25	0.29	0.31	0.31	0.35

2. 试验结果分析

图 4-12 表示强度等级为 C30～C50 的 RA-SCC、NA-C 和 NA-SCC 在不同循环荷载水平和循环次数下的吸水率。可以看出，RA-SCC 在不同循环荷载水平和次数下的吸水率变化规律与无荷载时基本相同，即混凝土的吸水率随其抗压强度的提高而降低，NA-C 和 NA-SCC 同样保持这种规律；但随着循环荷载水平或次数的增大，RA-SCC 的吸水率与 NA-C、NA-SCC 差异趋于显著。例如，当荷载为 0 时，RA-SCC-30、NA-C-30、NA-SCC-30 的吸水率分别为 1.09、0.83、1.12，当荷载水平为 0.4、循环次数为 50 次时，RA-SCC-30、NA-C-30、NA-SCC-30 的吸水率分别为

1.12、0.86、1.16，当荷载水平为 0.8、循环次数为 50 次时，RA-SCC-30、NA-C-30、NA-SCC-30 的吸水率分别为 1.26、0.92、1.36。

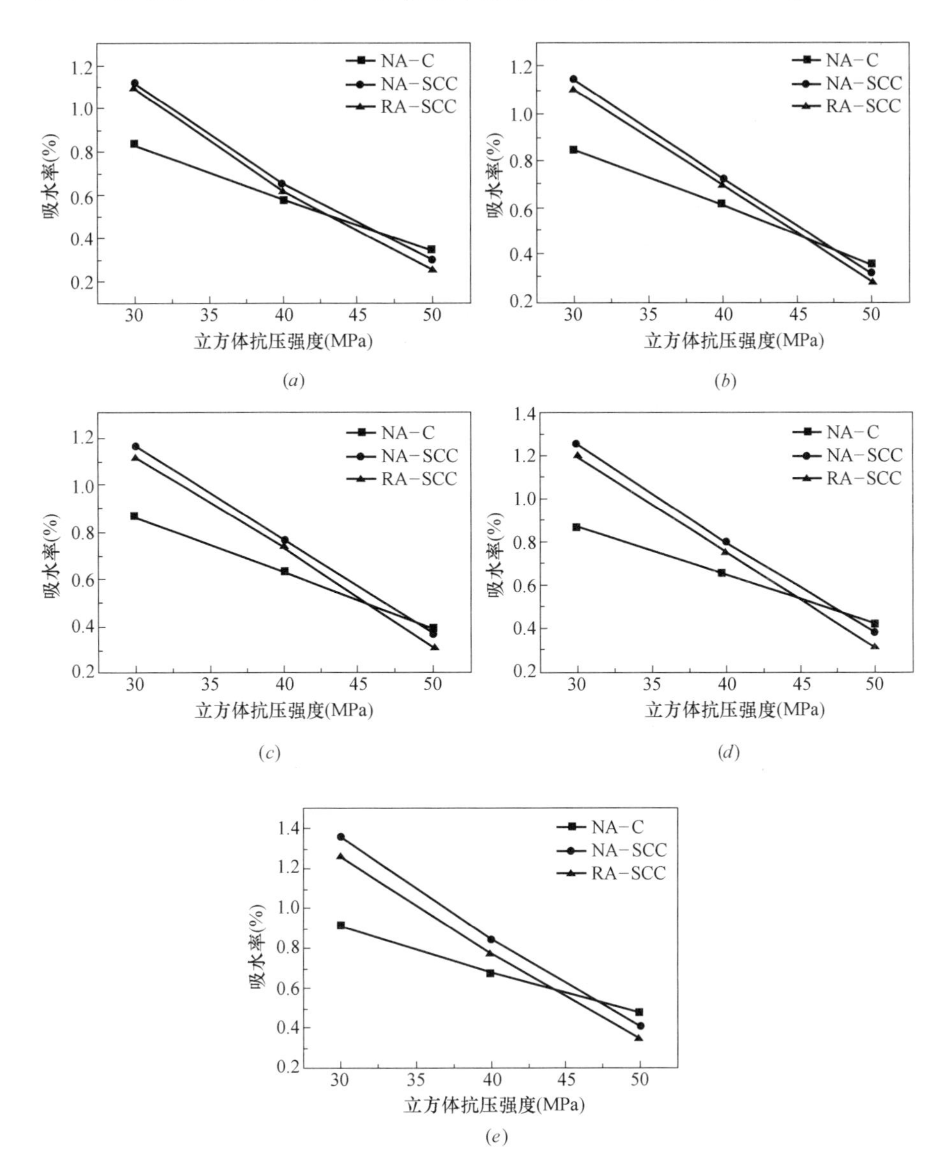

图 4-12 不同荷载水平及循环次数下的吸水率

(a) 未加载试件；(b) 荷载水平 0.4，循环次数 10 次；(c) 荷载水平 0.4，循环次数 50 次；(d) 荷载水平 0.8，循环次数 10 次；(e) 荷载水平 0.8，循环次数 50 次

图 4-13 表示 RA-SCC、NA-SCC 和 NA-C 在不同荷载工况下的吸水率。由图 4-13（*a*）可以看出，当荷载水平为 0.4 时，自密实再生混凝土的吸水率略有增长，当荷载水平为 0.8 时，自密实再生混凝土的吸水率增长较快。例如，RA-SCC-40 在荷载水平为 0.4，循环次数为 10 次时的吸水率较不加载时增加了 12.9%，而在荷载水平为 0.8，循环次数为 10 次时的吸水率较不加载时增加了 22.6%，后者的增长幅度约为前者的 1.75 倍。这说明，荷载水平对自密实再生混凝土的吸水率有明显影响。由图 4-13（*b*）和图 4-13（*c*）可以看出，NA-SCC、NA-C 与 RA-SCC 的规律相同，究其原因主要是荷载水平对混凝土的损伤程度有直接影响。因此通过吸水率也可以间接反映混凝土内部的损伤情况。此外，循环加载次数对混凝土的吸水率也具有明显影响，随着加载次数的增加，吸水率变大。以 RA-SCC-50 为例，荷载水平为 0.8、循环次数为 10 次的吸水率较荷载水平为 0.4、循环次数为 10 次的吸水率增加了 6.9%，而荷载水平为 0.8、循环次数为 50 次的吸水率较荷载水平为 0.4、循环次数为 50 次的吸水率

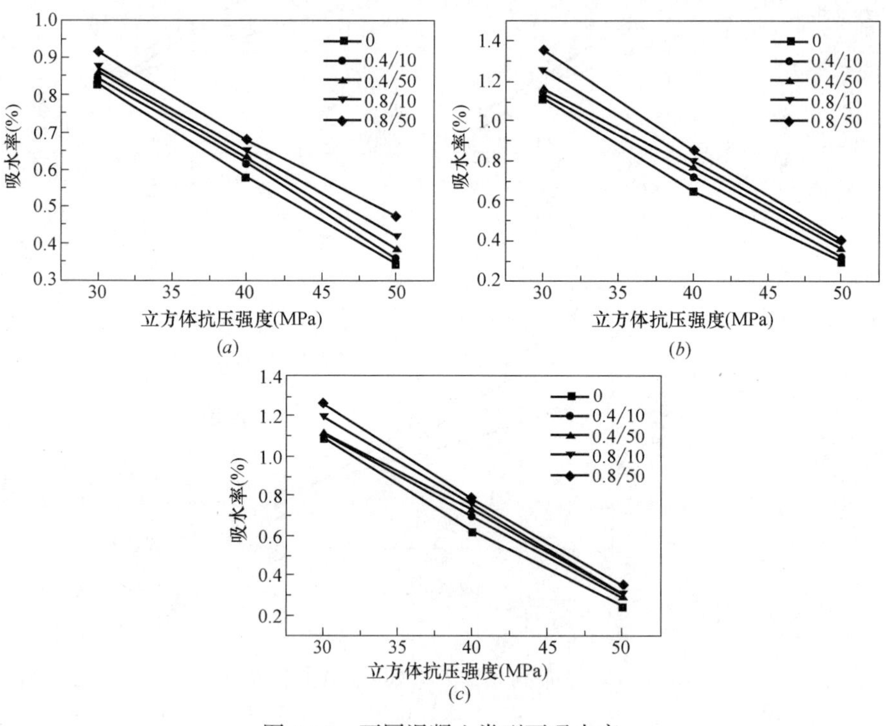

图 4-13　不同混凝土类型下吸水率

（*a*）RA-SCC；（*b*）NA-SCC；（*c*）NA-C

增加了12.9%，这说明循环加载次数越多，混凝土的累积损伤越大。

总之，RA-SCC的吸水性随混凝土强度等级的提高而逐渐降低，其降低速率与NA-SCC基本相同，但显著高于NA-C的降低速率。同等条件下，RA-SCC的吸水性略低于NA-SCC，而与NA-C存在较大差异。循环荷载与次数对自密实再生骨料混凝土的吸水性有明显影响。

4.2.2 水渗透性试验

1. 试验概况

本试验以混凝土类型与强度为研究因素，共制作了抗渗试验标准试件9组，每组3个，试件为圆台形，上底面直径为175mm，下底面直径为185mm，高度为150mm，混凝土配合比见表4-9。

按照《普通混凝土长期性能和耐久性能试验方法标准》GB/T 50082的相关规定，将试件侧面用石蜡密封，并放置于抗渗仪上；然后结合本试验材料的自身特点，设定抗渗仪压力为2.5±0.1MPa，渗透时间为72h；待试验结束后使用千斤顶卸下渗透试件，用压力机将试件劈开，用防水笔描出水纹，并根据规范测定渗透高度，见图4-14（*a*）～（*c*）。然后根据公式计算混凝土的相对渗透性系数：

$$S_{\mathrm{k}}=\frac{mD_{\mathrm{m}}^{2}}{2TH} \tag{4-7}$$

式中 S_{k}——相对渗透性系数，mm/h；

m——吸水率，由吸水率试验可得；

D_{m}——平均渗水高度，mm；

T——渗透时间，h；

H——水压力，以水柱高度表示，mm。

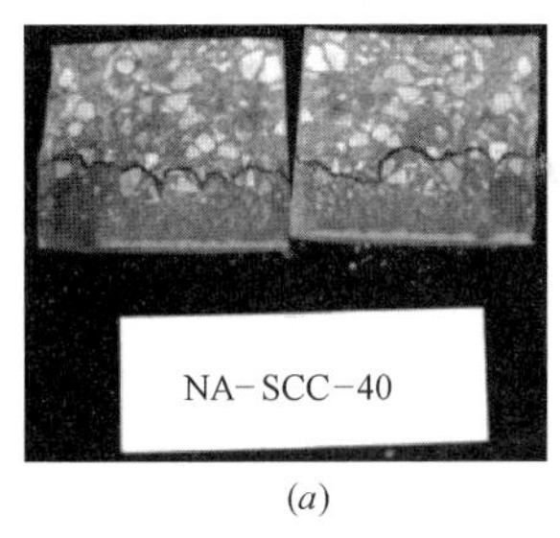

(*a*)

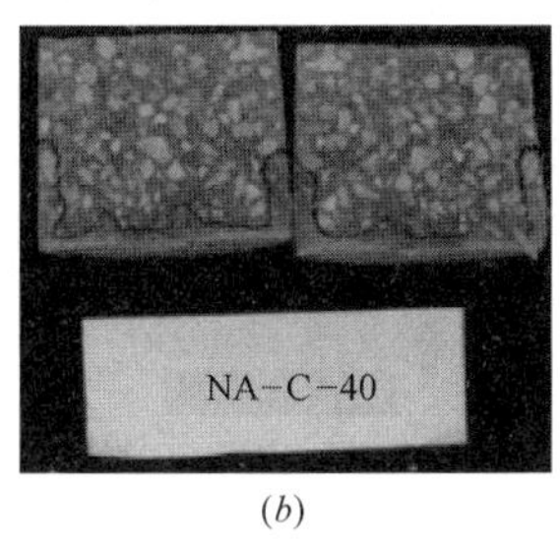

(*b*)

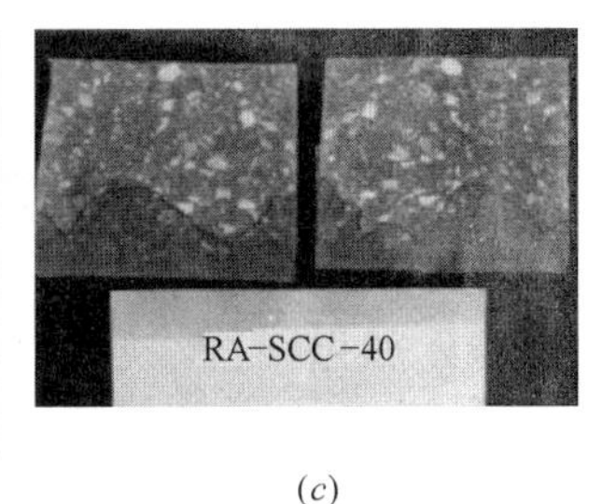

(*c*)

图4-14 渗水高度

根据以上公式计算所有试件的相对渗透性系数，其计算结果见表 4-11。

混凝土的相对渗透性系数（$\times 10^{-5}$mm/h） 表 4-11

强度等级	NA-C	NA-SCC	RA-SCC
C30	5.67	5.39	4.87
C40	2.20	0.72	0.94
C50	0.03	0.04	0.03

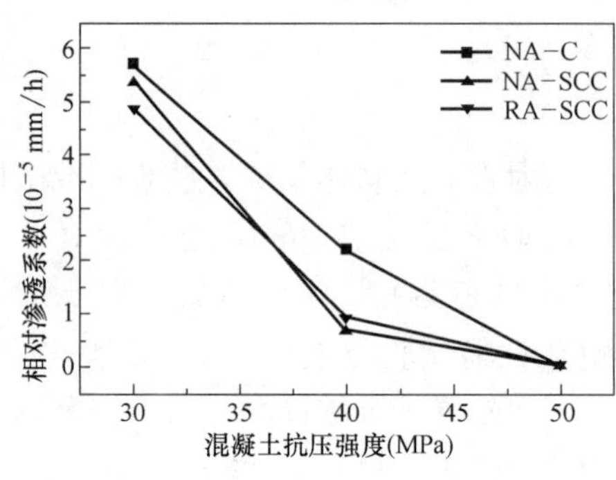

图 4-15 相对渗透性系数曲线

2. 试验结果分析

根据相对渗透性系数计算结果，绘制相对渗透性系数曲线，如图 4-15 所示。由图可以看出，随着混凝土强度等级的提高，RA-SCC 的相对渗透性系数逐渐降低，其下降速率逐渐减小。例如，RA-SCC-30、RA-SCC-40 和 RA-SCC-50 的相对渗透性系数分别为 4.87×10^{-5}mm/h、0.94×10^{-5}mm/h 和 0.03×10^{-5}mm/h，RA-SCC-40 较 RA-SCC-30、RA-SCC-50 较 RA-SCC-40 的相对渗透性系数分别减小了 3.93×10^{-5}mm/h 和 0.91×10^{-5}mm/h。同一强度等级下，RA-SCC 与 NA-SCC 的相对渗透性系数相差在 10%以内，但 RA-SCC 与 NA-SCC 的相对渗透性系数存在较大差异，例如，NA-C-30 的相对渗透性系数为 5.67×10^{-5}mm/h，较 RA-SCC-30 的相对渗透性系数大 16.4%；NA-C-40 的相对渗透性系数为 2.20×10^{-5}mm/h，较 RA-SCC-40 的相对渗透性系数大 134%；而 NA-C-50 与 RA-SCC-50 的相对渗透性系数则相同。综上，RA-SCC 具有与 NA-SCC 相近的抗水渗透性能，但与 NA-C 的抗水渗透性能相差较大。

4.2.3 氯离子渗透性试验

1. 试验概况

本试验试件均采用 100mm×100mm×100mm 立方体试块，以混凝土种类和浸泡时间为研究因素，分为 36 组，每组 2 个试件，共计 72 个。采用环氧树脂将立方体试块的 5 个面全部密封，保留一个浸泡面，以保证氯离子沿单一方向进行渗透。待环氧树脂完全晾干后，将所有试件放置在浓度为5%的NaCl溶液中浸泡。浸泡到期后采用分层钻孔法钻取并收集每个试件浸泡面从表面到垂直深度分为0～5mm、5～10mm、10～15mm、15～20mm的每层粉末，见图4-16。

(a)

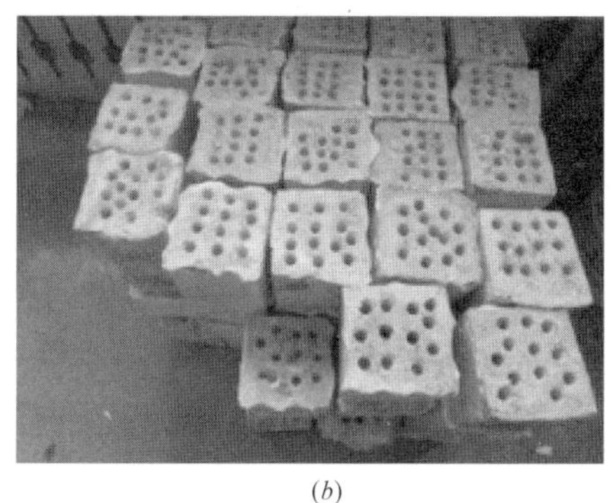

(b)

图4-16　钻孔试验

(a) 分层钻孔取粉；(b) 钻孔试件

将收集好的混凝土粉末分装整理，并按化学滴定法操作规程测定各层氯离子的浓度。氯离子浓度测定所需的仪器设备包括钻床、烘箱、0.63mm孔径的筛子、感量1mg电子天平1台、支架、铝盒60个、漏斗4个、1000ml棕色容量瓶1个、100ml容量瓶3个、250ml三角烧瓶60个、烧杯6个、移液管5支、25ml棕色滴定管1支、滴管3支、玻璃棒、滤纸、酒精灯等；化学药品包括分析纯氯化钠1瓶、铬酸钾1瓶、酚酞1瓶、浓硫酸1瓶、无水乙醇1瓶、蒸馏水，如图4-17所示。

(a)

(b)

图4-17　氯离子浓度测定试验

(a) 粉末称量；(b) 氯离子浓度滴定

2. 试验结果分析

① 自由氯离子浓度随深度的变化关系

图 4-18 表示不同强度等级的 RA-SCC、NA-C、NA-SCC 在氯盐中自

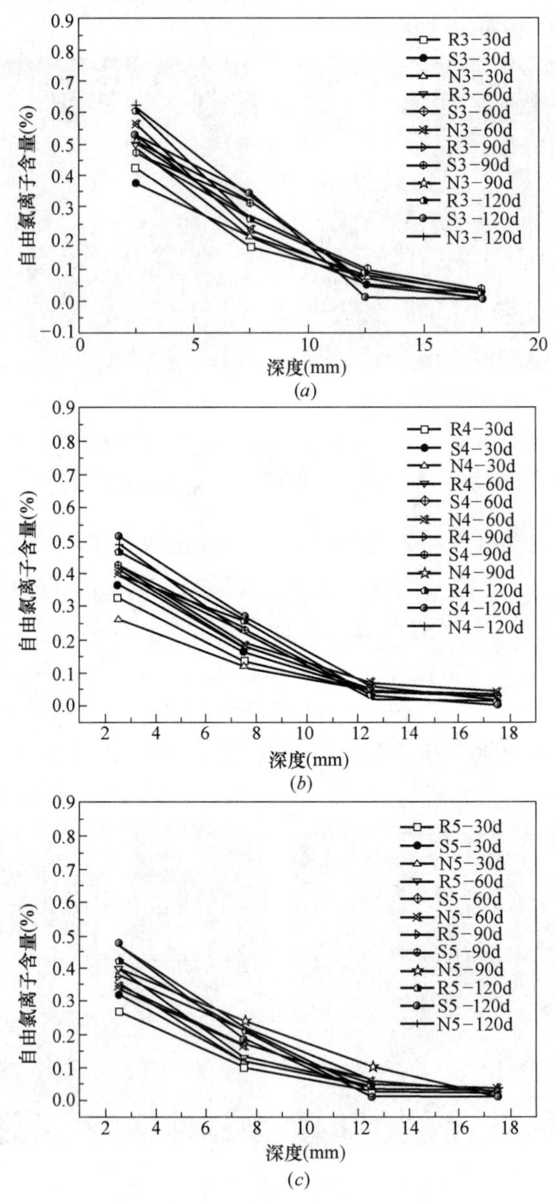

图 4-18 自由氯离子浓度随深度变化关系

(a) C30；(b) C40；(c) C50

然浸泡 30d、60d、90d 和 120d 的自由氯离子含量随深度变化的关系，图中 R3-30d 表示强度等级为 C30、浸泡时间为 30d 的 RA-SCC，以此类推，S 代表 NA-SCC，N 代表 NA-C。由图 4-18 可以看出，RA-SCC 的自由氯离子含量随深度的增大而显著降低，其衰减速率由快而慢，最终趋于稳定。比较图 4-18 中（*a*）、（*b*）、（*c*）可以发现，RA-SCC 表层的自由氯离子含量随混凝土强度等级的提高而显著减小，例如，R3-30d、R4-30d 和 R5-30d 在距离表面深度为 0～5mm 处的自由氯离子浓度分别为 0.427%、0.326%和 0.263%。

② 扩散行为模型

由于本试验采用的是自然浸泡法，通常可采用 Fick 第二定律来描述氯离子在混凝土中的扩散，见式 4-8，根据 Fick 第二定律可计算出混凝土的氯离子扩散系数和表面氯离子浓度，见表 4-12。

$$C_{x,t}=C_0+(C_s-C_0)\left[1-erf\left(\frac{x}{2\sqrt{D_f t}}\right)\right] \tag{4-8}$$

式中：$C_{x,t}$——混凝土在时刻 t 距离混凝土表面 x 处的氯离子浓度，%；

C_0——混凝土初始时刻氯离子浓度，%；

C_s——混凝土表面氯离子浓度，%；

D_f——氯离子在混凝土中的扩散系数，是一个描述混凝土内部氯离子迁移的物理量，m^2/s；

t——浸泡时间，s；

$erf(z)$——误差函数，$erf(z)=1-\frac{2}{\sqrt{\pi}}\int_0^z e^{-t^2}dt$。

混凝土氯离子扩散系数与表面氯离子浓度　　表 4-12

编号	30d		60d		90d		120d	
	D_f ($10^{-12}m^2/s$)	C_s(%)	D_f ($10^{-12}m^2/s$)	C_s(%)	D_f ($10^{-12}m^2/s$)	C_s(%)	D_f ($10^{-12}m^2/s$)	C_s(%)
RA-SCC-30	97.71	0.36	48.30	0.46	31.09	0.53	25.98	0.58
NA-SCC-30	95.90	0.34	51.28	0.42	30.93	0.46	22.38	0.50
NA-C-30	95.78	0.42	47.79	0.47	30.37	0.48	22.72	0.55
RA-SCC-40	96.86	0.27	46.91	0.36	30.17	0.37	22.43	0.42
NA-SCC-40	93.41	0.31	48.14	0.33	29.93	0.38	21.91	0.45
NA-C-40	94.47	0.32	50.15	0.35	30.48	0.36	21.97	0.36
RA-SCC-50	94.88	0.21	46.10	0.31	29.82	0.34	21.92	0.36
NA-SCC-50	94.47	0.26	48.60	0.30	29.82	0.36	21.71	0.38
NA-C-50	93.31	0.28	49.12	0.29	31.87	0.37	24.23	0.38

③ 氯离子扩散系数与暴露时间的关系

由表4-12可以看出，RA-SCC、NA-SCC、NA-C的氯离子扩散系数均随暴露时间的延长显著减小。Thomas等人指出混凝土试件的表面氯离子扩散系数随暴露时间的衰减规律遵循幂函数变化规律，其表达公式如下：

$$D_{\mathrm{f}}=At^{-m} \tag{4-9}$$

式中：A为回归系数；m为时间依赖指数。

根据式4-9对表面氯离子扩散系数与暴露时间进行回归分析，结果见表4-13。可以看出，混凝土强度等级越高，RA-SCC和NA-SCC的表面氯离子扩散系数的时间依赖指数m越大，RA-SCC和NA-SCC的表面氯离子扩散系数D_{f}随暴露时间的增加的下降速度越快；同等强度下，NA-SCC的m值较RA-SCC要小，这说明相同强度等级下，RA-SCC的表面氯离子扩散系数D_{f}的降低速度较NA-SCC小；与RA-SCC、NA-SCC不同的是，NA-C的表面氯离子扩散系数时间依赖指数m随混凝土强度等级的提高而减小，这说明NA-C的表面氯离子扩散系数D_{f}随暴露时间的增加的下降趋势变缓。这意味着，相对于NA-C，提高混凝土强度对改善RA-SCC和NA-SCC的抗氯离子渗透性能更为有效。

自由氯离子扩散系数与暴露时间回归关系　　表4-13

编号	A	m	R^2
RA-SCC-30	2.96×10^{-9}	1.0036	0.9987
NA-SCC-30	2.91×10^{-9}	1.0010	0.9935
NA-C-30	3.20×10^{-9}	1.0308	0.9995
RA-SCC-40	3.51×10^{-9}	1.0512	0.9999
NA-SCC-40	2.98×10^{-9}	1.0169	0.9976
NA-C-40	2.88×10^{-9}	1.0046	0.9944
RA-SCC-50	3.39×10^{-9}	1.0550	0.9999
NA-SCC-40	3.20×10^{-9}	1.0325	0.9972
NA-C-50	2.47×10^{-9}	0.9622	0.9990

④ 混凝土表面氯离子浓度与暴露时间的关系

如图4-19所示强度等级为C30-C50的RA-SCC、NA-SCC和NA-C的表面氯离子浓度随暴露时间的变化关系。由表4-14所示可知，当暴露时间小于60d时，混凝土的表面氯离子浓度增长显著，但当暴露时间超过60d后，混凝土的表面氯离子浓度增长缓慢得多。例如，暴露时间为60d的RA-SCC-30的表面氯离子浓度较暴露时间为30d时增长了27.8%，而暴露时间为 90d 的 RA-SCC-30 的表面氯离子浓度较暴露时间为 60d 时仅增长了 15.2%，NA-C、NA-SCC 同样也具有此规律。然而，相较于 NA-C 和 NA-SCC，RA-SCC 的表面氯离子浓度在暴露时间小于 60d 时，具有更快的增长速率，而在暴露时间大于 60d 时，其表面氯离子浓度增长更为平缓，这可能与 RA-SCC 中再生骨料的性质有关。

一般认为，混凝土表面氯离子浓度随时间的变化关系可用以下关系式表示：

$$C_s(t)=C_0(1-e^{-rt}) \tag{4-10}$$

式中：$C_s(t)$——t 时刻的混凝土表面氯离子浓度，%；

C_0——混凝土表面氯离子浓度最大值，%；

t——暴露时间；

r——累积系数的拟合系数。

根据试验数据，按照式（4-10）计算出混凝土表面氯离子浓度与暴露时间函数模型的参数，见表 4-14。

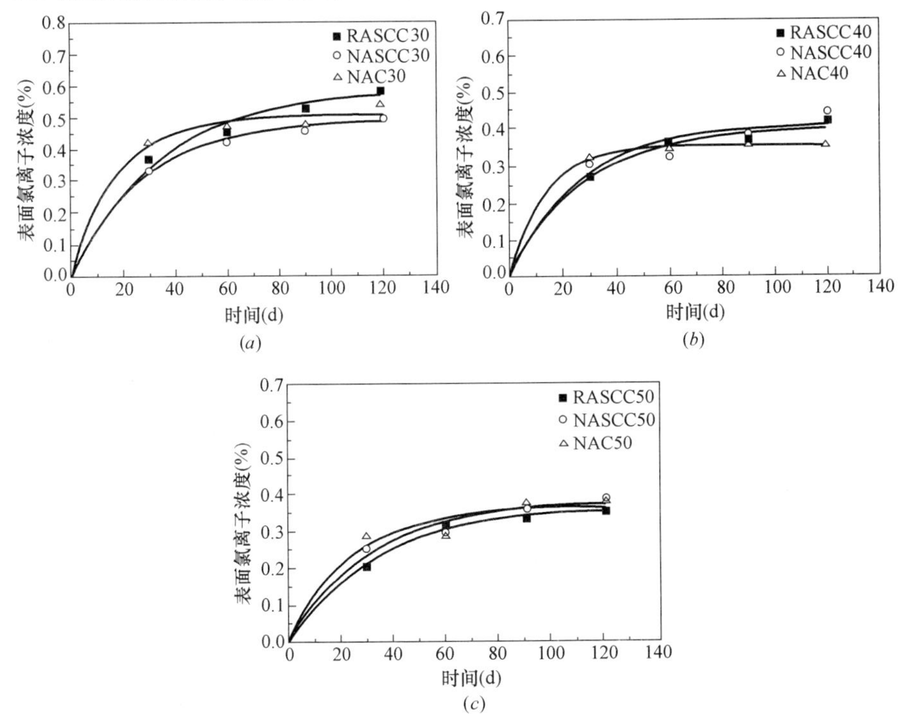

图 4-19 表面氯离子浓度与暴露时间的关系

（a）C30；（b）C40；（c）C50

混凝土表面氯离子浓度最大值与暴露时间的关系　　表 4-14

编号	C_0	r	R^2
RA-SCC-30	0.5820	0.0291	0.9899
NA-SCC-30	0.4887	0.0369	0.9961
NA-C-30	0.5093	0.0547	0.9816
RA-SCC-40	0.4067	0.0361	0.9812
NA-SCC-40	0.4127	0.0388	0.9499
NA-C-40	0.3557	0.0758	0.9993
RA-SCC-50	0.3673	0.0290	0.9977
NA-SCC-50	0.3762	0.0333	0.9807
NA-C-50	0.3670	0.0412	0.9533

由表 4-14 可知，三种混凝土表面氯离子浓度的最大值的大小顺序为C30＞C40＞C50，其基本规律为混凝土表面氯离子浓度的最大值随着混凝土强度的提高而降低，表明高强度的混凝土更有利于抵抗氯离子腐蚀。

本章小结

本章通过对自密实再生混凝土的力学性能与抗渗性能进行试验研究，主要得到以下结论：

（1）RA-SCC 的立方体抗压强度随养护龄期的延长而提高，其早期强度（7d）发展速率与 NA-C、NA-SCC 基本一致，但 56d 和 90d 的强度发展速率则显著高于 NA-C，略高于 NA-SCC；RA-SCC 的劈裂抗拉强度、棱柱体强度、抗折强度、弹性模量均随混凝土抗压强度等级的提高而增大，但拉压比随混凝土抗压强度等级的提高而降低；抗压强度等级为C30～C50 的 RA-SCC 的劈裂抗拉强度较 NA-C 降低约 38.3%～56.1%，较 NA-SCC 降低约 17.5%～21.3%；RA-SCC 的拉压比较 NA-C、NA-SCC 更小；RA-SCC 的棱柱体强度与抗压强度的比值与 NA-C、NA-SCC 相比略有提高；RA-SCC 的抗折强度与抗压强度之比与 NA-SCC 基本相同，但显著低于 NA-C；RA-SCC 的弹性模量低于 NA-C 和 NA-SCC。

（2）随着粉煤灰掺量的提高，RA-SCC 的立方体抗压强度和轴心抗压强度先增大后减小，拉压比先减小后增大，劈裂抗拉强度持续减小，当粉煤灰掺量为 25%时，RA-SCC 的立方体抗压强度和轴心抗压强度最大，拉压比最小；再生骨料的原生混凝土强度越低，所配制的自密实再生骨料混凝土的拉压比越小，劈裂抗拉强度越小，但对其轴心抗拉强度几乎无影响；当粉煤灰掺量低于 50%时，对自密实再生骨料混凝土的立方体抗压强度也基本无影响。

（3）RA-SCC 的吸水率随混凝土抗压强度等级的提高而显著减小；与 NC 相比，RA-SCC 的吸水率随强度提高的衰减速度较大；同一强度等级下，RA-SCC 的吸水率略低于 NA-SCC；循环加载会促进 RA-SCC 的吸水率增大，且其增大程度会随混凝土强度的提高有所降低；当混凝土强度一定时，RA-SCC 的吸水率会随荷载水平与循环次数的增大而增大；与 NA-C 相比，RA-SCC 与 NA-SCC 的吸水率在循环荷载作用下的增长速度较快。

（4）RA-SCC 的相对渗透性系数随混凝土抗压强度等级的提高而显著降低，但其下降速率逐渐减小；同一强度等级下，RA-SCC 具有与 NA-SCC 相近的抗水渗透性能，但与 NA-C 的抗水渗透性能相差较大。

（5）RA-SCC 的氯离子扩散系数随暴露时间的衰减规律遵循幂函数变化规律，混凝土强度等级越高，RA-SCC、NA-SCC 的表面氯离子扩散系数的时间依赖指数 m 越大，同等强度下，NA-SCC 的 m 值较 RA-SCC 要小；RA-SCC 的表面氯离子浓度随暴露时间的增长规律同样遵循幂函数变化规律，当暴露时间超过 60 天后，RA-SCC 的表面氯离子浓度增长十分缓慢。

参考文献

［1］ Guerra M，Ceia F，Brito JD，et al. Anchorage of steel rebars to recycled aggregates concrete［J］. Construction & Building Materials，2014，72：113～123.

［2］ 邹毅松，徐亦冬，王银辉. 高性能再生骨料混凝土的物理力学性能及耐久性［J］. 沈阳工业大学学报，2014，36（4）：459-463.

［3］ 罗素蓉，郑建岚，王国杰. 自密实高性能混凝土力学性能的研究与应用［J］. 工程力学，2005，22（1）：164-169.

［4］ Biolzi L，Cattaneo S，Mola F. Bending-shear response of self-consolidating and high-performance reinforced concrete beams［J］. Engineering Structures，2014，59（2）399-410.

［5］ Craeye B，Itterbeeck PV，Desnerck P，et al. Modulus of elasticity and tensile strength of self-compacting concrete：Survey of experimental data and structural design codes [J]. Cement & Concrete Composites，2014，54：53-61.

[6] Ashtiani MS，Scott AN，Dhakal RP. Mechanical and fresh properties of high-strength self-compacting concrete containing class C fly ash [J]. Construction and Building Materials，2013，47 (5)：1217-1224.

[7] Druta C，Wang L，Lane DS. Tensile strength and paste - aggregate bonding characteristics of self-consolidating concrete [J]. Construction & Building Materials，2014，55 (4)：89-96.

[8] Lachemi M，Al-Bayati N，Sahmaran M，et al. The effect of corrosion on shear behavior of reinforced self-consolidating concrete beams [J]. Engineering Structures，2014，79 (79)：1-12.

[9] Arezoumandi M，Looney TJ，Volz JS. Effect of fly ash replacement level on the bond strength of reinforcing steel in concrete beams [J]. Journal of Cleaner Production，2015，87 (1)：745-751.

[10] GB/T 50081—2002 普通混凝土力学性能试验方法标准 [S]. 北京：中国建筑工业出版社，2003.

[11] 张延年，董浩，刘晓阳等. 聚丙烯纤维增强混凝土拉压比试验 [J]. 沈阳工业大学学报，2017，39 (1)：104-108.

[12] GB 50010-2010 混凝土结构设计规范 [S]. 北京：中国建筑工业出版社，2010.

[13] 蒲心诚，王志军，王冲等. 超高强高性能混凝土的力学性能研究 [J]. 建筑结构学报，2002，23 (6)：49-55.

[14] 汪振双，王立久. 粗集料对粉煤灰混凝土性能影响 [J]. 大连理工大学学报，2011，51 (5)：714-718.

[15] 张学兵，匡成钢，方志等. 钢纤维粉煤灰再生混凝土强度正交试验研究 [J]. 建筑材料学报，2014，17 (4)：677-684.

[16] 朋改非，黄艳竹，张九峰. 骨料缺陷对再生混凝土力学性能的影响 [J]. 建筑材料学报，2012，15 (1)：80-84.

[17] 王绎景，李珠，秦渊等. 再生骨料替代率对混凝土抗压强度影响的研究 [J]. 混凝土，2018 (12)：27-30+33).

[18] 侯永利，郑刚. 再生骨料混凝土不同龄期的力学性能 [J]. 建筑材料学报，2013，16 (4)：683-687.

[19] Iris González-Taboada，Belén González-Fonteboa，Juan Luis Pérez-Ordóñez，Javier Eiras-López. Prediction of self-compacting recycled concrete mechanical properties using vibrated recycled concrete experience [J]. Construction and Building Materials，2017，131

[20] Ángel Salesa，Jose Ángel Pérez-Benedicto，Luis Mariano Esteban，Rosa Vicente-Vas，Martín Orna-Carmona. Physico-mechanical properties of multi-recy-

cled self-compacting concrete prepared with precast concrete rejects [J]. Construction and Building Materials, 2017, 153.

[21] Erhan Güneyisi, Mehmet Gesoglu, Zeynep Algın, Halit Yazici. Rheological and fresh properties of self-compacting concretes containing coarse and fine recycled concrete aggregates [J]. Construction and Building Materials, 2016, 113.

[22] 吴相豪，岳鹏君. 再生混凝土中氯离子渗透性能性能试验研究 [J]. 建筑材料学学报，2011，14 (3)：381-384.

[23] 阎西康，丁其元，杜林倩. 基于两种腐蚀环境下氯离子在混凝土中的扩散试验研究 [J]. 混凝土，2010 (12)：37-39+53.

[24] Collepardi M, Marcialis A, Tuttiziani R. Penetration of chloride ions intocement pastes and concretes [J]. Journal of American Ceramic Society, 1972, 55 (10): 534-535.

[25] 刘俊龙，麻海燕，蝴蝶等. 矿物掺合料对混凝土氯离子扩散行为的时间依赖性的影响 [J]. 南京航空航天大学学报，43 (2)：279-282.

[26] 胡蝶，麻海燕，余红发等. 矿物掺合料对混凝土氯离子结合能力的影响 [J]. 硅酸盐学报，2009，37 (01)：129-134.

第5章 钢绞线的腐蚀与疲劳

预应力筋腐蚀是降低预应力混凝土结构耐久性的最主要因素之一，它引起钢筋强度、变形及弹性模量等衰减，对混凝土结构的静力性能产生了显著影响。然而，实际工程中，预应力混凝土结构多用于桥梁、工业厂房等大跨承重结构，不仅承受静力作用，还承受交通车辆荷载、吊车荷载及波浪力等反复荷载的作用，预应力混凝土结构往往会因预应力筋的疲劳断裂而发生疲劳破坏，因而腐蚀预应力筋的疲劳性能是预应力混凝土结构耐久性研究的基础。了解与掌握预应力筋，特别是钢绞线的腐蚀与疲劳性能规律，是预测预应力混凝土结构的寿命、评估预应力混凝土结构的耐久性以及采用计算机对混凝土结构进行仿真分析的前提基础。

本章对加速腐蚀后的钢绞线分别进行了静力拉伸试验和疲劳试验，研究了腐蚀率对钢绞线的强度、变形和弹性模量等静力性能指标的影响，以及腐蚀率对钢绞线的疲劳寿命影响，旨在建立腐蚀钢绞线的静力性能衰减规律和疲劳寿命方程。

5.1 试验概况

1. 试件制作

钢绞线的腐蚀是通过外加直流电加速锈蚀获得的，除腐蚀试件外，须预留一部分无腐蚀钢绞线用作对比件。根据钢绞线疲劳试验的要求，选取每根钢绞线的长度统一为900mm。考虑到钢绞线端部的夹持问题和钢绞线的捻距长度，将钢绞线中间部位300mm长的距离作为钢绞线的腐蚀长度。为了模拟钢绞线在混凝土中的腐蚀情况，设计尺寸为300mm×100mm×150mm的混凝土试模在钢绞线中心位置浇注，混凝土两端侧模上预留孔洞以便钢绞线穿出。

混凝土的设计强度等级为C30，大连小野田水泥厂生产的P·O32.5R水泥，粗骨料为粒径≤10mm的碎石，细骨料为天然河砂，配合比为水泥：水：砂：石=345：624：1159：214。钢绞线外包的混凝土将整根钢绞线等分为 3 段，两端裸露。混凝土养护 28d 后拆模，准备加速腐蚀试验。

2. 通电加速腐蚀试验

为了防止裸露部分的钢绞线在外加电流的作用下与空气中的氧气发生氧化还原反应而发生腐蚀，必须事先对裸露部分的钢绞线进行密封处理。在密封处理之前，为了方便对钢绞线施加电流，须在每根钢绞线的任一段裸露钢绞线的中间引出一根 200mm 的导线用来连接钢绞线与电源正极，导线与钢绞线接触面处应事先用砂纸磨光，以保证导线与钢绞线的良好接触。用环氧树脂对混凝土以外的钢绞线进行密封（包括引出导线的部位），待环氧树脂硬化后将制备好的钢绞线试件放入腐蚀池中。腐蚀池是由钢板焊接而成，尺寸为 2600mm×2000mm×1200mm，内表面用防腐漆刷涂，可同时进行 15 个试件的加速腐蚀试验。将这些试件分为 3 组，每组试件分别相互串联，且与直流稳压电源的正极相连作为腐蚀阳极，阴极采用不锈钢板放在腐蚀液中，每个电路中接入一块精确度为 mA 的电流表头，以方便显示和调整每一时刻的电流变化，控制电流大小保持恒定。一切就绪后，在腐蚀池中加入浓度为 3.5%的 NaCl 溶液，浸泡 24h 后通电，注意控制液面高度不得超过钢绞线的最低位置，以防止电路短路。根据法拉第公式计算钢绞线的重量损失率，直到钢绞线达到预定的锈蚀率，见图 5-1。

(*a*)

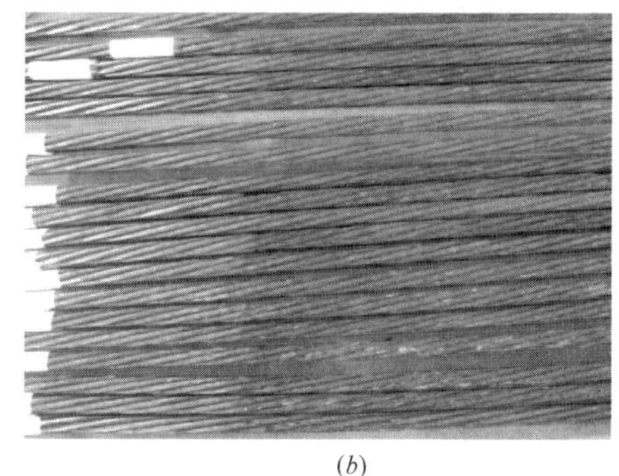

(*b*)

图 5-1 腐蚀钢绞线试件

(*a*) 通电腐蚀中；(*b*) 通电腐蚀后

达到预定腐蚀程度后，将试件破碎后取出钢绞线，清除钢绞线的浮锈与混凝土后进行试验。待试验结束后收集试件，在同一钢绞线上截取同等长度的腐蚀段（避开钢绞线在混凝土侧端与空气交界处的腐蚀严重部位）和无腐蚀段（避开夹持部位）作为一组记下编号，先用电子秤（精度为0.1g）称下各组无腐蚀与腐蚀钢绞线的初始质量 m_1、m_2，然后按照规范的要求，用12%的盐酸溶液对同组钢绞线进行酸洗，直到腐蚀钢绞线表面的锈蚀产物完全清除。将钢绞线捞出，依次用清水漂洗、石灰水中和，再以清水冲洗干净。放入干燥箱中存放4h后取出，用电子秤（精度为0.1g）分别称取每组钢绞线的酸洗后的质量，无腐蚀与腐蚀钢绞线的实际质量分别记作 m_3、m_4，则钢绞线的实际质量腐蚀率为：

$$\eta=\frac{(m_2-m_4)-(m_1-m_3)}{m_1}\times100\% \tag{5-1}$$

假定钢绞线在加速腐蚀的过程受到均匀腐蚀，则可认为钢筋的实际质量腐蚀率等于实际平均截面腐蚀率。为了便于研究，下文中统一称为腐蚀率。

3. 静力拉伸与疲劳试验

腐蚀钢绞线的静力拉伸试验与疲劳试验均在大连理工大学结构试验室的MTS 810材料疲劳试验机上进行，见图5-2。未锈蚀钢绞线对比试件的静力拉伸试验在大连理工大学力学试验室1000kN万能试验机上进行。

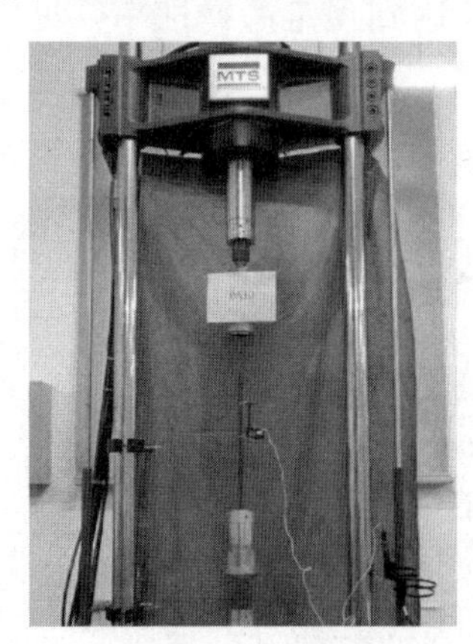

图5-2　钢绞线疲劳试验装置

静力拉伸试验按《金属材料　拉伸试验　第1部分：室温试验方法》GB/T 228.1的要求测定了腐蚀钢绞线的名义极限强度、伸长率以及名义弹性模量等力学性能指标。疲劳试验采用荷载控制，按正弦波加载，取疲劳应力下限为995MPa，疲劳荷载幅范围为190～330MPa，共分5种应力幅进行等幅疲劳试验。

为了解决钢绞线在疲劳试验中的夹持端易发生断裂的问题，本试验采用自有发明专利技术《普通钢筋及预应力筋疲劳拉伸试验用双层夹具及安装工艺》（ZL 201510084675.3）制作了一套特制锚具，有效减小了疲劳试验过程钢绞线的应力幅大小，降低了钢绞线夹持端破坏的风险。在本试验中，除1个试件外（未参与统计），所有钢绞线均未在夹持部位发生断裂。

5.2　试验结果分析

5.2.1　静力拉伸试验

1. 破坏形态

图 5-3 为钢绞线在腐蚀率分别为 3.32%与 8.79%时的静力拉伸破坏形态图。由图可以看出，腐蚀钢绞线均在外围钢丝的蚀坑最深处发生断裂，随着腐蚀率的增加，预应力钢丝脆性断裂现象明显，断口形态由杯形向楔形转变。

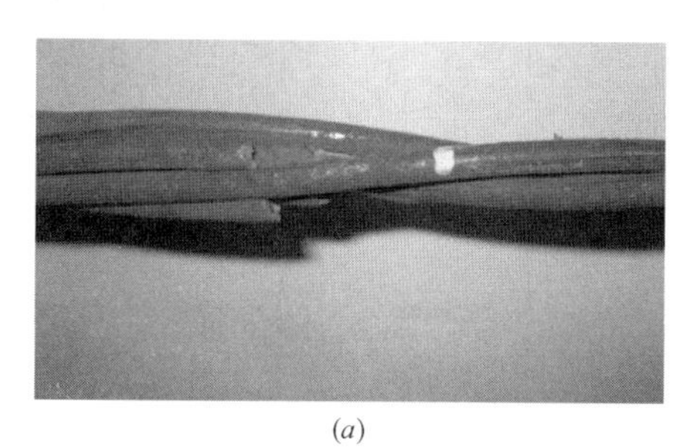
(a)

(b)

图 5-3　腐蚀钢绞线静力拉伸破坏形态
(a) 腐蚀率为 3.32%；(b) 腐蚀率为 8.79%

2. 荷载-变形曲线

图 5-4 为不同腐蚀程度下钢绞线的荷载-变形曲线。由图可见，随腐蚀率的增大，钢绞线的极限变形显著减小，钢绞线的后期变形能力下降，表现为脆性破坏；通过统计发现，当 $\eta>7.43\%$时，钢绞线的塑性基本消失，钢绞线发生脆性断裂。表 5-1 为腐蚀钢绞线的静力拉伸试验结果，表中 S 表示静拉伸试验，A、B、C、D、E 表示同一种腐蚀率的 5 个平行试件，5 表示理论

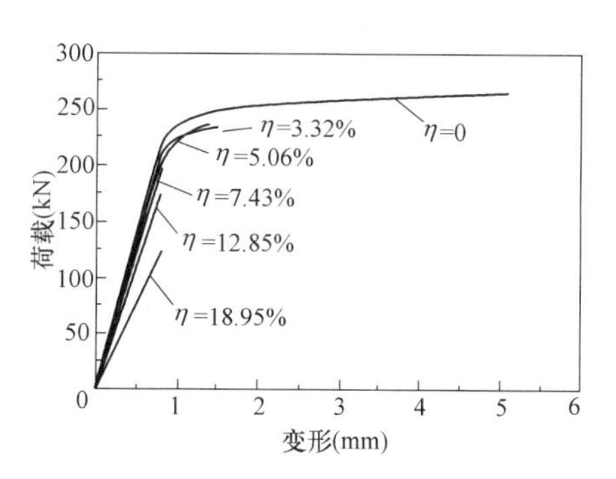

图 5-4　不同腐蚀率下的荷载-变形曲线

腐蚀率为5%。由于钢绞线腐蚀率等于25%的试件均出现单根钢丝锈断的情况，因此S25系列均未进行统计。

腐蚀钢绞线试件的静力拉伸试验结果 **表5-1**

试件编号		腐蚀率(%)	屈服强度(MPa)		极限强度(MPa)		弹性模量(10^4MPa)		极限延伸率(%)
			绝对值	相对值	绝对值	相对值	绝对值	相对值	
S0	SA0	0	1634	0.99	1948	1.02	19.95	0.99	5.15
	SB0	0	1625	0.99	1899	0.99	20.32	1.01	5.07
	SC0	0	1652	1.00	1912	1.00	20.08	1.00	4.98
	SD0	0	1667	1.01	1932	1.01	19.97	0.99	5.26
	SE0	0	1645	1.00	1903	0.99	20.15	1.00	4.93
S5	SA5	4.34	1543	0.94	1702	0.89	20.17	1.00	1.45
	SB5	3.32	1575	0.96	1762	0.92	19.85	0.99	1.53
	SC5	5.06	1551	0.94	1774	0.92	19.62	0.98	1.37
	SD5	4.72	1580	0.96	1751	0.91	19.85	0.99	1.49
	SE5	4.21	1561	0.95	1777	0.93	20.19	1.00	1.62
S10	SA10	7.43	/	/	1537	0.80	16.84	0.95	0.81
	SB10	7.89	/	/	1549	0.81	17.99	0.91	0.85
	SC10	8.79	/	/	1570	0.82	17.27	0.98	0.80
	SD10	9.28	/	/	1492	0.78	16.43	0.96	0.77
	SE10	8.75	/	/	1576	0.82	17.53	0.95	0.83
S15	SA15	13.72	/	/	1370	0.71	15.81	0.84	0.81
	SB15	12.85	/	/	1427	0.74	16.25	0.90	0.79
	SC15	14.68	/	/	1251	0.65	16.75	0.86	0.72
	SD15	14.15	/	/	1390	0.72	15.2	0.82	0.85
	SE15	13.83	/	/	1085	0.57	15.53	0.87	0.62
S20	SA20	17.56	/	/	1186	0.62	16.84	0.79	0.75
	SB20	18.95	/	/	1103	0.57	17.99	0.81	0.68
	SC20	18.24	/	/	785	0.41	17.27	0.83	0.47
	SD20	17.05	/	/	1063	0.55	16.43	0.76	0.70
	SE20	19.42	/	/	983	0.51	17.53	0.77	0.63

3. 参数分析

(1) 名义极限强度

本文采用名义极限强度来描述钢绞线极限强度随腐蚀率η的变化规律，其定义为极限荷载与腐蚀前钢绞线的公称截面面积之比。定义钢绞线名义极限强度相对值ξ_u为腐蚀钢绞线名义极限强度与未腐蚀钢绞线极限强度之比，经统计分析得到了ξ_u-η关系曲线（见图5-5）。由图5-5可以看出，随着η的增加，ξ_u降低，当η较大时（η>10%）时，钢绞线表面的坑蚀明显，在拉伸过程中容易突然断裂，所以 η 较大时名义极限强度较离散。钢绞线 ξ_u-η 的关系曲线可以表示为以下形式：

$$\xi_u = 1 - a\eta \tag{5-2}$$

式中，a 为衰减系数，根据本文试验数据的统计，$a=3.059$。

（2）弹性模量

由于无法准确获取断裂截面的实际面积，在计算腐蚀钢绞线应力是采用腐蚀后的平均面积。定义腐蚀钢绞线弹性模量相对值 ξ_E 为腐蚀钢绞线弹性模量与未腐蚀钢绞线弹性模量平均值之比。经统计分析得到了 ξ_E-η 关系曲线，由图 5-6 可以看出，ξ_E 随腐蚀率的变化表现先缓后急的衰减规律，这是由于当腐蚀程度较低时，钢绞线仍能保持良好的整体受力性能，其弹性模量的衰减程度也较小；当腐蚀程度较高时，钢丝截面积损失比较显著，钢丝辨析导致拉伸过程中钢丝间相互挤压咬合作用降低，造成钢绞线的整体刚度下降，其弹性模量显著降低。钢绞线 ξ_E-η 的关系曲线可以表示为以下形式：

$$\xi_E = 1 - b\eta^c \tag{5-3}$$

式中，b、c 为常数，根据本文试验统计可得 $b=3.52$、$c=1.657$。

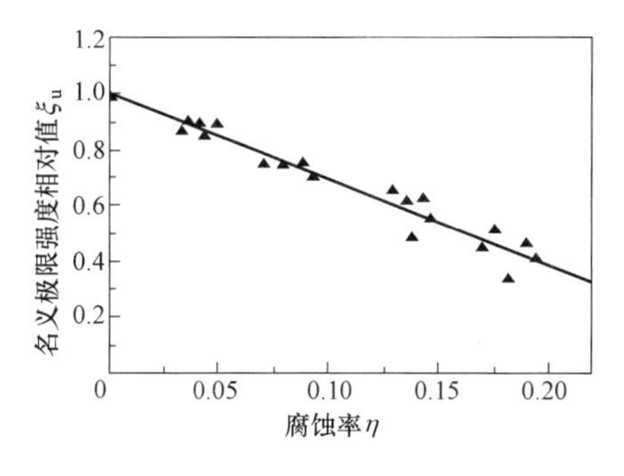

图 5-5 钢绞线名义强度相对值与腐蚀率的关系曲线

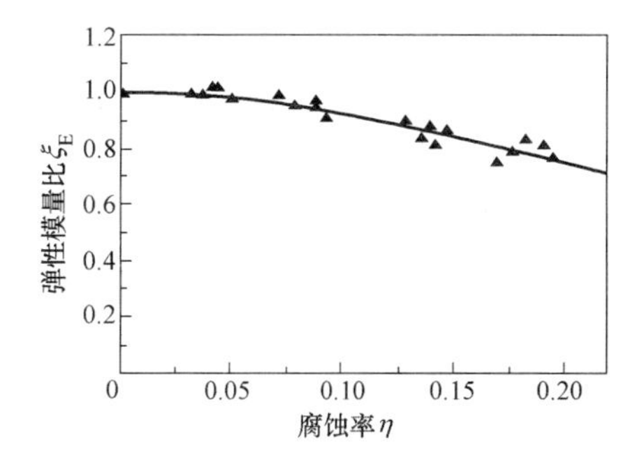

图 5-6 钢绞线弹性模量相对值与腐蚀率之间的关系曲线

（3）极限应变

从图 5-4 钢绞线的荷载-变形曲线可以看出，未腐蚀钢绞线具有明显的弹塑性特征，曲线可近似划分为两段直线，前段直线为钢绞线的弹性阶段，后段直线为钢绞线的弹塑性阶段，腐蚀率的增加致使曲线的弹塑性阶段迅速缩短，这表明随着腐蚀率的增加，钢绞线的塑性性能迅速衰减，其主要是因为钢绞线的坑蚀随腐蚀率的增大变得显著，尤其是坑蚀向纵深方向的发展不仅造成了受力面积的急剧减小，还引起了坑蚀周围的应力集中，加速了钢绞线的断裂。当腐蚀率增加到一定程度（$\eta \geqslant 7.43\%$）时，曲线的弹塑段消失，此时钢绞线仅有弹性变形。

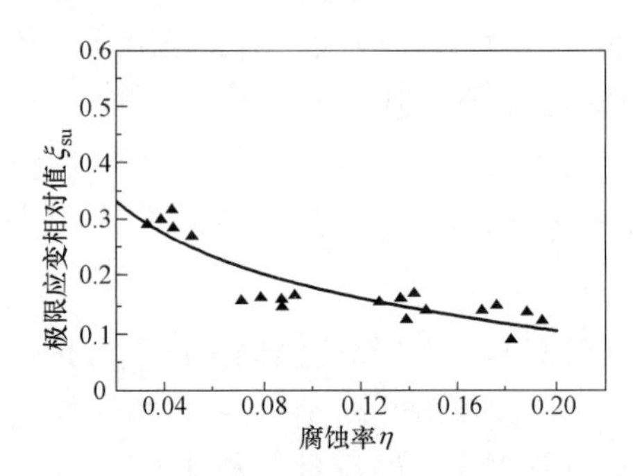

图 5-7　钢绞线极限应变相对值与腐蚀率之间的关系曲线

定义腐蚀钢绞线极限应变相对值ξ_{su}为钢绞线的极限应变与未腐蚀钢绞线极限应变的比值。关于ξ_{su}-η的表达式，不同文献得到的结论差异很大，本文在此就不多做讨论了，仅就本文试验结果进行统计分析，见图 5-7。经统计，表达式表示如下：

$$\xi_{su}=1-1.105\eta^{0.13} \tag{5-4}$$

（4）屈服强度

若以曲线开始转向水平方向所对应的荷载作为钢绞线的屈服荷载，反映在简化曲线上可看作是第一段曲线的终点，由曲线可以看出，随腐蚀率的增加，钢绞线的屈服荷载也在相应地减小。为方便与其他文献比较，本文仍采用名义屈服强度来描述钢绞线的屈服强度η的变化规律，其定义为钢绞线屈服荷载与腐蚀前钢绞线公称截面面积的比值，定义腐蚀钢绞线名义屈服强度相对值ξ_y为钢绞线的名义屈服强度与未腐蚀钢绞线屈服强度的比值，经统计可由下式表示（见图 5-8）。经统计分析$k=2.228$，小于极限强度的a值，说明腐蚀对钢绞线极限强度的影响比屈服强度显著。

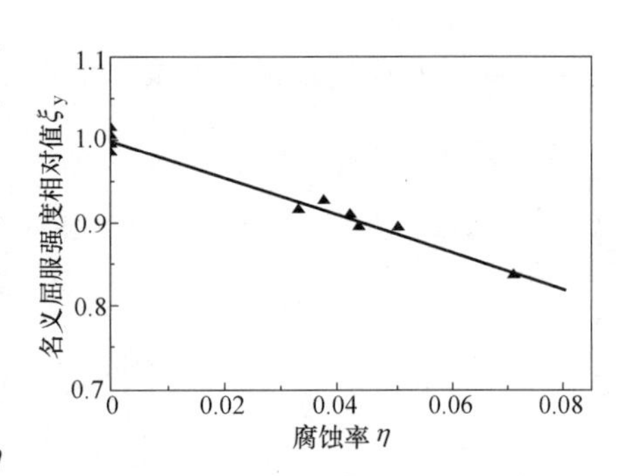

图 5-8　钢绞线屈服强度相对值与腐蚀率之间的关系曲线

$$\xi_y=1-k\eta \tag{5-5}$$

4. 应力-应变关系模型

国内外学者提出了不少钢绞线的本构关系模型，但这些模型均存在参数过多，方程复杂等问题，文献提出的简化模型仅含有极限强度、极限应变和弹性模量，公式较为简单，方便实际工程的应用，但文献将 0.85 倍极限强度定义为预应力筋的名义屈服强度，忽视了腐蚀对屈服强度的衰减，使得钢绞线在弹塑段的模型与实际曲线存在一定的偏差，本文考虑屈服强度的影响，提出以下模型：

当 $\eta \leqslant 7.43\%$时：

$$\sigma_{pc}=\begin{cases}\varepsilon_{pc}E_{pc} & \varepsilon_{pc}\leqslant\varepsilon_{pyc}\\ \dfrac{f_{pyc}}{E_{pc}}+(f_{puc}-f_{pyc})\left(\dfrac{\varepsilon_{pc}-\varepsilon_{pyc}}{\varepsilon_{puc}-\varepsilon_{pyc}}\right) & \varepsilon_{pc}>\varepsilon_{pyc}\end{cases}$$

当 $\eta>7.43\%$时：

$$\sigma_{pc}=\varepsilon_{pc}E_{pc} \tag{5-6}$$

式中，σ_{pc}为腐蚀钢绞线应力；ε_{pc}为腐蚀钢绞线应变；E_{pc}、f_{puc}、f_{pyc}、ε_{puc}、ε_{pyc}分别为腐蚀钢绞线的弹性模量、极限强度、屈服强度、极限应变、屈服应变，它们的取值见表 5-2；$\varepsilon_{pyc}=f_{pyc}/E_{pc}$。

本构关系模型中特征参数取值　　表 5-2

特征参数	计算公式
E_{pc}	$[1-3.52\eta^{1.657}]E_p$
f_{puc}	$(1-3.059\eta)f_{pu}/(1-\eta)$
f_{pyc}	$(1-2.228\eta)f_{py}/(1-\eta)$
ε_{puc}	$(1-1.105\eta^{0.13})\varepsilon_{pu}$

5.2.2 疲劳试验

1. 破坏形态

图 5-9 为部分腐蚀钢绞线疲劳破坏的照片。从图中可以看出，腐蚀钢绞线的疲劳断裂一般在表面受到腐蚀的外围钢丝中的某一根上发生，少数腐蚀严重的钢绞线会发生两根或多根钢丝同时断裂的情况。钢绞线的断口位置受腐蚀率的影响，与坑蚀深度有关。当腐蚀率较小（≤5%）时，由于钢绞线的坑蚀现象不显著，观察到的断口位置比较随机，当腐蚀率较大（>5%）时，钢绞线的断裂均在坑蚀最严重的部位发生。观察断面截面，可以看出，断口处整齐、无紧缩，显示出明显的脆性破坏。

2. 疲劳寿命

表 5-3 为钢绞线在不同腐蚀率下的疲劳寿命，由于钢绞线的腐蚀受到诸多因素的影响，实际上是一个不均匀腐蚀的过程，为方便分析，这里仅考虑钢绞线均匀腐蚀截面损失对疲劳寿命产生的影响。因此，表中的名义

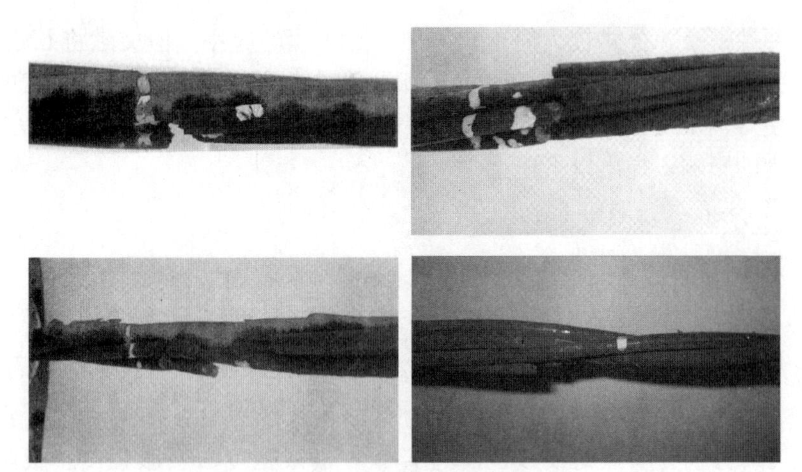

图 5-9　腐蚀钢绞线的疲劳破坏

应力幅代表钢绞线按均匀腐蚀后的剩余面积计算的，拉力为名义应力与平均腐蚀截面面积的乘积。

钢绞线的疲劳寿命　　表 5-3

试件编号		腐蚀率（%）	名义应力幅 $\Delta\sigma$(MPa)	最小应力 σ_{min}(MPa)	最小拉力 F_{min}(kN)	最大应力 σ_{max}(MPa)	最大拉力 F_{max}(kN)	疲劳寿命 N
P0	PB0	0	190	950	132.76	1140	159.32	1405000
	PB0*	0	190	950	132.76	1140	159.32	985400
	PC0	0	220	950	132.76	1170	163.51	1059500
	PD0	0	250	950	132.76	1200	167.70	898700
	PE0	0	295	950	132.76	1245	173.99	644780
	PF0	0	330	950	132.76	1280	178.88	514860
P5	PA5	4.56	160	950	126.12	1110	147.36	1030500
	PB5	5.12	190	950	126.12	1140	151.35	733900
	PB5*	3.67	190	950	126.12	1140	151.35	512000
	PC5	4.78	220	950	126.12	1170	155.33	580900
	PD5	6.74	250	950	126.12	1200	159.31	431500
	PE5	4.57	295	950	126.12	1245	165.29	303500
	PF5	4.26	330	950	126.12	1280	169.94	267000
P10	PA10	8.93	160	950	119.49	1110	139.62	315600
	PA10*	9.18	190	950	119.49	1140	143.39	213900
	PB10	9.42	190	950	119.49	1140	143.39	198000
	PC10	10.56	220	950	119.49	1170	147.16	159200
	PD10	8.78	250	950	119.49	1200	150.94	127000
	PE10	9.54	295	950	119.49	1245	156.60	84500
	PF10	9.33	330	950	119.49	1280	160.99	61700

续表

试件编号		腐蚀率（%）	名义应力幅 $\Delta\sigma$（MPa）	最小应力 σ_{min}（MPa）	最小拉力 F_{min}（kN）	最大应力 σ_{max}（MPa）	最大拉力 F_{max}（kN）	疲劳寿命 N
P15	PA15	13.32	160	950	112.85	1110	131.86	100800
	PB15	13.54	190	950	112.85	1140	135.42	60100
	PC15	12.86	220	950	112.85	1170	138.98	52700
	PD15	13.73	250	950	112.85	1200	142.54	40900
	PE15	13.35	295	950	112.85	1245	147.89	20600
	PE15*	13.46	295	950	112.85	1245	147.89	4900
	PE15**	13.46	295	950	112.85	1245	147.89	/
P20	PA20	17.89	160	950	106.21	1110	124.10	33000
	PB20	18.21	190	950	106.21	1140	127.45	16600
	PC20	17.32	220	950	106.21	1170	130.81	15500
	PD20	19.13	250	950	106.21	1200	134.16	7900
	PE20	18.97	295	950	106.21	1245	139.19	6600
	PE20*	18.51	295	950	106.21	1245	139.19	900
	PE20**	18.51	295	950	106.21	1245	139.19	/

注：1. 由于钢绞线腐蚀率等于25%的试件均出现单根钢丝锈断的情况，因此P25系列均未进行统计；

2. 编号为PB0*的钢绞线在夹持部位发生断裂，故不予统计；编号为PB5*、PA10*、PE15*、PE20*的钢绞线疲劳寿命与腐蚀率和应力水平均相近的其他钢绞线的疲劳寿命相差较大，故不予统计；编号为PE15**、PE20**由于腐蚀的不均匀性，在首次加载时未达到疲劳上限荷载就发生断裂，故不予统计。

3. 疲劳方程与寿命预测

金属材料的疲劳寿命一般由试验得到的 S-N 曲线方程确定。经过大量试验证明：材料在等幅荷载下的疲劳应力幅与材料的疲劳寿命在双对数坐标上符合线性规律，其关系可用以下公式表示：

$$\lg N = C - m\lg\Delta\sigma \tag{5-7}$$

式中，C 与 m 为等幅疲劳试验确定的常数，$\Delta\sigma$ 为疲劳名义应力幅，这里腐蚀钢绞线的疲劳名义应力幅是指疲劳荷载幅值与考虑均匀腐蚀后的钢绞线剩余截面面积之比。

图5-10给出了不同腐蚀率下的钢绞线的名义应力幅 $\Delta\sigma$ 与疲劳寿命 N 的关系曲线。由图可以看出，不同腐蚀程度钢绞线的 S-N 曲线在双对数坐标系中仍保持线性关系，但腐蚀钢绞线的疲劳寿命显著降低，随腐蚀率的增加，钢绞线的疲劳寿命表现出显著的下降趋势。图5-11表示了腐蚀率对钢绞线疲劳寿命对数值的影响。由图可以看出，当应力幅恒定时，腐蚀钢绞线疲劳寿命随腐蚀率的增加按指数规律衰减。例如，当名义应力幅

为190MPa时，腐蚀率从5%增加到20%时，腐蚀钢绞线的疲劳寿命较为腐蚀钢绞线分别降低了47.8%、85.9%、95.7%、98.8%，如图5-11所示。因此，在恒定荷载作用下，考虑均匀腐蚀的钢绞线在腐蚀率为5%左右时，受钢绞线疲劳断裂控制的腐蚀预应力混凝土桥梁结构经历设计目标年限的50%或更短便需要替换或加固。自然腐蚀钢筋疲劳拉伸试验结果表明，当普通钢筋的名义应力幅为180MPa，腐蚀率为15%左右时，腐蚀钢筋的疲劳寿命几乎为未腐蚀钢筋疲劳寿命的50%。因此对比以上腐蚀钢筋与钢绞线的试验结果可以看出，腐蚀引起钢绞线疲劳寿命的减小比钢筋疲劳寿命的减小更加显著，说明钢绞线的疲劳性能退化对腐蚀更加敏感。在实际工程中，自然腐蚀对既有受损桥梁疲劳寿命的影响程度比人工电流加速腐蚀的疲劳预测结果更为严重，对预应力混凝土桥梁结果的耐久性评价需更加谨慎保守。

腐蚀钢绞线的疲劳性能总是受到诸多因素的影响，例如，沿长度方向上腐蚀的不均匀性、腐蚀引起的应力集中和截面腐蚀的不对称性等都可能导致钢绞线的疲劳寿命发生变化。为比较疲劳与静载对腐蚀敏感性的差异，以上对钢绞线的疲劳寿命的分析，为了方便起见，都是以理想均匀腐蚀为条件，这样可能会过高估计腐蚀钢绞线的疲劳寿命，引入当量截面积的概念，将在实际工程中或试验中难以合理区分影响腐蚀钢绞线的众多因素引起的力学性能退化，简单地看作是腐蚀钢绞线平均截面损失的结果。定义当量截面积为腐蚀钢绞线的极限荷载与未锈蚀钢绞线的极限强度的比值，如式（5-8）。

$$A_{\mathrm{puc,eq}}=\frac{F_{\mathrm{puc}}}{f_{\mathrm{pu}}}=\frac{F_{\mathrm{puc}}}{f_{\mathrm{puc}}}\cdot\frac{f_{\mathrm{puc}}}{f_{\mathrm{pu}}}=\xi_{\mathrm{u}}A_{\mathrm{puc}} \tag{5-8}$$

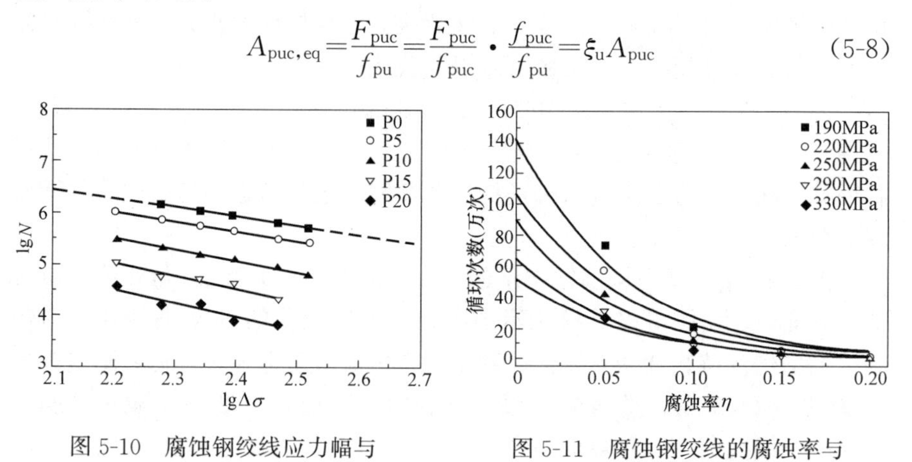

图5-10　腐蚀钢绞线应力幅与疲劳寿命的关系曲线

图5-11　腐蚀钢绞线的腐蚀率与疲劳寿命的关系曲线

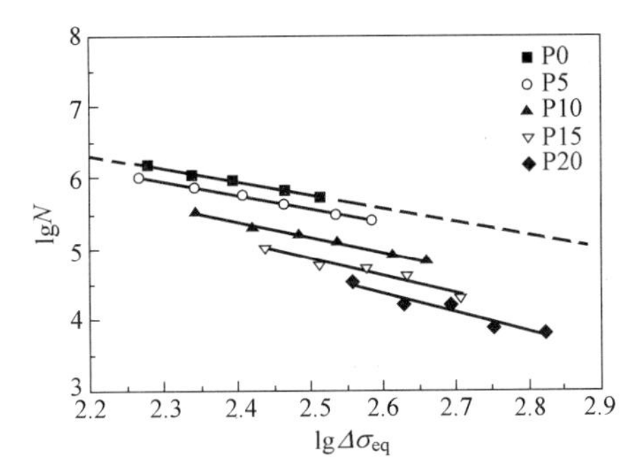

图 5-12 腐蚀钢绞线的当量应力幅与疲劳寿命关系曲线

用当量极限截面积计算的应力幅称之为当量应力幅，采用$\Delta\sigma_{eq}$表示。图 5-12 给出了双对数坐标系下的 S_{eq}-N 曲线。由当量应力幅的定义可知，当量应力幅-疲劳寿命曲线实际上是名义应力幅-疲劳寿命曲线在双对数坐标系中向未腐蚀钢绞线疲劳寿命曲线方向平移的结果。由图可以看出，腐蚀钢绞线的当量应力幅-疲劳寿命曲线仍在未腐蚀钢绞线的疲劳寿命曲线的下方，这表明即使考虑了腐蚀的初始缺陷对应力幅增大影响，钢绞线的疲劳寿命仍明显小于未腐蚀钢绞线的疲劳寿命，这一结果说明腐蚀产生的初始缺陷仅是钢绞线疲劳寿命减小的原因之一，而腐蚀缺陷与疲劳作用的耦合发展才是导致疲劳寿命下降的主要原因，因此腐蚀对钢绞线疲劳性能的影响远比钢绞线的静力性能的影响大。

由于钢绞线表面环境或电流损失等原因，同组腐蚀率下的钢绞线的平均腐蚀率之间各不相同，根据图 5-12 所示，腐蚀钢绞线的应力幅与疲劳寿命在双对数坐标系下仍符合线性关系，若假设 C、m 与腐蚀率呈线性关系，则可根据表 5-4 的试验结果得到钢绞线关于腐蚀率的二元线性回归方程，其表达式如下：

$$\lg N=(10.226+0.33\eta)-(1.7465+4.3284\eta)\lg\Delta\sigma-K\theta \tag{5-9}$$

式中，η 为钢绞线的平均截面腐蚀率；θ 为疲劳次数的标准差，经试验结果统计分析可得 $\theta=0.05125e^{7.4948\eta}$；$K$ 为保证率影响系数，若假设钢绞线的疲劳寿命的对数值服从正态分布，则保证率为 50%（均值）、95%和 97.5%对应的 K 值分别为 0、1.65 和 2。

根据钢绞线关于腐蚀率的疲劳方程可以对腐蚀钢绞线的疲劳寿命进行预测。表 5-4 给出了腐蚀钢绞线的疲劳寿命的预测值和预测误差。可以看出，平均腐蚀率小于 10%时，预测误差的绝对值在 0.64%～46.83%之间，这在工程应用上是可以接受的；平均腐蚀率大于 10%时，多数试件的预测误差超过 40%，最高达到了 76.08%，说明预测寿命与实际寿命之间存在较大偏差，此时的预测结果须慎重使用。工程中应特别注意这类较高腐蚀率的钢绞线的疲劳断裂，避免钢绞线直接暴露在腐蚀环境中。

若对于式（5.10）取不同的保证率可得到相应的腐蚀钢绞线的疲劳强度建议值，目前国内外对 K 值的取法不尽相同，例如，美国 *AREA* 采用 95%的保证率取 $K=1.645$，英国标准 *BS*-5400、欧洲钢结构协会（*ECCS*）取 $K=2$，我国规范采用 97.7%的保证率对应的 $K=2$。本文给出了不同保证率下的腐蚀钢绞线的疲劳强度建议值，见表 5-5。

腐蚀钢绞线疲劳寿命的预测值 **表 5-4**

试件编号		腐蚀率（%）	名义应力幅（MPa）	实测寿命	预测寿命	预测误差（%）
P0	PA0	0	190	1405000	1762612	25.45
	PB0	0	220	1059500	1364454	28.78
	PC0	0	250	898700	1091435	21.45
	PD0	0	295	644780	817440	26.78
	PE0	0	330	514860	672071	30.53
P5	PA5	4.56	160	1030500	904720	−12.20
	PB5	5.12	190	733900	572860	−21.94
	PC5	4.78	220	580900	463544	−20.20
	PD5	6.74	250	431500	229445	−46.83
	PE5	4.57	295	303500	274781	−9.46
	PF5	4.26	330	267000	238279	−10.76
P10	PA10	8.93	160	315600	358116	13.47
	PB10	9.42	190	198000	222902	12.58
	PC10	10.56	220	159200	125642	−21.08
	PD10	8.78	250	127000	143111	12.69
	PE10	9.54	295	84500	83961	−0.64
	PF10	9.33	330	61700	69363	12.42
P15	PA15	13.32	160	100800	141153	40.03
	PB15	13.54	190	60100	90228	50.13
	PC15	12.86	220	52700	74736	41.81
	PD15	13.73	250	40900	45524	11.30
	PE15	13.35	295	20600	33833	64.24
P20	PA20	17.89	160	33000	53552	62.28
	PB20	18.21	190	16600	32369	0.95
	PC20	17.32	220	15500	27293	76.08
	PD20	19.13	250	7900	13049	65.18
	PE20	18.97	295	6600	8853	34.14

腐蚀钢绞线疲劳强度建议值　　表 5-5

保证率	N \ 腐蚀率	0	0.05	0.1	0.15	0.2
50%	100000	982.36	468.56	258.89	159.23	106.14
	200000	660.55	329.16	188.36	119.22	81.41
	300000	523.70	267.73	156.38	100.66	69.70
	500000	390.89	206.39	123.71	81.33	57.32
	1000000	262.84	144.98	90.00	60.90	43.96
95%	100000	878.82	405.66	214.34	124.02	76.05
	200000	590.93	284.97	155.94	92.86	58.33
	300000	468.50	231.79	129.47	78.40	49.94
	500000	349.69	178.68	102.42	63.35	41.07
	1000000	235.14	125.52	74.51	47.43	31.50
97.7%	100000	858.30	393.44	205.92	117.62	70.86
	200000	577.13	276.39	149.82	88.07	54.34
	300000	457.56	224.81	124.39	74.36	46.53
	500000	341.53	173.30	98.39	60.08	38.27
	1000000	229.65	121.74	71.59	44.98	29.35

本章小结

通过对腐蚀后的钢绞线进行轴向拉伸的静力和疲劳试验研究，得到以下结论：

（1）钢绞线的静力拉伸试验表明，钢绞线通常在组成钢丝的最大坑蚀处发生断裂，随着腐蚀率的增长，钢绞线的变形能力迅速下降，当腐蚀率大于 7.43%时，腐蚀钢绞线的屈服点消失，钢绞线在弹性状态下发生断裂，坑蚀处的应力集中是钢绞线塑性性能退化的主要原因。

（2）在静力拉伸试验中，腐蚀钢绞线的名义极限强度、名义屈服强度随腐蚀增长按线性规律衰减，而弹性模量、极限应变随腐蚀的发展可近似认为按指数函数衰减；基于上述关键参数的统计分析，建立了腐蚀钢绞线的本构关系模型，模型初始为双直线，随腐蚀率的增加逐渐退化成单直线，反映了腐蚀钢绞线的塑性退化规律。

（3）对腐蚀钢绞线进行了疲劳试验研究，结果表明：钢绞线的断口位置受腐蚀率的影响，与坑蚀深度有关，腐蚀钢绞线的名义应力幅与疲劳寿命在双对数坐标系下仍近似符合线性关系，同级荷载水平下的钢绞线疲劳寿命随腐蚀率的增长按指数函数衰减；腐蚀缺陷与疲劳荷载之间的耦合作用是导致疲劳寿命迅速下降的主要原因，腐蚀对钢绞线疲劳性能的影响远比对钢绞线的静力性能影响大；通过对不同腐蚀程度的钢绞线 S-N 曲线统一回归，建立了以腐蚀率为参量的腐蚀钢绞线疲劳曲面方程。

（4）腐蚀对钢绞线的静力和疲劳性能影响均比对钢筋静力和疲劳性能影响大。与钢筋相比，钢绞线在腐蚀率较小的情况下塑性就会完全丧失，在腐蚀率和应力幅一定的情况下疲劳寿命会衰减得更快。

参考文献

[1] Maslehuddin M，Allam I A，Al-Sulaimani G J. Effect of rusting of reinforcing steel on its mechanical properties and bond with concrete [J]. ACI Materials Journal 1990，87 (5)：496-502.

[2] Allam I M，Maslehuddin M，Saricimen H. Influence of atmospheric corrosion on the mechanical properties of reinforcing steel [J]. Construction and Building Materials，1993，8 (1)：35-41.

[3] Almusallam A A. Effect of degree of corrosion on the properties of reinforcing steel bars [J]. Construction and Building Materials，2001，15 (8)：361-368.

[4] Apostolopoulos C A，Papadopoulos M P，Pantelakis S G. Tensile behavior of corroded reinforcing steel bars BSt 500s [J]. Construction and Building Materials，2006，20 (9)：782-789.

[5] 惠云玲，林志伸，李荣. 锈蚀钢筋性能试验研究分析 [J]. 工业建筑，1997，27 (6)：10-13.

[6] 张平生，卢梅，李晓燕. 锈损钢筋的力学性能 [J]. 工业建筑，1995，25 (9)：41-44.

[7] 王军强. 大气环境下锈蚀钢筋力学性能试验研究分析 [J]. 徐州建筑职业技术学院学报，2003，3 (3)：25-27.

[8] 吴庆，袁迎曙. 锈蚀钢筋力学性能退化规律试验研究 [J]. 土木工程学报，2008，4 (12)：42-46.

[9] 张克波，张建仁，王磊. 锈蚀对钢筋强度影响试验研究 [J]. 公路交通科技，2010，27 (12)：59-66.

[10] 张伟平，商登峰，顾祥林. 锈蚀钢筋应力-应变关系研究 [J]. 同济大学学报：自然科学版，2006，34 (5)：586-592.

[11] Gonzalez J A，Andrade C，Alonso C，et al. Comparison of rates of general cor-

rosion and maximum pitting penetration on concrete embedded steel reinforcement [J]. Cement and Concrete Research，1995，25：257-264.

[12] 徐港，张懂，梁桂林等. 坑蚀钢筋力学性能退化的试验研究 [J]. 水电能源科学，2012，30（2）：86-88.

[13] 袁迎曙，贾福萍，蔡跃. 锈蚀钢筋的力学性能退化研究 [J]. 工业建筑，2000，30（1）：43-46.

[14] 范颖芳，周晶. 考虑蚀坑影响的锈蚀钢筋力学性能研究 [J]. 建筑材料学报，2003，6（3）：248-252.

[15] Zhang W P，Dai H C，Gu X L，et al. Stochastic model of stress-strain relationship for corroded reinforcing steel bars [C] //Proceedings of the 10th East Asia-Pacific Conference on Structural Engineering & Construction. Bankok：Asian Institute of Technology，2006：457-462.

[16] 范颖芳，张英姿等. 基于概率分析的锈蚀钢筋力学性能研究 [J]. 建筑材料学报，2006，2.

[17] 马亚丽. 基于可靠性分析的钢筋混凝土结构耐久寿命预测 [D]：（博士学位论文）. 北京：北京工业大学，2006.

[18] 含氯工业大气的腐蚀对高强度预应力钢筋 65Mn SiV 机械性能的影响 [J]. 建筑结构，1972：7-13.

[19] Vehovar L，Kuhar V，Vehovar A. Hydrogen-assisted stress-corrosion of prestressing wires in a motorway viaduct [J]. Engineering Failure Analysis，1998，5（1）：21-27.

[20] 刘其伟，张鹏飞，赵佳军. PC 连续梁桥孔道压浆调查及钢绞线力学性能研究 [J]. 施工技术，2007，36（2）：63-66.

[21] 李富民. 氯盐环境钢绞线预应力混凝土结构的腐蚀效应 [D]：（博士学位论文）. 徐州：中国矿业大学，2008.

[22] 郑亚明，欧阳平，安琳. 锈蚀钢绞线力学性能的试验研究 [J]. 现代交通技术，2005，2（6）：33-36.

[23] 罗小勇，李政. 无粘结预应力钢绞线锈蚀后力学性能研究 [J]. 铁道学报，2008，30（2）：108-112.

[24] 曾严红，顾祥林，张伟平等. 锈蚀预应力筋力学性能研究 [J]. 建筑材料学报，2010，13（2）：169-174.

[25] Macdougall C，Bartlett F M. Mechanical model for unbonded seven-wire tendon with single broken wire [J]. Journal of Engineering Mechanics，ASCE，2006，132（12）：1345-1353.

[26] 刘文华，李文春，马全声. 高强钢丝钢绞线在海洋环境中的腐蚀试验 [J]. 港口工程，1991，（6）：35-42.

[27] 余芳，姚大立，鲍文博等. 普通钢筋及预应力筋疲劳拉伸试验用双层夹具及安装工艺 [P]. 中国专利：201510084675. 3，2015.

[28] 李士彬. 锈蚀钢筋混凝土梁的弯曲疲劳性能及寿命预测 [D]：（博士学位论文）. 上海：同济大学，2007.

[29] Apostolopoulos C A. Mechanical behavior of corroded reinforcing steel bars S500s tempcore under low cycle fatigue [J]. Construction and Building Materials，2007，21 (7)：1447-1456.

[30] 徐伟，张敏. 受腐蚀桥梁钢丝的力学性能和剩余强度 [J]. 世界桥梁，2006，(2)：54-58.

[31] Li H，Lan C M，Ju Y，et al. Experimental and numerical study of the fatigue properties of corroded parallel wire cables [J]. Journal of Bridge Engineering，2012，17 (2)：211-220.

[32] 仲伟秋，贡金鑫. 钢筋电化学快速锈蚀试验控制方法 [J]. 建筑技术开发，2002，29 (4)：28-29.

[33] 中华人民共和国城乡建设环境保护部. GBJ 82—85 普通混凝土长期性能和耐久性试验方法 [S]. 北京：中国建筑工业出版社，1985.

[34] 马林. 国产1860级低松弛预应力钢绞线疲劳性能研究 [J]. 铁道标准设计，2000，20 (5)：21-23.

第6章　预应力混凝土梁的腐蚀与疲劳

桥梁结构在其使用过程中除承受车辆、人群、风雪、波浪、地震等使用荷载和自然荷载的作用外，还需经受大气环境、海洋环境、除冰盐等各种酸、碱、盐的化学侵蚀。使用环境和自然环境的这种物理和化学作用在使部分结构材料成分和性质发生改变的同时，也使结构的力学性能发生了一定程度的劣化，影响桥梁的安全和正常使用。根据桥梁结构所处的工作环境和使用性质，桥梁结构的力学性能包括静力性能和动力性能（如疲劳和抗震）两个方面。目前，国内外已经在受腐蚀钢筋混凝土结构的静、动力性能方面开展了一些研究，得到锈蚀钢筋混凝土构件静、动力性能退化规律，然而对于桥梁结构常用的预应力混凝土结构，尤其是预应力混凝土梁在腐蚀环境下的静、动力性能的研究尚不多见。由第5章内容可知，腐蚀对预应力筋的影响远大于腐蚀对普通钢筋的影响，因此预应力筋锈蚀对预应力混凝土梁的静、动力性能的不利影响将更为严重。

通过已有研究资料显示，从受腐蚀钢筋混凝土结构静力性能的研究到动力性能的研究，不只是研究内容的改变和拓展，还将会涉及多个方面的新问题，如对于承受疲劳荷载作用的钢筋混凝土结构，反复荷载对结构的损伤是力学损伤，损伤程度依赖于反复荷载的应力变程和作用次数，而环境对结构的腐蚀是物理化学损伤，损伤程度依赖于环境条件、材料特性及作用时间。当两者共同作用于结构时，两种损伤之间会存在耦合作用，其结果是结构的总损伤不仅与荷载作用的先后次序有关，还与结构的暴露时间有关，从而使结构性能的分析变得复杂。

综上，本章首先通过静力试验研究了钢绞线腐蚀对预应力混凝土梁受弯承载力、挠度、裂缝宽度等受弯性能方面的影响，并通过ANSYS对腐蚀预应力混凝土梁静力试验全过程进行了有限元分析，通过计算结果与试验结果对比，证实了腐蚀预应力混凝土梁的静力性能采用数值模拟方法进行分析的可行性；然后通过疲劳试验研究了腐蚀率、疲劳应力幅对预应力混凝土梁破坏形态、挠度发展规律、混凝土与钢筋应变发展规律等疲劳性能的影响；最后，为了更好地反映材料受腐蚀与疲劳损伤后对结构性能产生的影响，结合现有的研究成果，提出一种综合考虑了受压区混凝土、钢筋（包括钢绞线）在疲劳荷载作用下的本构关系变化，并以受压区混凝土残余应变与钢筋（包括钢绞线）疲劳剩余强度为判别准则，可用于腐蚀预应力混凝土梁疲劳损伤分析的非线性分析方法。

6.1　试验概况

6.1.1　试件设计与制作

本文制作 13 根梁，4 根用于静载试验，其余 9 根用于疲劳试验。试验梁采用同一截面尺寸与配筋形式，计算跨度为 4600mm，截面形式如图 6-1 所示。试验梁的主要设计参数见表 6-1。

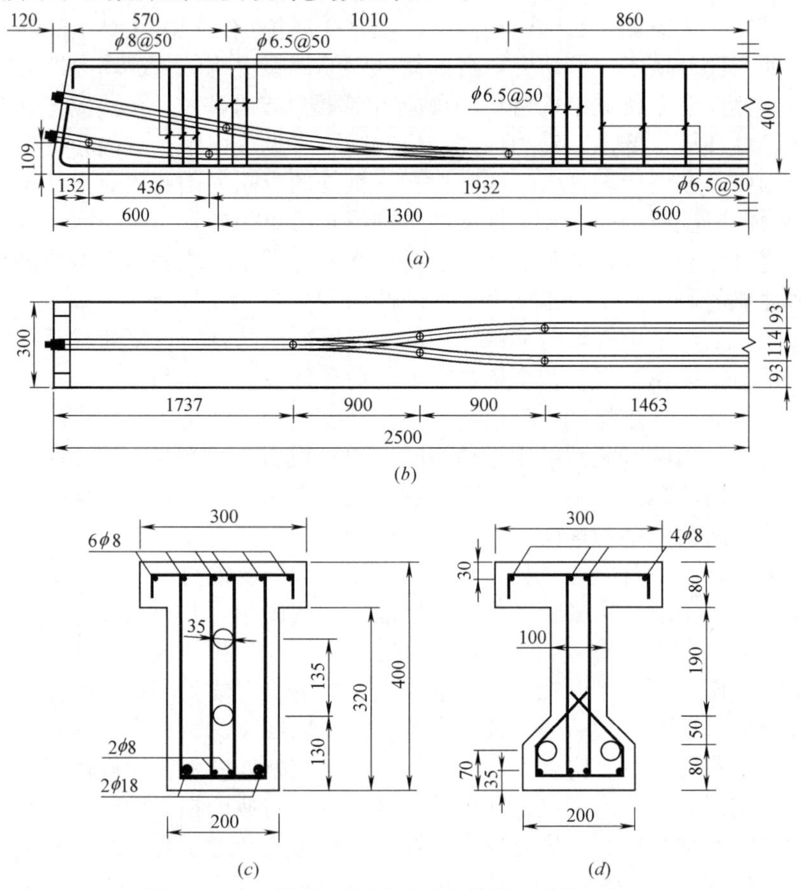

图 6-1　试验梁的几何尺寸及配筋图（单位：mm）

（a）配筋图及钢绞线立面布筋图；（b）钢绞线平面布筋图；（c）端部截面；（d）跨中截面

试验梁的主要设计参数　　表 6-1

试验梁编号	理论腐蚀率(%)	加载方式	疲劳荷载上限	疲劳荷载下限
S1	0	静载	P_u	—
S2	5	静载	—	—
S3	10	静载	—	—
S4	15	静载	—	—
FL-0	0	疲劳	$0.4P_u$	$0.05P_u$
FL-5	5	疲劳	$0.4P_u$	$0.05P_u$
FL-10	10	疲劳	$0.4P_u$	$0.05P_u$
FM-0	0	疲劳	$0.5P_u$	$0.05P_u$
FM-5	5	疲劳	$0.5P_u$	$0.05P_u$
FM-10	10	疲劳	$0.5P_u$	$0.05P_u$
FH-0	0	疲劳	$0.6P_u$	$0.05P_u$
FH-5	5	疲劳	$0.6P_u$	$0.05P_u$
FH-10	10	疲劳	$0.6P_u$	$0.05P_u$

钢绞线与普通钢筋的实测力学性能　　表 6-2

钢筋类型	公称直径(mm)	屈服强度(MPa)	极限强度(MPa)
1860 级钢绞线	15.2	1823	1867
HRB335	18	389	535
HPB235	8	325	480
HPB235	6	330	480

混凝土材料的实测力学性能　　表 6-3

试验梁编号	f_{cu}(MPa)	f_c(MPa)	f_t(MPa)	E_c($\times 10^4$MPa)
S1	50.4	38.9	2.94	41200
S2	46.8	36.7	2.86	40900
S3	46.8	36.7	2.86	40900
S4	49.3	40.6	3.06	37800
FL-0	49.3	40.6	3.06	37800
FL-5	52.9	40.3	2.99	38600
FL-10	52.9	40.3	2.99	38600
FM-0	47.8	36.7	2.86	40900
FM-5	52.5	44.3	3.07	41900
FM-10	47.9	37.5	3.01	39900
FH-0	45.6	35.8	2.67	38200
FH-5	45.6	35.8	2.67	38200
FH-10	47	36.4	2.74	38800

注：第一个英文字符 S、F 分别代表静载试验和疲劳试验，第二个英文字符代表荷载水平，其中低（L）、中（M）、高（H）分别对应着 0.4、0.5 和 0.6 的荷载水平，英文字符后的数字代表试验梁的理论腐蚀率。

6.1.2　加速腐蚀装置

为了尽量减小钢绞线腐蚀前后与混凝土粘结性能的差异，取跨中纯弯段 300mm 的长度作为腐蚀区段，在试件浇筑前事先预留好，待混凝土养护期结束后，除去预留段外露波纹管，露出钢绞线，然后配制 C30 的混凝土进行回填，养护至 28d 后，进行加速腐蚀试验。

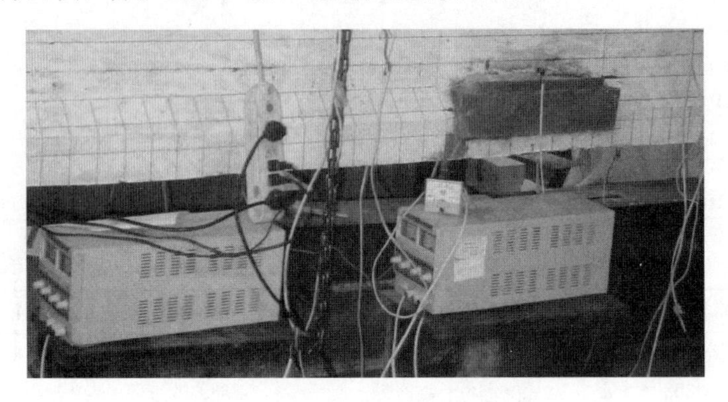

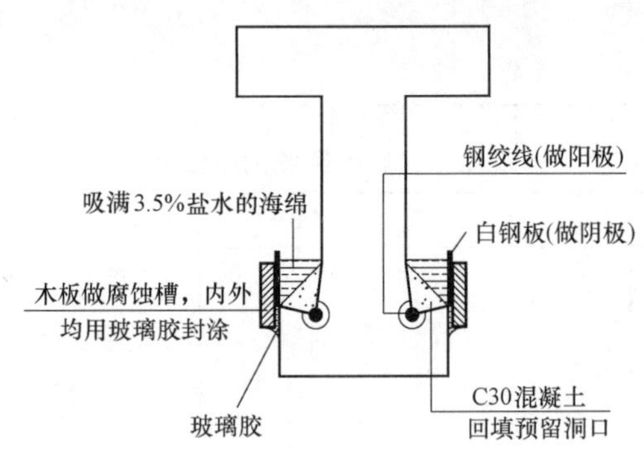

图 6-2　腐蚀装置图

试验采用恒直流电源对梁内钢绞线进行快速腐蚀，在梁两侧指定的腐蚀区段处用防水玻璃胶各粘贴一个木制的腐蚀槽，见图 6-2。在腐蚀槽内注入浓度为 3.5%的盐水作为腐蚀液，为了防止水分蒸发，槽内塞满海绵，始终保持海绵湿润。梁内腐蚀段钢绞线作为阳极，槽内壁白钢板作为阴极，为了保证外加电流的通电效果稳定，在通电前先将腐蚀槽内注满盐水放置 24h，使得腐蚀介质能够通过梁侧渗入到钢绞线表面，然后通入直流电进行锈蚀。混凝土浇筑前，为防止在通电过程中加在钢绞线上的腐蚀电流被分散，须事先给位于钢绞线下端的普通受力钢筋涂上环氧树脂。根据法拉第定律确定钢绞线的预期腐蚀率分别为 0，5%，10%。

6.1.3 加载方案与测点布置

试验梁的测点布置如图 6-3 所示。主要测量内容包括：挠度、混凝土应变、非预应力筋应变、预应力筋应变、裂缝的宽度、长度及间距。梁的挠度由从跨中到支座两边按 575mm 的间距分布的百分表量测，为了减小误差，在梁的两侧同时布置；受压区混凝土的应变由布置在跨中截面梁顶表面标距 100mm 的胶基电阻应变片来量测，非预应力筋和预应力筋的应变分别由布置在纯弯段和加载点处相应位置的胶基电阻应变片量测，其中

(a)

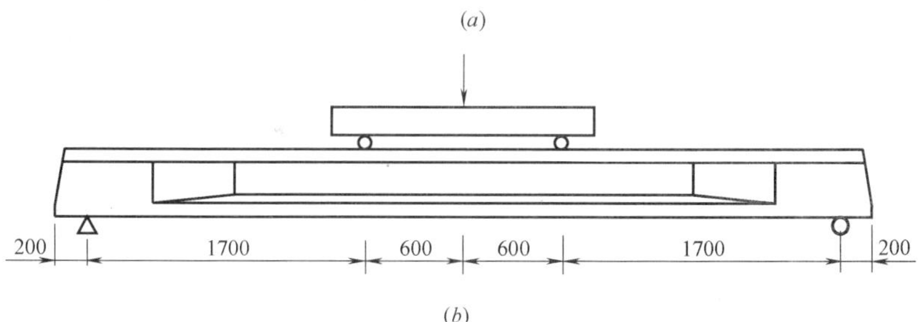

(b)

图 6-3　试验装置图及加载简图

(a) 试验装置图；(b) 加载简图

非预应力筋的应变片型号为 1mm×2mm，预应力筋的应变片型号 0.5mm×0.5mm；梁的开裂荷载由梁底纯弯段范围内标距 100mm 的应变片依次搭接来量测，跨中截面处混凝土沿高度方向的应变分布由距顶面分别 90mm、145mm、200mm、255mm、310mm，标距为 100mm 的胶基电阻应变片来量测；裂缝宽度是由精度为 0.02mm 的电子测宽仪量测。

本次试验的量测系统分为两部分，梁底的搭接混凝土应变采用德国生产的动态应变采集仪器 IMC 测量，其他部位的混凝土应变和全部的钢筋应变、荷载与位移等数据均是通过 MTS 和 SoMat eDAQ 的数据采集组合。

6.2 静载试验结果分析

6.2.1 试验过程与破坏形态

图 6-4 给出了静载试验梁 S1～S4 的破坏形态。当加载到极限荷载的 20%～30%时，未腐蚀梁 S1 底部的跨中部位出现第一条竖向裂缝，随着荷载的增加，纯弯段与剪跨段不断出现新的裂缝，当加载到极限荷载 P_u 的 60%左右时，裂缝已基本出齐，继续加载几乎没有新的裂缝出现。由于粘结力的存在，跨中裂缝分布较均匀、裂缝细而密。在荷载作用下，试验梁最终因为非预应力筋的屈服导致梁的变形过大，压区混凝土的应变急剧增大，混凝土被压溃，属于典型的适筋梁破坏。

腐蚀预应力混凝土梁 S2 和 S3 的第一条裂缝均出现在梁底部的局部腐蚀区域内，出现裂缝的时间与未腐蚀梁 S1 基本一致，钢绞线腐蚀对开裂荷载的影响不大，梁在开裂后不久，局部腐蚀区域内的其他部位也相继出现数条竖向裂缝，裂缝间距大概在 100～150mm，此后随着荷载的增加，局部腐蚀区域中的裂缝不断向梁顶部延伸，发展成为主裂缝，纯弯段的其他区域与剪跨段部位也陆续出现新裂缝，主裂缝宽度可能是新裂缝宽度的几倍或几十倍，试验梁最终由于钢绞线的断裂而失去了承载力，但由于腐蚀程度的不同，试验梁的最终破坏特征略有差异。梁 S2 在破坏前，梁内非预应力筋发生屈服受压区混凝土被压碎，属于适筋破坏，而梁 S3 在破坏时，梁内非预应力筋未发生屈服，受压区混凝土也未被压碎，钢绞线突然发生断裂，属于少筋破坏。观察梁 S1～S3 的破坏形态可知，与未腐蚀梁 S1 相比，腐蚀梁 S2 和 S3 的最终裂缝长度与平均裂缝间距明显较大。根据粘结滑移理论，裂缝间距取决于钢筋和混凝土之间粘结应力的分布，裂缝宽度则为其在裂缝间距内的相对滑移。对于腐蚀构件，因为腐蚀开裂使得混凝土的粘结力大为降低，钢筋从裂缝处通过粘结力传递拉力使得混凝土再次达到它的抗拉强度时的距离变长，所以裂缝间距相应增大。

梁 S4 中钢绞线的局部腐蚀最为严重，当加载至 45kN 左右时，梁内传来“砰”的一声，钢绞线中的某根钢丝发生了断裂（断丝），梁腐蚀区域的中间部位从底部突然开裂，此时梁 S4 的开裂荷载为 48.4kN，仅为 S1 开裂荷载的 66%。随着荷载的增加，第一条裂缝的宽度不断增大，并且向梁顶方向迅速延伸，从而发展成为主裂缝。腐蚀与未腐蚀区域的两边交界处在荷载作用下也相继出现竖向裂缝，裂缝的分布区域由跨中向两端扩展。当加载至 175.2kN 时，梁内钢绞线的钢丝接连发生断裂致使梁失去承载力，梁 S4 的极限荷载仅为未腐蚀梁 S1 的 63%，类似少筋梁的脆性破坏方式。观察梁 S4 的破坏形态，可以发现，梁 S4 的平均裂缝间距明

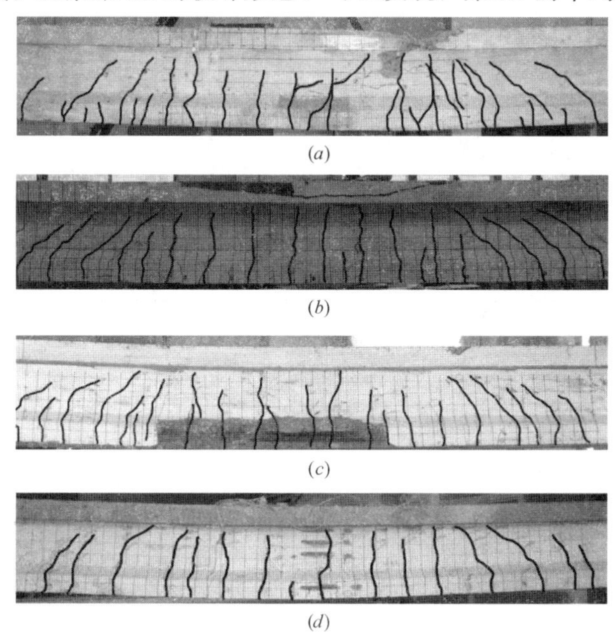

(*a*)

(*b*)

(*c*)

(*d*)

图 6-4 试验梁 S1～S4 的静载破坏形态

(*a*) 静载试验梁 S1 的破坏形态；(*b*) 静载试验梁 S2 的破坏形态；
(*c*) 静载试验梁 S3 的破坏形态；(*d*) 静载试验梁 S4 的破坏形态

显大于其他梁，且剪跨区的弯曲斜裂缝数量较少，大部分裂缝为竖向裂缝，这些裂缝基本都到达了梁的受压翼缘底面，几乎与主裂缝等长，具有显著的脆性破坏特征。

6.2.2 荷载-挠度曲线

图 6-5 给出了试验梁 S1～S4 的荷载-挠度曲线，从曲线可以看出未腐蚀试验梁 S1 与腐蚀试验梁 S2 的荷载-挠度曲线大致分为三段：加载至开裂荷载阶段，开裂荷载至屈服荷载阶段，屈服荷载至极限荷载阶段，由于混凝土开裂或者钢筋屈服造成截面抗弯刚度下降使得各个阶段之间存在较明显的转折。由于试验梁 S3、S4 的腐蚀较严重，钢绞线未达到屈服，就发生了断丝，荷载-挠度曲线大致可分为两段，加载至开裂荷载阶段、开裂荷载至极限荷载阶段。试验梁 S1～S4 在开裂前的曲线斜率基本重合，开裂后试验梁 S1～S3 的斜率仍基本相等，而试验梁 S4 的斜率显著降低；试验梁 S2 在达到屈服后荷载-挠度曲线趋向水平并在一定程度上与试验梁 S1 在屈服荷载到极限荷载阶段的曲线平行，但曲线的长度明显减小；试验梁 S3、S4 在未达到屈服时钢绞线已发生了断裂，故不存在屈服后的水平段曲线。可以看出，若不考虑钢绞线的提前断丝，腐蚀对试验梁在屈服前的受弯刚度无显著影响。

根据试验记录及曲线特征得到了各试验梁的力学性能特征参数，结果见表 6-4。

梁的静载试验结果　　**表 6-4**

梁号	η(%)	P_1 (kN)	P_{cr} (kN)	P_y (kN)	P_u (kN)	f_{cr} (mm)	f_y (mm)	f_u (mm)	Δ	N_{p0} (kN)
S1	0	—	73.7	237.6	279.2	4.45	25.05	61.59	2.46	200.7
S2	4.23	262.7	70.5	222.9	262.7	4.56	24.70	41.64	1.69	189.8
S3	7.38	209.9	69.5	209.9	209.9	4.56	22.46	22.46	1	185.6
S4	10.14	48.4	48.4	175.2	175.2	2.85	22.09	22.09	1	79.5

注：1. 首次断丝荷载 P_1 是指钢绞线在加载过程第一次发生断丝时对应的荷载值；
2. 开裂荷载 P_{cr} 是指试验梁荷载-挠度曲线首次发生斜率变化对应的荷载值，开裂荷载对应的挠度为 f_{cr}；
3. 屈服荷载 P_y 是指试验梁荷载-挠度曲线斜率趋于零的起始变化点对应的荷载值，屈服荷载对应的挠度为 f_y；
4. 极限荷载 P_u 是指梁试验梁达到最大承载力对应的荷载值，极限荷载对应的挠度为 f_u；
5. 延性系数 Δ 是 f_u/f_y 的比值。

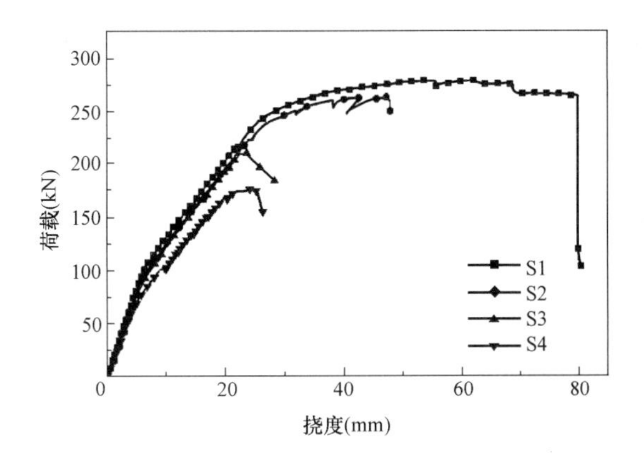

图 6-5　静载下试验梁的荷载-挠度曲线

由图表可以看出，试验梁 S1～S3 的开裂荷载比较接近，而 S4 在开裂之前发生断丝，其开裂荷载远小于其他 3 根梁。可见腐蚀对试验梁开裂荷载没有明显影响，但提前断丝对开裂荷载的影响较大。比较表中试验梁的屈服荷载与极限荷载的大小，可以看出，试验梁 S1～S3 的屈服荷载与极限荷载随腐蚀率的增加略有降低，而断丝腐蚀梁 S4 的屈服荷载与极限荷载下降明显。

试验梁达到极限荷载时的挠度记作 f_u，腐蚀对挠度产生的影响十分显著。例如，梁 S2、S3、S4 分别为梁 S1 的 67.6%、36.5%、35.9%，远比腐蚀对极限荷载的影响要大得多。延性系数（f_u/f_y）代表了梁的相对极限变形能力，与梁的极限挠度密切相关，钢绞线的腐蚀会引起试验梁延性系数的显著降低。

6.2.3 钢筋与混凝土应变变化规律

图 6-6 为试验梁 S1～S4 的荷载-普通钢筋应变曲线，由图可以看出，混凝土开裂前，试验梁钢筋应变的增长很小，腐蚀梁的荷载-普通钢筋应变曲线几乎与未腐蚀梁重合，这说明开裂前钢绞线腐蚀对普通钢筋应力无明显影响；混凝土开裂发生在曲线的转折点附近，开裂后试验梁的普通钢筋应变增长十分显著。由于钢绞线的提前断丝，梁 S4 的荷载-普通钢筋应变曲线的转折点出现较早，并且开裂后应变增长速度也比其他试验梁更快；其他试验梁的荷载-普通钢筋应变曲线随混凝土的相继开裂也出现了明显转折，但转折点比较接近，随钢绞线腐蚀率的增加略有减小，开裂后的曲线斜率也相差不大，这说明在不发生提前断丝的局部严重腐蚀的情况下，钢绞线腐蚀对开裂前梁内普通钢筋的应力几乎没有影响，对开裂后的

影响也比较有限，普通钢筋应力增长速度随腐蚀率的增加略有提高。

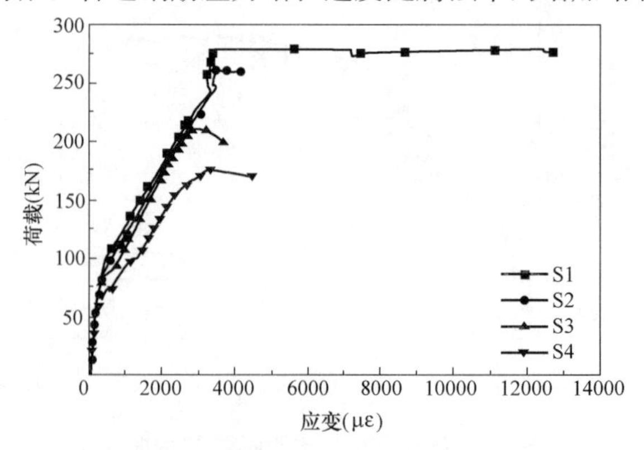

图 6-6　静载下试验梁的荷载-受拉普通钢筋应变曲线

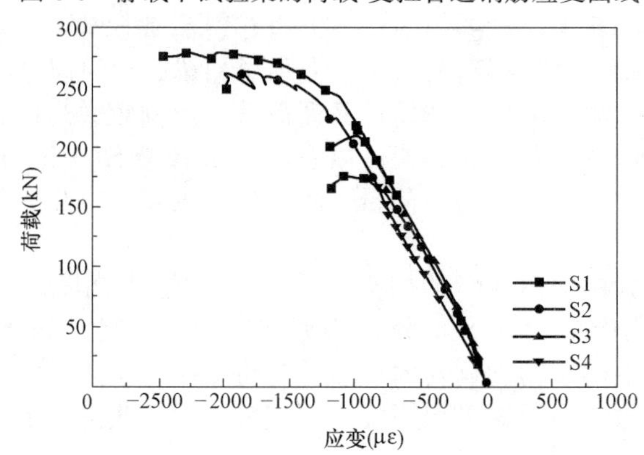

图 6-7　静载下试验梁的荷载-受压区边缘混凝土应变曲线

图 6-7 为受压区边缘混凝土应变随荷载发展的变化曲线。可以看出，混凝土压应变的发展曲线与试验梁的荷载-跨中挠度曲线比较相似。混凝土的应变曲线随荷载的发展由线性逐渐转变为非线性，斜率逐渐减小，这一方面是由于梁内受拉区混凝土的开裂导致裂缝向上发展，中和轴不断上升，引起截面刚度的减小；一方面是由于混凝土本身存在不可恢复的残余变形，引起弹性模量的不断变化。

6.2.4　平截面假定验证

通过试验梁跨中截面的混凝土应变片与受拉普通钢筋应变片分布图(见图 6-8)，可以清楚地看到，受拉区与受压区的各点材料应变分布基本

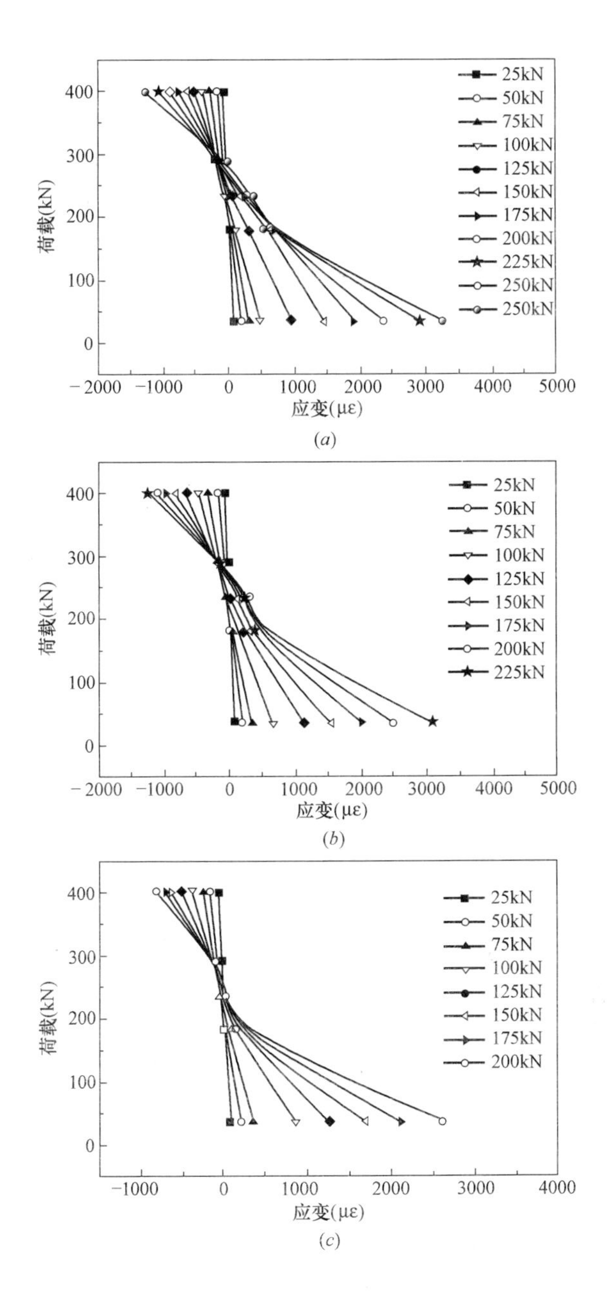

图 6-8 截面高度上的混凝土应变分布（一）

（*a*）梁 S1；（*b*）梁 S2；（*c*）梁 S3

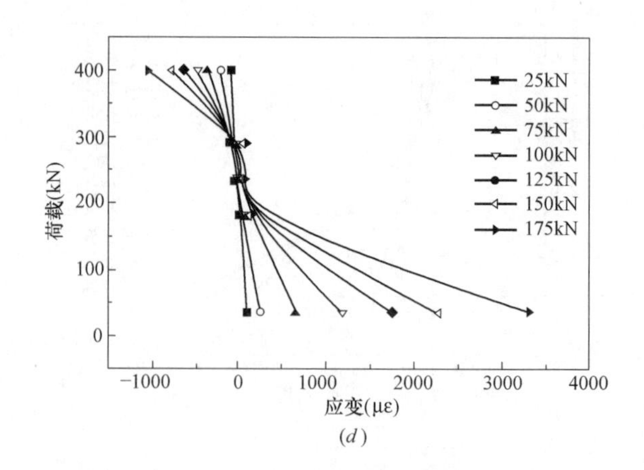

图 6-8 截面高度上的混凝土应变分布（二）
（*d*）梁 S4

呈线性，这表明：钢绞线腐蚀后的部分预应力混凝土梁的截面应变分布仍然符合平截面假定。

6.2.5 裂缝发展规律

图 6-9 给出了试验梁 S1～S4 的最大裂缝宽度随荷载增大的变化规律。可以看出，试验梁 S1～S3 的最大裂缝宽度线性稳定发展，其曲线起始点基本重合，曲线斜率随腐蚀率的增加而增大，而试验梁 S4 的最大裂缝宽度非线性不稳定发展，后期增长速度越来越快，其曲线起始点比其他梁提前很多，这说明一般腐蚀程度（不大于 10%）对最大裂缝宽度存在影响，但对试验梁的开裂荷载影响很小，在局部腐蚀程度特别严重（大于 10%）的情况下，开裂荷载会显著减小，最大裂缝宽度发展不稳定。

试验梁的最大裂缝长度与腐蚀率的关系曲线如图 6-10 所示。可以看出，试验梁的最大裂缝长度随腐蚀率的增加几乎呈线性增长。图 6-11 为试验梁的平均裂缝间距与腐蚀率的关系曲线，可以看出，当腐蚀率小于 10%时，平均裂缝间距几乎不发生变化，当腐蚀率超过 10%时，平均裂缝间距迅速增大。

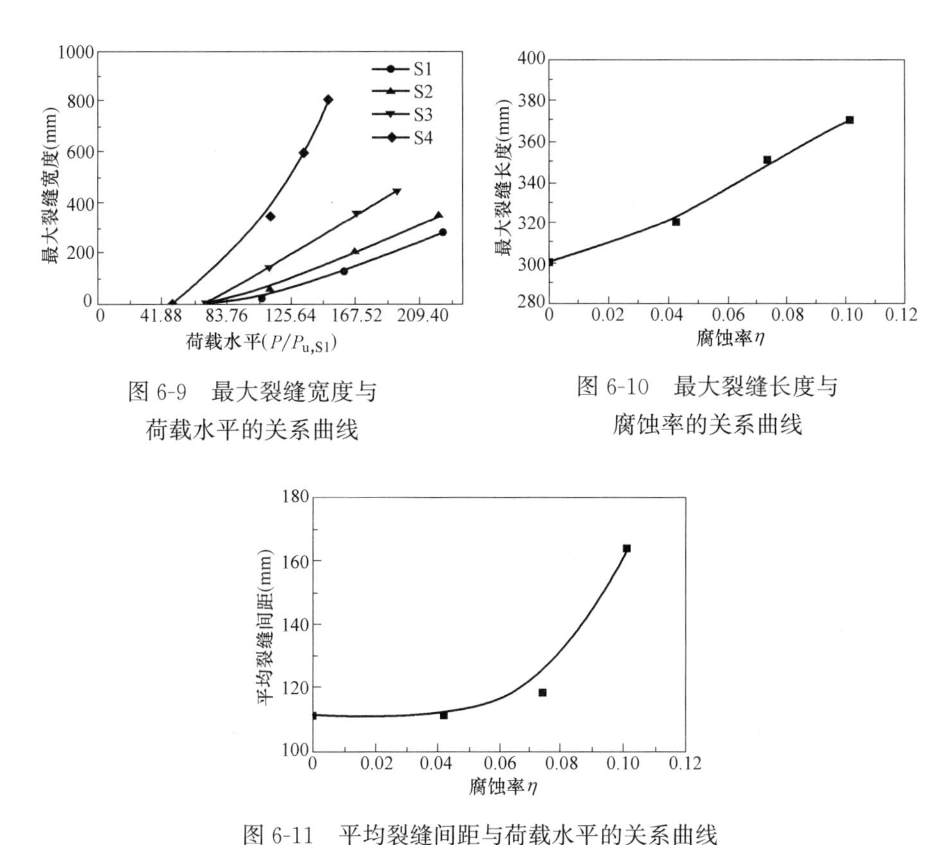

图 6-9 最大裂缝宽度与荷载水平的关系曲线

图 6-10 最大裂缝长度与腐蚀率的关系曲线

图 6-11 平均裂缝间距与荷载水平的关系曲线

6.3 有限元分析

6.3.1 单元选取

预应力混凝土梁是由混凝土、钢筋和钢绞线等多种材料组成的结构，各种材料的性质各不相同。利用 ANSYS 对结构进行数值模拟时，具体的单元选取如下：

1. 混凝土单元

混凝土采用三维实体单元 SOLID65 模拟。Solid65 单元具有塑性变形特征，可以同时模拟混凝土的开裂、压碎和应力释放等混凝土的特性，还可以综合考虑塑性和徐变引起的材料非线性、大变形引起的几何非线性。Solid65 单元可预先设定混凝土的本构关系和破坏准则，应用比较方便。

2. 普通钢筋和钢绞线单元

钢绞线与普通钢筋采用三维杆单元 Link8 模拟。Link8 杆单元具有塑性、蠕变、膨胀、应力刚化、大变形、单元生死的功能，若在单元属性中定义 ISTRN（初始应变值）、ALPX（材料的热膨胀系数）等，便可用于模拟预应力筋。

3. 垫块

为缓解应力集中，支座和加载点用弹性垫块代替。垫块可采用三维实体 Solid45 单元模拟。Solid45 单元能够模拟垫板的塑性、大变形、应力硬化等功能。

6.3.2 材料本构关系

1. 混凝土

本文采用《混凝土结构设计规范》GB 50010—2010 推荐的混凝土本构关系模型，该模型的应力应变曲线的建立需要确定混凝土的实测轴心抗压强度 f_c 以及 f_c 相应的峰值压应变 ε_c，采用无量纲形式表示混凝土单轴受压的应力应变关系如下：

$$Y=\begin{cases}\alpha_a X+(3-2\alpha_a)X^2+(\alpha_a-2)X^3 & 0\leqslant X\leqslant 1\\ 1 & X>1\end{cases}\tag{6-1}$$

式中，$X=\varepsilon/\varepsilon_c$，$Y=\sigma/f_c$，$\alpha_a$ 为混凝土单轴受压应力-应变曲线上升段的形状系数；f_c 为混凝土的实测单轴抗压强度；ε_c 为与 f_c 对应的混凝土峰值压应变。

2. 钢筋

普通钢筋视为理想弹塑性模型，其应力-应变关系采用《混凝土结构设计规范》GB 50010—2010 推荐的模型，模型采用 Mises 屈服准则，认为钢筋只承受轴向拉力，不承受横向剪切力，其表达式如下：

$$\sigma_s=\begin{cases}E_s\varepsilon_s & \varepsilon_s\leqslant\varepsilon_y\\ f_y & \varepsilon_s>\varepsilon_y\end{cases}\tag{6-2}$$

钢绞线采用本文第二章给出的简化应力应变关系，达到极限拉应变时钢绞线被拉断，如图 6-12 所示。

6.3.3 模型建立

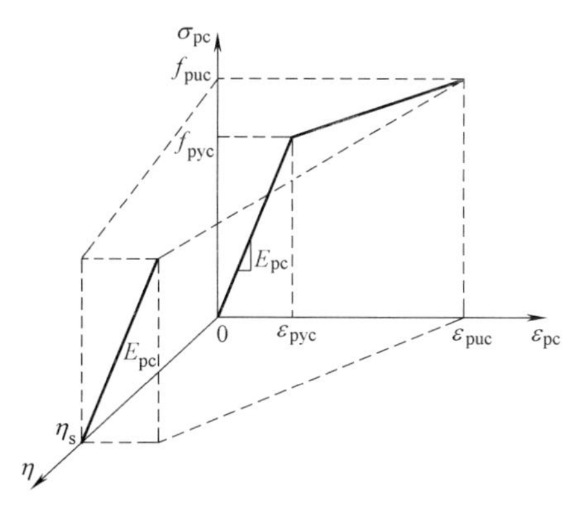

图 6-12 钢绞线应力应变关系

1. 无腐蚀预应力混凝土梁

有限元模型的建立必须满足以下两个要求：一是要应尽可能与实际结构在几何形状、约束方式及加载情况等方面保持一致；二是多利用对称性对模型进行简化。前者保证了数值分析的有效性，后者保证了模型运算的可行性。根据以上原则，结合本文试验梁外形与荷载的对称性，可选取结构的一半建立模型。考虑到钢绞线在试验梁内为空间布筋形式，与混凝土共用节点比较困难，因此采用分离式模型对混凝土与钢筋单独建模。

其建模步骤如下：

① 设置结构或构件的单元类型和组成材料的性质；

② 利用样条曲线与关键定位点构造钢绞线的空间分布曲线，然后结合普通钢筋的配筋情况构造钢筋模型（见图 6-13），划分单元，赋予单元材料属性与本构关系；

③ 建立混凝土实体模型（见图 6-14），利用工作平面规则切分实体，然后划分网格单元，为避免应力集中，在加载点与支座处添加弹性垫块，网格尺寸不宜太小，应至少为 50mm，单元形成后赋予单元材料属性与本

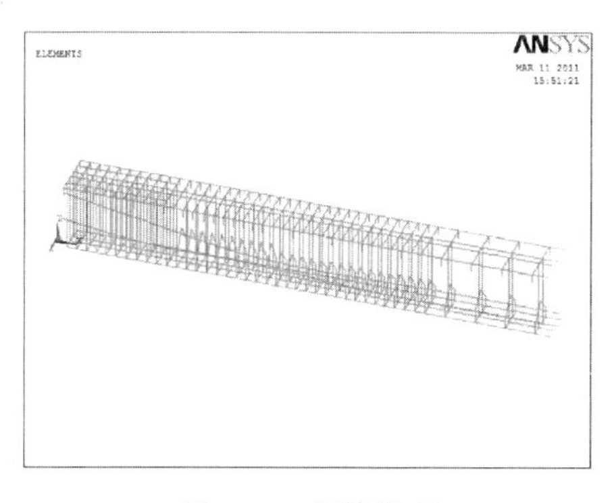

图 6-13 钢筋模型

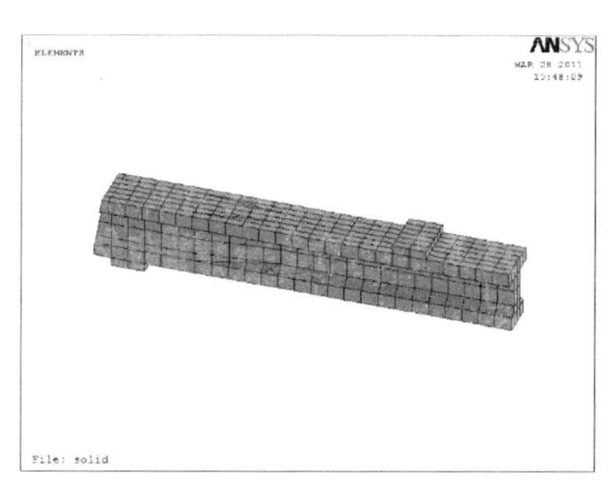

图 6-14 混凝土模型

构关系；

④ 利用 CEINTF 命令建立混凝土与预应力筋单元节点的约束方程，以达到混凝土与预应力筋协同工作的目的；

⑤ 定义位移约束，施加预应力；

⑥ 施加荷载，进行求解。

2. 腐蚀钢绞线的处理

腐蚀会对钢绞线的材料性能产生影响，从而引起材料与构件的受力行为变化，在 ANSYS 中可以通过单元生死功能来实现这种状态的改变。ANSYS 中的单元生死功能又称为单元非线性，是指一些单元在状态改变时表现出的刚度突变行为。在 ANSYS 中，单元的生死是通过修改单元刚度的方式实现的。“被杀死”的单元并不是刚度被删除或直接设置为 0，而是在单元刚度矩阵中乘以一个相当小的数（如 10^{-6}）将刚度降到低值，以保留刚度矩阵的原有尺寸。单元一旦“被杀死”，则所有与单元相关参数，例如荷载、质量、应变等值都将被重置为 0。同理，单元的激活也是通过修改刚度系数的方式实现的。当单元被激活时，它的刚度、荷载、质量等参数被返回真实状态。因此在生死单元的求解之前，必须首先建立单元的初始模型，确保单元生死转化的前提存在。

在对腐蚀试验梁进行分析时，可先按上节所述的一般步骤建立未腐蚀混凝土梁模型，然后在钢绞线的腐蚀区域内建立重叠模型，分别赋予钢绞线腐蚀前后的材料性质；通过单元生死功能，在腐蚀前先“杀死”重叠的腐蚀单元，在腐蚀后激活腐蚀单元并“杀死”未腐蚀单元，以此实现腐蚀后钢绞线的力学性能改变。

6.3.4　计算结果分析

1. 荷载-挠度曲线

图 6-15 给出了梁 S1～S3 的荷载-挠度的计算曲线，与试验曲线进行了比较。可以看出：

① 试验梁 S1、S2 的计算曲线可以近似看作三段直线，表现了试验梁由弹性到弹塑性再到塑性的三个阶段刚度变化，两个转折点分别对应着计算模型的开裂荷载与钢筋发生屈服时的强化荷载。

② 试验梁 S3 的计算曲线模拟钢绞线腐蚀比较严重时试验梁的受力行为，表现出了受腐蚀试验梁开裂后的刚度变化，以及达到极限荷载时的脆

性破坏特征，可以看出，使用单元生死对腐蚀钢绞线的受力行为模拟是比较成功的。

③ 对比计算曲线与试验曲线，可以看出二者的变化规律与最后的破坏特征大致相同。开裂荷载的计算值均略高于试验值，极限荷载与极限挠度各有高低，但都相差不大。

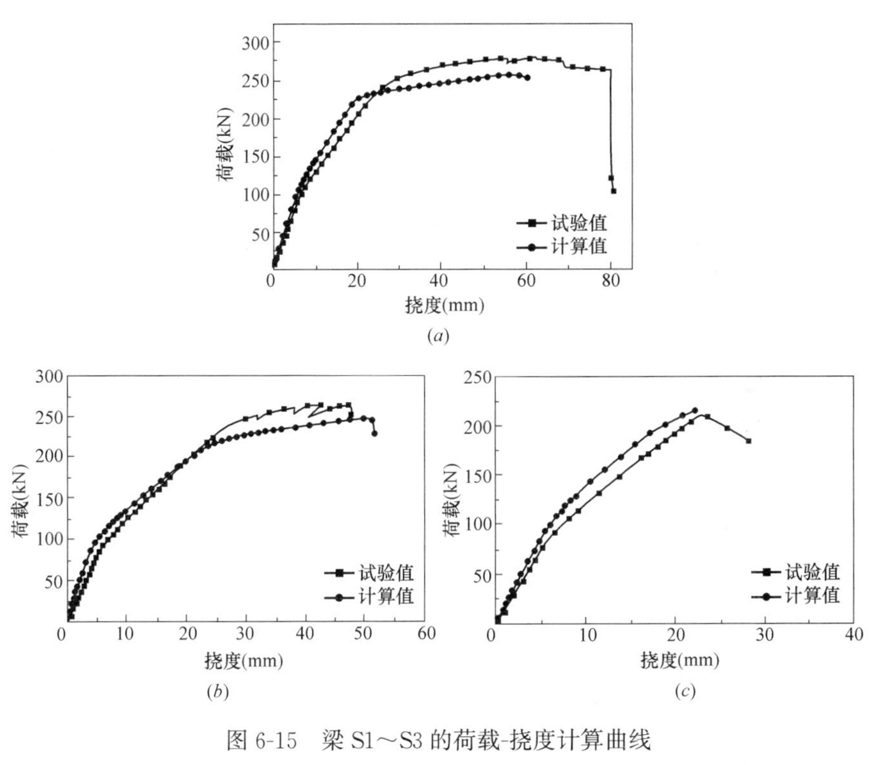

图 6-15　梁 S1～S3 的荷载-挠度计算曲线

(*a*) 梁 S1；(*b*) 梁 S2；(*c*) 梁 S3

2. 钢筋应力

图 6-16 为试验梁 S1、S2 和 S3 的钢绞线和受拉钢筋的应力分布云图。可以看出：

① 试验梁 S1、S2 和 S3 的跨中处钢绞线均达到了极限强度，受拉纵筋也达到了屈服强度，与试验结果相符合；

② 试验梁 S1 受拉钢筋应力分布最均匀，破坏时整个纯弯段受拉钢筋全部发生屈服；腐蚀率较小的试验梁 S2 受拉钢筋应力分布不及 S1 均匀，破坏时纯弯段内仍有部分受拉钢筋未发生屈服；腐蚀率较大的试验梁 S3

的刚度沿梁长方向变化明显比 S1、S2 都要剧烈，受拉钢筋的应力分布最不均匀，破坏时纯弯段内有较多的部分未充分发挥作用。

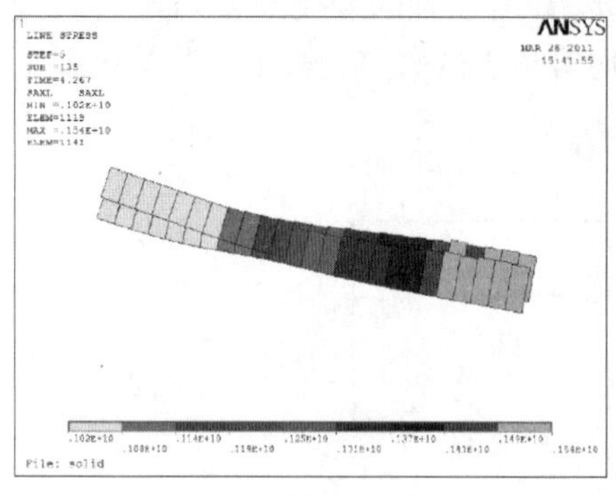

(*a*)

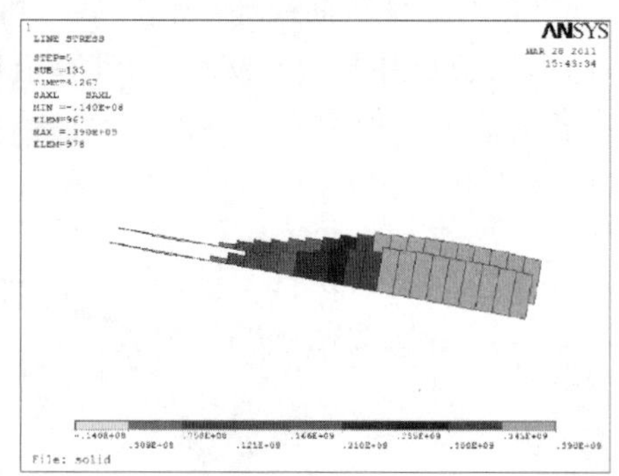

(*b*)

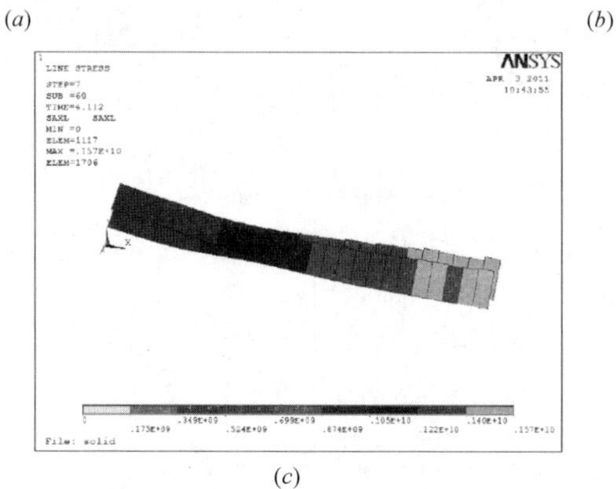

(*c*)

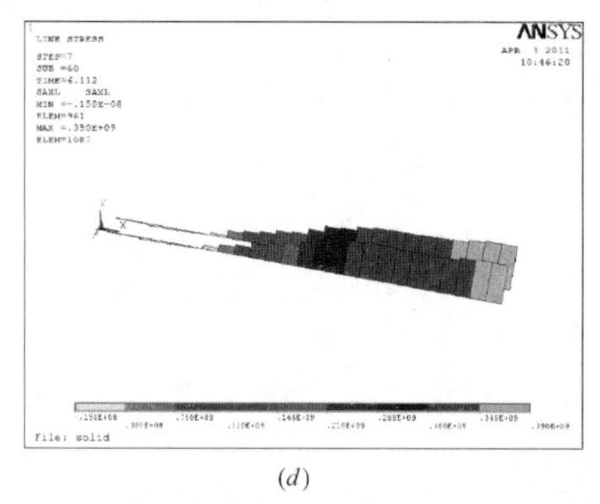

(*d*)

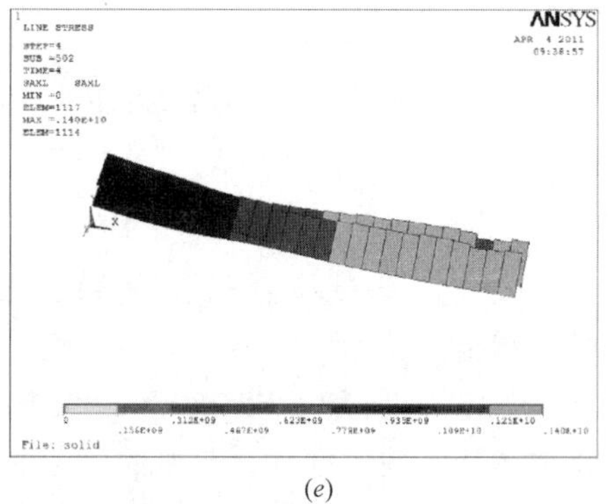

(*e*)

图 6-16　梁 S1～S3 的钢绞线与受拉钢筋应力云图（一）

(*a*) S1 钢绞线；(*b*) S1 受拉钢筋；(*c*) S2 钢绞线；(*d*) S2 受拉钢筋；(*e*) S3 钢绞线

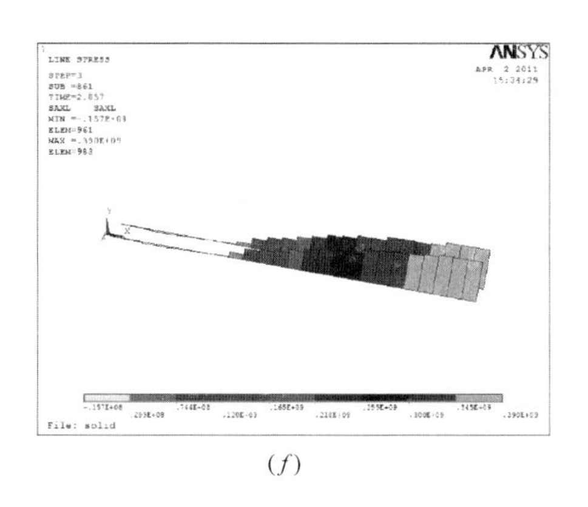

(*f*)

图 6-16 梁 S1～S3 的钢绞线与受拉钢筋应力云图（二）

（*f*）S3 受拉钢筋

3. 受压区混凝土截面应力

图 6-17 为试验梁 S2 的跨中截面混凝土应变分布的有限元分析和试验结果的对比。由图可见，混凝土受压边缘的计算应变与试验实测应变在每级荷载下的数值大致相等，并且计算应变沿梁高方向基本呈线性变化趋势，计算中和轴随荷载的增加略有升高，当荷载大于 50kN 时，基本不发生变化，保持在 260～270mm 左右，这点与试验结论基本相符。值得注意的是，混凝土受拉区的应变仅表现了应变发展的趋势，是不考虑混凝土开裂的理想值，实际上当受拉区混凝土开裂后，裂缝附近的混凝土会显著减小，如图 6-17（*b*）所示。

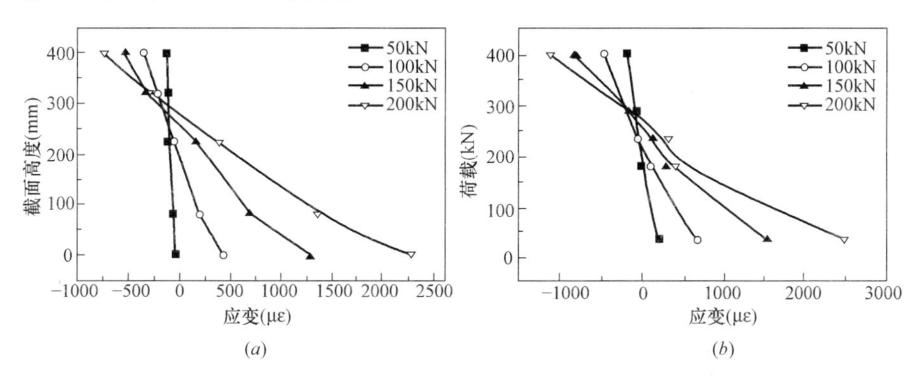

图 6-17 梁 S2 跨中截面应变分布

（*a*）计算曲线；（*b*）试验曲线

（4）裂缝分布

图 6-18 比较了试验梁有限元计算的裂缝分布与实际的裂缝分布图。由图 6-18（*a*）可以观察到，有限元模型梁的裂缝从纯弯段向剪跨段扩展，纯弯段的竖向裂缝向上延伸，剪跨段由竖向裂缝逐渐转向加载点，成为弯曲斜裂缝；由模拟的裂缝分布可以看出，试验梁是典型的受弯破坏，符合试验梁的实际破坏形态。比较图 6-18（*a*）与图 6-18（*b*），可以看出，有限元计算的裂缝分布与实际裂缝分布在裂缝位置、裂缝发展形态和大致发展高度上符合较好，不足之处就是无法体现裂缝的间距和宽度。

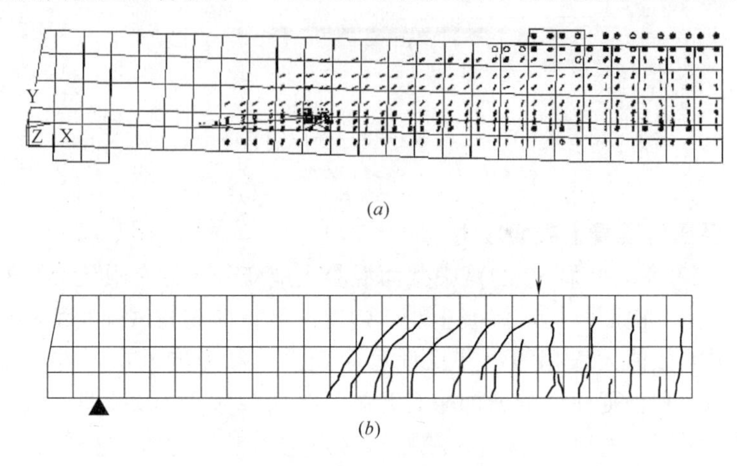

图 6-18　裂缝形态有限元分析结果与试验结果对比

（*a*）有限元分析；（*b*）试验结果

6.4　疲劳试验结果及分析

6.4.1　破坏形态

未腐蚀试验梁的破坏均是由普通受拉钢筋的主筋疲劳断裂引起的，而腐蚀试验梁的破坏是由腐蚀钢绞线的疲劳断裂引起的。全部试验梁的破坏均始于钢筋（包括预应力筋和非预应力筋）的疲劳断裂，没有出现受压混凝土疲劳破坏和粘结破坏的情况。试验梁的破坏形态如图 6-19 所示，试验梁的破坏截面靠近跨中截面，可以看到明显的混凝土剥落和不可恢复的受力裂缝存在。可以看出，在疲劳荷载作用后期，腐蚀试验梁沿腐蚀预留槽口均出现顺筋裂缝，随循环次数 N 的增加，顺筋裂缝迅速向梁两端延伸，与梁的垂直裂缝相连，在腐蚀严重的情况下，腐蚀区域附近的受拉区混凝土发生大面积剥离。疲劳顺筋裂缝的最大宽度一般远小于试验梁的最大垂直主裂缝宽度。

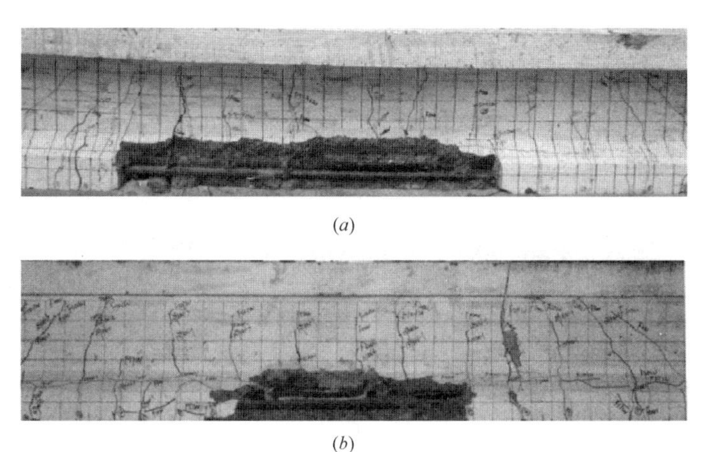

(a)

(b)

图 6-19 试验梁的破坏形态

(a) CF6；(b) CF8

表 6-5 给出了所有试验梁的疲劳试验结果。从表中可以看出：在一定的荷载水平下，随着钢绞线腐蚀率的发展，试验梁的疲劳寿命呈下降趋势。这是由于钢绞线受到腐蚀后截面积减少，更主要的是腐蚀的不均匀导致钢绞线表面形成蚀坑，在疲劳荷载的作用下更易于发展形成初始疲劳裂纹，使得钢绞线产生局部缺陷的概率提高，减少了疲劳裂纹的形成时间，有文献指出疲劳裂纹的萌生阶段占了试件整个疲劳寿命的 90%，所以钢绞线的腐蚀致使其本身的疲劳寿命急剧减少，进而导致试验梁整体的疲劳破坏。

试验梁的疲劳试验结果 **表 6-5**

编号	η(%)	P_{cr}(kN)	N_{p0}(kN)	P_{max}(kN)	P_{min}(kN)	$N(10^4)$	破坏特征
FL-0	0	79.9	224.2	111.6	13.95	361.69	普通钢筋疲断
FL-5	4.31	78.5	221.8	111.6	13.95	172.76	钢绞线疲断
FL-10	7.89	75.9	209.7	111.6	13.95	78.30	钢绞线疲断
FM-0	0	76.3	218.8	139.5	13.95	99.84	普通钢筋疲断

续表

编号	$\eta(\%)$	P_{cr}(kN)	N_{p0}(kN)	P_{max}(kN)	P_{min}(kN)	$N(10^4)$	破坏特征
FM-5	4.53	74.2	198.6	139.5	13.95	55.55	钢绞线疲断
FM-10	8.21	77.2	215.7	139.5	13.95	22.30	钢绞线疲断
FH-0	0	77.8	234.5	167.4	13.95	35.60	普通钢筋疲断
FH-5	3.58	76.3	227.5	167.4	13.95	27.42	钢绞线疲断
FH-10	7.63	73.8	212.7	167.4	13.95	4.74	钢绞线疲断

6.4.2　跨中挠度-循环次数曲线

图 6-20 为试验梁的跨中挠度—荷载循环次数曲线。我们可以看出：腐蚀梁曲线变化规律与对比梁相似，试验梁跨中挠度随荷载循环次数的发展

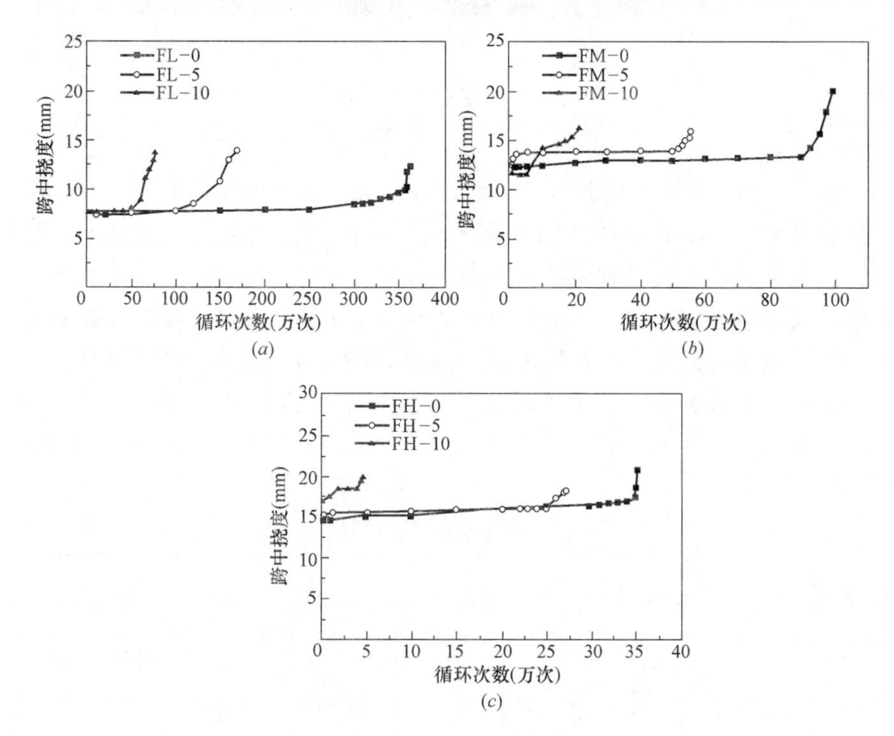

图 6-20　最大荷载作用下试验梁的跨中挠度-荷载循环次数曲线

(*a*) FL 组试验梁；(*b*) FM 组试验梁；(*c*) FH 组试验梁

分为迅速增长、稳定发展和不稳定增长三个阶段。

梁跨中挠度迅速增长的第一阶段约占疲劳寿命的5%，稳定发展的第二阶段相对较长，约占试验梁疲劳寿命的90%，进入不稳定增长的第三阶段钢筋往往在极少的循环次数内突然发生断裂，这一过程的时间相对较短，大约占疲劳寿命的5%。这表明试验梁的疲劳破坏具有突发性，若忽略第三阶段，在疲劳荷载作用下，第一二阶段的挠度与循环次数的对数之间存在线性关系。

宋永发等人通过对无粘结预应力混凝土梁的疲劳试验，得到第一二阶段的挠度表达式：

$$f_{\mathrm{N}}=(1.0+0.08\lg N)f_0 \tag{6-3}$$

戴公连等人指出疲劳挠度增量的大小随循环次数的增长与预应力度λ有关，根据试验数据的拟合，建议部分预应力混凝土梁的疲劳挠度可采用以下公式表示：

$$f_{\mathrm{N}}/f_0=A_1N^{B_1} \tag{6-4}$$

或

$$f_{\mathrm{N}}=f_0+A_2N^{B_2} \tag{6-5}$$

其中：f_{N}为疲劳后的挠度，f_0为静载挠度；A、B为常数，用实测数据进行统计分析，可得$A_1=1.257-0.588\lambda$，$B_1=0.03$，$A_2=0.695-0.680\lambda$，$B_2=0.15$。

Xie等人考虑疲劳荷载与开裂荷载对挠度增量的影响，采用下式表达预应力碳纤维混凝土梁的疲劳挠度：

$$f_{\mathrm{N}}=\left(1.0+\varphi\frac{\Delta M}{M_{\mathrm{cr}}}\ln N\right)f_0 \tag{6-6}$$

图6-21为三组不同荷载水平的试验梁在疲劳荷载作用下的第一、二阶段的跨中最大挠度与疲劳循环次数对数的拟合曲线图。由表6-6中各条回归曲线可以看出，第一二阶段的跨中挠度与循环次数的对数呈较好的线性关系，且在相同疲劳荷载作用下，跨中挠度的增长率随钢绞线腐蚀率的增加而增大。

图6-22和图6-23进一步给出了钢绞线的腐蚀率、预应力度与部分试验梁挠度增长系数的关系。可以看出，试验梁的跨中挠度增长系数随着钢绞线腐蚀率的增加而增大，预应力度代表着开裂荷载所占工作荷载的比例，预应力度对挠度增长系数的影响，反映了挠度的增长与开裂荷载和工作荷载的关系，试验梁的挠度增长系数随着预应力度的增大而减小。

等幅疲劳荷载下跨中挠度与循环次数对数曲线一元线性回归方程　表6-6

编号	初始挠度 f_1(mm)	一元线性回归方程	相关系数	标准差
FL-0	6.94	$f=f_1+0.1373\lg N$	0.9999	0.0056
FL-5	6.65	$f=f_1+0.1931\lg N$	0.9998	0.0086
FL-10	6.74	$f=f_1+0.2128\lg N$	0.9995	0.0148
FM-0	11.83	$f=f_1+0.1634\lg N$	0.9999	0.0078
FM-5	12.39	$f=f_1+0.2765\lg N$	0.9999	0.0066
FM-10	11.16	$f=f_1+0.7067\lg N$	0.9994	0.0351
FH-0	14.43	$f=f_1+0.1917\lg N$	0.9999	0.0101
FH-5	14.72	$f=f_1+0.2121\lg N$	0.9999	0.0087
FH-10	14.38	$f=f_1+0.8848\lg N$	0.9998	0.0266

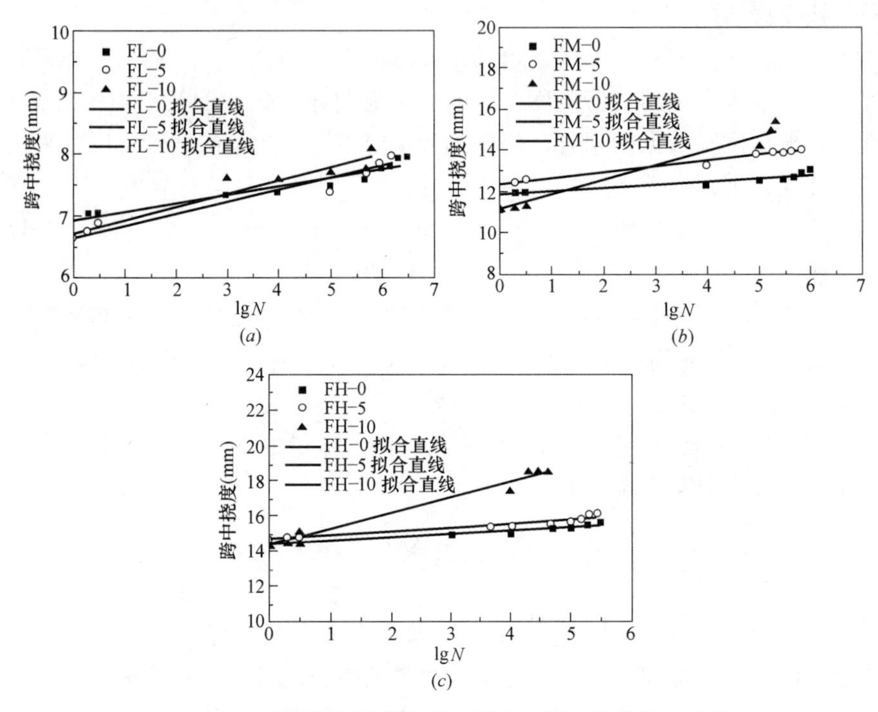

图6-21　试验梁的跨中挠度与循环次数对数的拟合曲线

(*a*) FL组试验梁；(*b*) FM组试验梁；(*c*) FH组试验梁

结合以上试验结果和文献分析，钢绞线腐蚀后的部分预应力混凝土梁的疲劳挠度增长规律可以用下式表示：

$$f_{\mathrm{N}}=f_1+K\frac{\Delta M}{M_{\mathrm{cr}}}\lg N \tag{6-7}$$

$$\kappa=(a+b\eta)f_1 \tag{6-8}$$

式中，a、b为试验拟合系数，η为钢绞线平均腐蚀率，ΔM为给定的疲劳荷载幅值对应的弯矩，M_{cr}为开裂荷载对应的弯矩，N为循环次数，f_1为首次加载至疲劳荷载上限时的跨中挠度值。

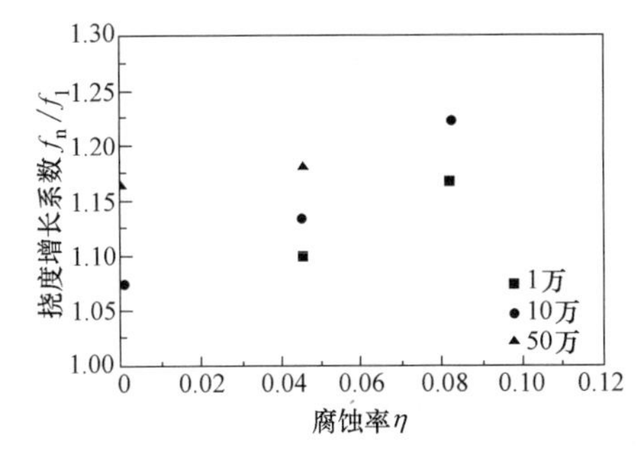

图 6-22　部分挠度增长系数与腐蚀率在一定重复次数下的关系

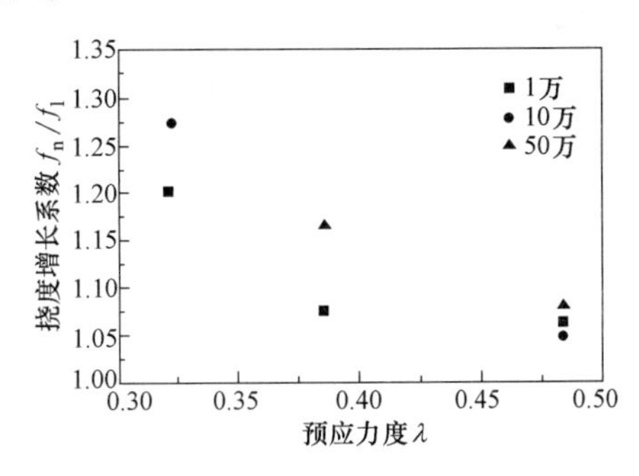

图 6-23　试验梁挠度增长系数与预应力度在一定重复次数下的关系

表 6-6 为图 6-21 中各条曲线的一元线性回归方程、线性相关系数和标准差。从表 6-6 可以拟合得到：$a=0.2783$，$b=0.0265$，线性相关系数为 0.9602。

所以（6-7）式可以表示为：

$$f_N=f_1\left[1+(0.2783+0.0265\eta)\frac{\Delta M}{M_{cr}}\lg N\right]\quad 0\leqslant N\leqslant N_{\mathrm{II}}\qquad(6\text{-}9)$$

6.4.3 钢筋应变发展规律

腐蚀梁跨中钢筋的应变随荷载循环次数增长的发展规律，见图 6-24～图 6-27。

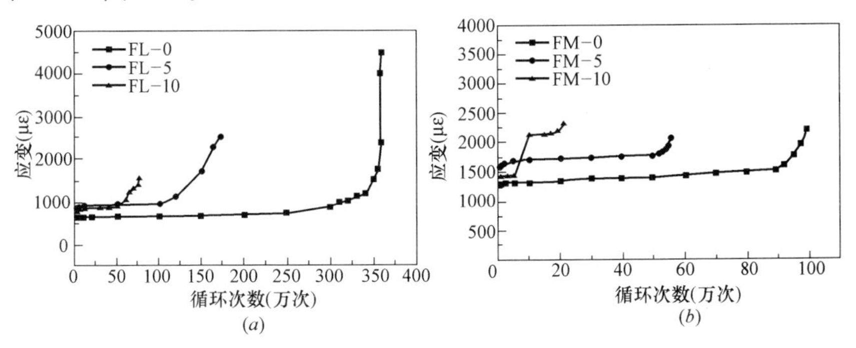

图 6-24　普通钢筋最大应变-循环次数曲线（一）

（*a*）FL 组试验梁；（*b*）FM 组试验梁

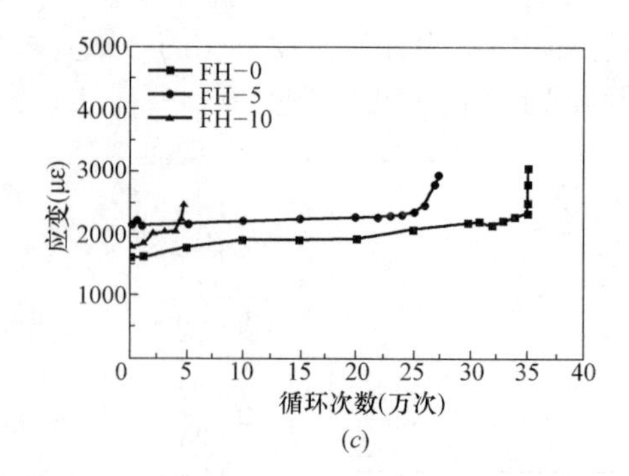

图 6-24 普通钢筋最大应变—循环次数曲线（二）
（c）FH 组试验梁

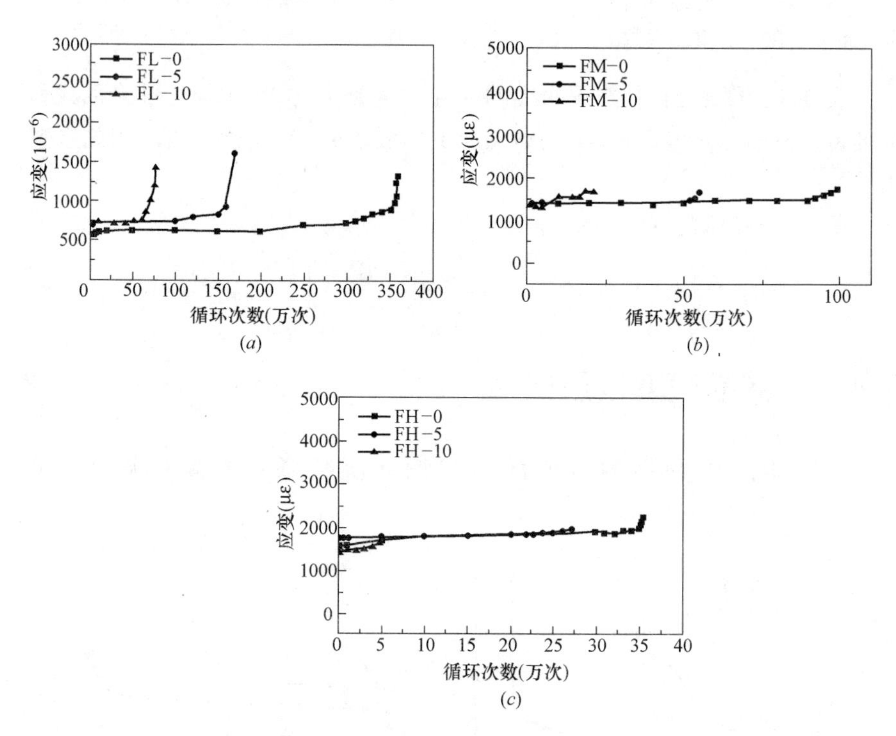

图 6-25 普通钢筋应变幅—循环次数曲线
（a）FL 组试验梁；（b）FM 组试验梁；（c）FH 组试验梁

与无腐蚀梁相似，普通钢筋与腐蚀钢绞线的最大应变与应变幅的发展规律也具有明显的三阶段特征：（1）疲劳荷载作用下初期的快速增长阶段，约占疲劳寿命的5%；（2）疲劳荷载作用中期保持一定速率增长的稳定发展阶段，占疲劳寿命的绝大部分，约 90%；（3）疲劳荷载作用后期突然增大的不稳定破坏阶段。

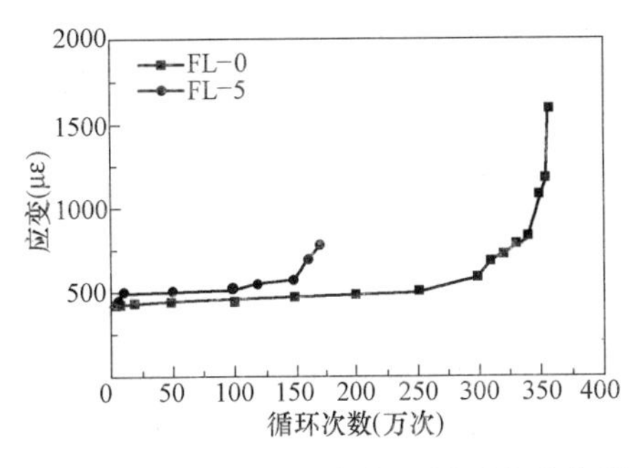

图 6-26　钢绞线最大应变—循环次数曲线

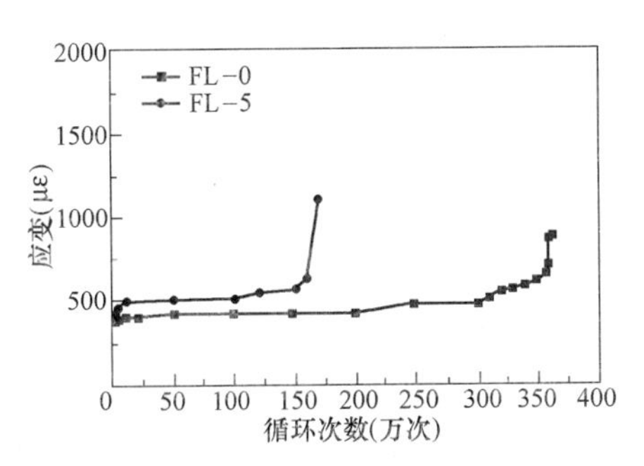

图 6-27　钢绞线应变幅—循环次数曲线

图 6-24 和图 6-25 为三组试验梁的普通钢筋最大应变与应变幅分别随荷载循环次数的发展曲线。多次循环荷载作用下，部分预应力混凝土梁内普通钢筋应力与第 1 次静载下的钢筋应力明显增大。普通钢筋应力的增量由两部分组成：一部分是由受拉区混凝土开裂引起的，另一部分是在多次重复荷载作用下产生的。受拉区混凝土开裂引起的钢筋应力增量，是由于受拉区出现裂缝，混凝土退出工作，梁截面抵抗矩降低而产生的。

图 6-26 和图 6-27 为部分钢绞线的最大应变与应变幅随荷载循环次数的发展曲线。由图可见，在荷载重复作用 20～30 万次以内，试验梁的钢绞线应力略有增加，此后，随着荷载逐渐增大，以致钢筋应力达到或超过钢筋疲劳强度时，随着重复荷载的增加，受拉区预应力钢筋中某一根钢筋首先疲断而退出工作，其余钢筋的应力急剧增加，出现明显的应力重分布现象。试验表明，经疲劳使用试验时钢筋最大应力的比值为 1.01～1.03。可见，只要钢筋应力尚未达到或接近钢筋疲劳强度时，在重复荷载作用下，钢筋应力是处于稳定状态的。由图还可以看出，对于带裂缝的预应力混凝土梁，由于预应力钢筋张拉控制应力的降低，疲劳最小应力减小，应力幅度增大。

6.4.4　受压区混凝土残余应变发展规律

混凝土在反复受压应力作用，内部结构的损伤不断增加，从外观上表现为残余变形的不断增长。混凝土的残余应变反映了混凝土的微塑性变形和微裂纹的不可恢复程度，在预应力混凝土梁的疲劳试验过程中，混凝土的累积残余应变同样遵循三阶段规律，体现了混凝土内部结构损伤不断累积的过程。因此，研究混凝土累积残余应变的发展规律是研究混凝土材料损伤的一个普遍且有效的手段。

图 6-28 为试验梁在疲劳荷载作用下的受压区边缘混凝土的累积残余应变随疲劳次数的发展曲线。可以看出，受压区混凝土的残余应变随最大应力水平和疲劳次数的增大而增大，其发展基本符合“三阶段”规律。在第一阶段，混凝土的残余应变发展较快，但随着疲劳次数的增加残余应变的增长速率逐渐减小；在第二阶段，混凝土的残余应变的增长趋于稳定，基本呈线性规律发展，其增长速率基本为一定值。在第三阶段，混凝土的残余应变迅速发展，这一规律与棱柱体轴心受压疲劳试验得到的规律一致。预应力混凝土梁在受拉区钢筋（普通钢筋或钢绞线）疲劳断裂后，受压区混凝土的累积残余应变由于截面内力重分布的影响显著增加，最终的残余应变可达到 450～500$\mu\varepsilon$。

表 6-7 为图 6-28 关于 $\lg\varepsilon_{cr}$ 和 $\lg N$ 的一元线性回归方程和各曲线的线性相关系数，线性相关系数保持在 0.92～1.0 之间，说明受压区混凝土的累积残余应变与疲劳次数之间较好地符合双对数线性关系。

等幅疲劳荷载下 $\lg\varepsilon_{cr}$-$\lg N$ 曲线一元线性回归方程　　**表 6-7**

试验梁编号	一元线性回归方程	线性相关系数	标准差
FL-0	$\lg\varepsilon_{cr}=0.5215\lg N-7.0319$	0.9345	0.1348
FL-5	$\lg\varepsilon_{cr}=0.5372\lg N-7.0268$	0.9751	0.0773
FL-10	$\lg\varepsilon_{cr}=0.5457\lg N-7.0183$	0.9542	0.0342
FM-0	$\lg\varepsilon_{cr}=0.5242\lg N-6.8605$	0.9414	0.0591
FM-5	$\lg\varepsilon_{cr}=0.5167\lg N-6.8484$	0.9642	0.0347
FM-10	$\lg\varepsilon_{cr}=0.5029\lg N-6.8242$	0.9201	0.2110
FH-0	$\lg\varepsilon_{cr}=0.5256\lg N-6.8169$	0.9882	0.0219
FH-5	$\lg\varepsilon_{cr}=0.515\lg N-6.7947$	0.9745	0.0353
FH-10	$\lg\varepsilon_{cr}=0.5007gN-6.8038$	0.9221	0.0621

姚明初考虑疲劳应力上限值 $\sigma_{c,max}Z$ 对累积残余应变的影响，建议采用以下表达形式表示残余应变：

$$\varepsilon_{cr}=\lg^{-1}(a\sigma_{max}-b)N^{t} \tag{6-10}$$

并根据试验结果进行多元线性回归分析，可以得到 $a=0.0338$，$b=-7.4399$，$t=0.5325$，线性相关系数为 0.901，标准差为 0.185。

Holmen 综合考虑了疲劳应力上下限 $\sigma_{c,max}$、$\sigma_{c,min}$ 对累积残余应变的影响，采用下式表达：

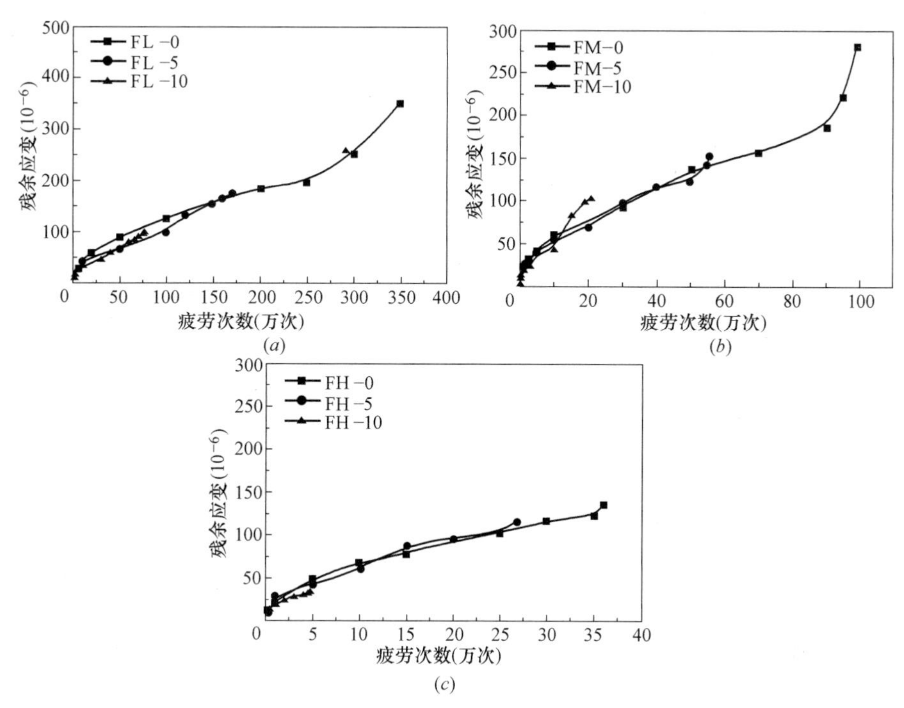

图 6-28　受压区边缘混凝土的累积残余应变发展曲线

(*a*) FL 组试验梁；(*b*) FM 组试验梁；(*c*) FH 组试验梁

$$\varepsilon_{cr}=\frac{f_c}{E_c}N^t\lg^{-1}(q\alpha_\Gamma-b) \tag{6-11}$$

其中 $\alpha_\Gamma=\frac{\sigma_{c,max}-\sigma_{c,min}}{f_c-\sigma_{c,min}}$，根据试验结果回归可得 $t=0.5382$，$q=2.2031$，$b=-4.6057$，线性相关系数为 0.895，标准差为 0.194。

此外，王瑞敏也采用（6-11）对混凝土轴心受压棱柱体试验资料和预应力混凝土受弯构件的试验资料进行整理分析。由于本文的疲劳荷载下限取值相同，因此混凝土对应的疲劳应力下限的影响较小，同时考虑钢绞线腐蚀对混凝土残余应变造成的一定影响，采用以下形式来描述残余应变：

$$\varepsilon_{cr}=\lg^{-1}(aS_{max}+b)N^{c+d\eta} \tag{6-12}$$

式中，S_{max}为混凝土的最大应力水平，等于混凝土最大疲劳应力 $\sigma_{c,max}$与轴心抗压强度 f_c的比值，η 为钢绞线平均腐蚀率。根据本文的试验数据进行多元线性回归分析，可得到系数 $a=1.279$，$b=-7.564$，$c=0.5225$，$d=-0.21$，相关系数为 0.893。

6.4.5　裂缝发展规律

图 6-29 为试验梁最大裂缝宽度随荷载循环作用次数的发展规律。从图中可以看出，试验梁的最大裂缝宽度随循环次数的增加同样表现出了“快速增长-稳定-不稳定”的三阶段增长规律。受钢绞线腐蚀影响，试验梁的初始最大裂缝宽度的增长十分显著，可达到未腐蚀时的几倍甚至几十倍，远远大于我国混凝土结构设计规范对预应力混凝土结构规定的裂缝限值。腐蚀对初始裂缝宽度的影响可以归结于预应力的损失，由于钢绞线腐蚀造成了混凝土的预压应力减小，从而导致试验梁受压区混凝土应变的增大与截面刚度的减小，因而裂缝宽度增大。

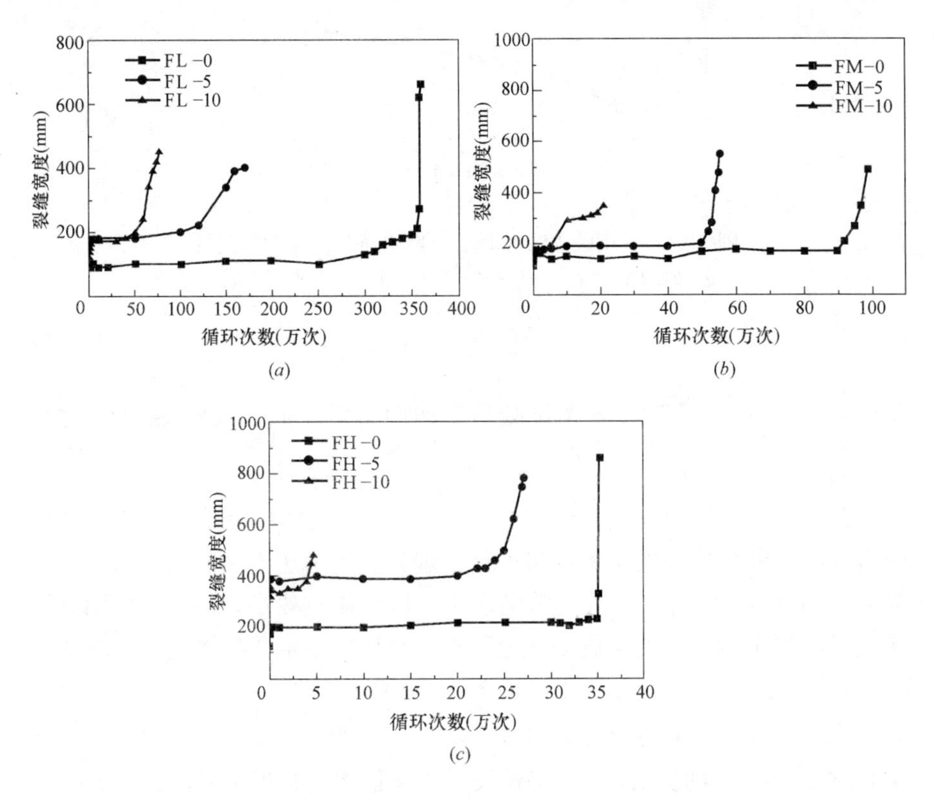

图 6-29　最大裂缝宽度发展曲线

(*a*) FL 组试验梁；(*b*) FM 组试验梁；(*c*) FH 组试验梁

6.4.6 疲劳寿命与疲劳强度

图 6-30 给出了荷载水平与疲劳寿命的关系。可以看出，同等腐蚀率下，荷载水平与疲劳寿命在双对数坐标系下近似呈线性关系。在最大应力水平 $S=0.4$ 的情况下，理论腐蚀率为 5%和 10%的试验梁的疲劳寿命比未腐蚀梁分别下降了 52.2%和 78.4%。根据图中的回归曲线可以计算出试验梁在一定应力水平下某一循环次数对应的疲劳强度，比较 $S=0.4$ 时，腐蚀率为 5%与 10%的试验梁在循环次数为 5 万次时的疲劳强度，与未腐蚀梁相比分别降低了 5%和 14%。这说明腐蚀不仅引起了试验梁疲劳寿命的降低，还导致其疲劳强度的减小，这主要归结于腐蚀钢绞线受力面积的削弱与局部坑蚀的产生。在应力水平较高时，腐蚀引起疲劳寿命与疲劳强度的衰减程度也较大。

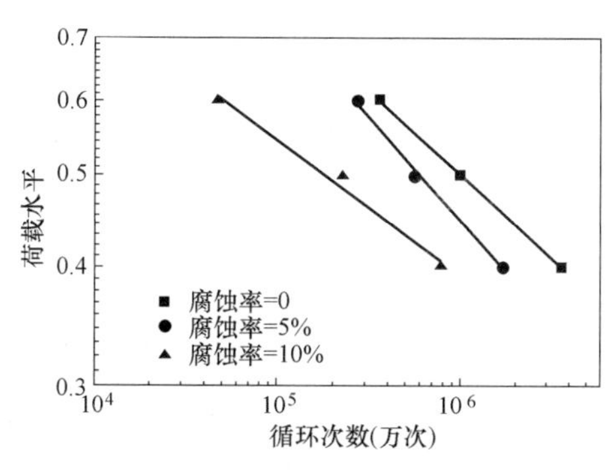

图 6-30 荷载水平与疲劳寿命的关系

6.5 疲劳损伤全过程分析

6.5.1 静载过程非线性受力分析

1. 基本假定

采用分级加应变法，以受压区混凝土的压应变为已知量，根据内力平衡条件对构件在单调加载过程中的材料与几何性质发生变化的各阶段进行计算分析。计算分析时首先作以下假定：

① 截面应变符合平截面假定；

② 钢绞线、钢筋与混凝土之间粘结良好，忽略钢绞线局部腐蚀对粘结性能的影响；

③ 混凝土受压的应力应变曲线采用混凝土结构设计规范的表达式，见式（6-1）；

④ 钢筋按理想弹塑性材料考虑，其应力应变曲线采用混凝土规范的表达式，见式（6-2）。

⑤ 腐蚀钢绞线的应力应变关系按本文中式（5-6）取用；

⑥ 不考虑混凝土的受拉作用。

2. 正截面受力过程分析

以预应力混凝土受弯构件普遍采用的 T 形截面为例（见图 6-31），根据截面内力平衡条件可统一表示为：

$$\int_0^{x_c}\sigma(y)b(y)dy=\sigma_s A_s+\Delta\sigma_{pc}A_{pc}-\sigma'_s A'_s+N_{p0} \tag{6-13}$$

式中，x_c为混凝土受压区边缘距中和轴的高度，σ（y）为混凝土在距中和轴高度为 y 处的混凝土应力，b（y）为距中和轴高度为 y 处的截面宽度，N_{p0}为预应力筋处混凝土应变为零时梁所受的全部预应力，可由开裂荷载的试验值确定，见表 6-3；σ_s为消压后受拉钢筋的应力，$\Delta\sigma_{pc}$为消压后腐蚀钢绞线的应力增量；σ'_s为消压后受压钢筋的应力。

由平截面假定可得：
$$\frac{\varepsilon_c}{x_c}=\frac{\varepsilon_s}{h_s-x_c}=\frac{\Delta\varepsilon_{pc}}{h_p-x_c}=\frac{\varepsilon'_s}{x_c-a'_s}=\frac{\varepsilon_{cf}}{x_c-h'_f} \tag{6-14}$$

其中，$\Delta\varepsilon_{pc}=\varepsilon_{pc}-(\varepsilon_{pec}+\varepsilon_{cec})=\varepsilon_{pc}-N_{p0}/(E_{pc}A_{pc})$；$\varepsilon_{pc}$为腐蚀钢绞线总应变；$\varepsilon_{cf}$为受压翼缘下端的混凝土压应变；$\varepsilon_{pec}$，$\varepsilon_{cec}$分别为由预加力产生的腐蚀钢绞线和混凝土受拉边缘的有效应变值；E_{pc}，A_{pc}分别为腐蚀钢绞线的弹性模量和截面面积。

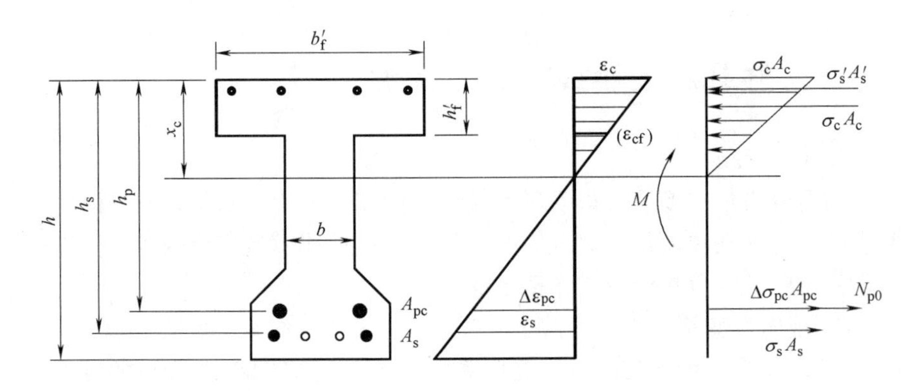

图 6-31　截面计算简图

应用方程组（6-15）（6-16）时应从预应力筋处混凝土应变为零时受压区混凝土边缘的应变值开始计算，可以通过静力平衡和受压区高度为h_p的条件求解此时的应变值ε_{c0}：

$$\int_0^{h_p}\sigma(y)b'_f dy-\int_0^{h_p-h'_f}\sigma(y)(b'_f-b)dy=\sigma_s A_s+\Delta\sigma_{pc}A_{pc}-\sigma'_s A'_s+N_{p0} \tag{6-15}$$

将式（6-1）（6-2）（5-6）代入（6-15）中，可得：

$$\int_0^{\varepsilon_c} f_c b'_f \frac{h_p}{\varepsilon_c}\left[1-\left(1-\frac{\varepsilon}{\varepsilon_0}\right)^2\right]d\varepsilon-\int_0^{\varepsilon_c\left(1-\frac{h'_f}{h_p}\right)} f_c(b'_f-b)\frac{h_p}{\varepsilon_c}\left[1-\left(1-\frac{\varepsilon}{\varepsilon_0}\right)^2\right]d\varepsilon$$
$$=\varepsilon_s E_s A_s+\Delta\varepsilon_p E_{pc}A_{pc}-\varepsilon'_s E'_s A'_s+N_{p0} \tag{6-16}$$

此时$\Delta\varepsilon_p=0$，因此（6-16）通过整理可转化关于ε_{c0}的一元二次方程：

$$A\varepsilon_{c0}{}^2+B\varepsilon_{c0}+C=0$$

$$A=\left[\frac{1}{3\varepsilon_0{}^2}f_c b'_f h_p-\frac{1}{3\varepsilon_0{}^2}f_c(b'_f-b)h_p\left(1-\frac{h'_f}{h_p}\right)^3\right]$$

$$B=-\varepsilon_{c0}\left[\frac{1}{\varepsilon_0}f_c b'_f h_p-\frac{1}{\varepsilon_0}f_c(b'_f-b)h_p\left(1-\frac{h'_f}{h_p}\right)^2-\frac{h_s-h_p}{h_p}E_s A_s+\frac{h_p-a'_s}{h_p}E'_s A'_s\right]$$

$$C=N_{p0}$$

$$\varepsilon_{c0}=\frac{-B\pm\sqrt{B^2-4AC}}{2A} \tag{6-17}$$

确定了应变值ε_{c0}，对混凝土压应变进行适当的分级增加，在这一过程中，梁的中和轴逐渐上移，受压区高度减小，混凝土、钢筋和钢绞线应力也随着增大，根据受压区截面高度和各种材料应力应变发展变化，可将梁的受力过程划分为以下几种情况：

（1）当$x_c>h'_f$，$\varepsilon_c\leqslant\varepsilon_0$，$\varepsilon_{cf}\leqslant\varepsilon_0$，$\varepsilon'_s\leqslant\frac{f'_y}{E_s}$，$\varepsilon_s\leqslant\frac{f_y}{E_s}$，$\varepsilon_{pc}\leqslant\frac{f_{pyc}}{E_{pc}}$时，

式（6-17）可表示为：

$A\varepsilon_c{}^3+B\varepsilon_c{}^2+C\varepsilon_c+D=0$

式中，

$$A=bf_c\left(\frac{\varepsilon_c}{\varepsilon_0}\right)\left[1-\frac{1}{3}\left(\frac{\varepsilon_c}{\varepsilon_0}\right)\right]$$

$$B=f_c h'_f(b'_f-b)\left[2\left(\frac{\varepsilon_c}{\varepsilon_0}\right)-\left(\frac{\varepsilon_c}{\varepsilon_0}\right)^2\right]+\varepsilon_c[E_{pc}A_{pc}+E_s A_s+E'_s A'_s]-N_{p0}$$

$$C=f_c h'^2_f(b'_f-b)\left[\left(\frac{\varepsilon_c}{\varepsilon_0}\right)^2-\left(\frac{\varepsilon_c}{\varepsilon_0}\right)\right]-\varepsilon_c[E_{pc}A_{pc}h_p+E_s A_s h_s+E'_s A'_s a'_s]$$

$D=-\frac{1}{3}f_c h_f'^3(b_f'-b)\left(\frac{\varepsilon_c}{\varepsilon_0}\right)^2$

$P=B^2-3AC$

$Q=BC-9AD$

$R=C^2-3BD$

$T=\frac{2PB-3AQ}{2\sqrt{P^3}}$

$\theta=\arccos T$

$$x_c=\frac{-B+\sqrt{P}\left(\cos\frac{\theta}{3}+\sqrt{3}\sin\frac{\theta}{3}\right)}{3A} \tag{6-18}$$

（2）当 $x_c>h_f'$，$\varepsilon_c\leqslant\varepsilon_0$，$\varepsilon_{cf}\leqslant\varepsilon_0$，$\varepsilon_s'\leqslant\frac{f_y'}{E_s}$，$\varepsilon_s>\frac{f_y}{E_s}$，$\varepsilon_{pc}\leqslant\frac{f_{pyc}}{E_{pc}}$时，式（6-17）可表示为：

$$A\varepsilon_c^3+B\varepsilon_c^2+C\varepsilon_c+D=0$$

式中，

$A=bf_c\left(\frac{\varepsilon_c}{\varepsilon_0}\right)\left[1-\frac{1}{3}\left(\frac{\varepsilon_c}{\varepsilon_0}\right)\right]$

$B=f_c h_f'(b_f'-b)\left[2\left(\frac{\varepsilon_c}{\varepsilon_0}\right)-\left(\frac{\varepsilon_c}{\varepsilon_0}\right)^2\right]+\varepsilon_c[E_{pc}A_{pc}+E_s'A_s']-f_yA_s-N_{p0}$

$C=f_c h_f'^2(b_f'-b)\left[\left(\frac{\varepsilon_c}{\varepsilon_0}\right)^2-\left(\frac{\varepsilon_c}{\varepsilon_0}\right)\right]-\varepsilon_c[E_{pc}A_{pc}h_p+E_s'A_s'a_s']$

$D=-\frac{1}{3}f_c h_f'^3(b_f'-b)\left(\frac{\varepsilon_c}{\varepsilon_0}\right)^2$

$P=B^2-3AC$

$Q=BC-9AD$

$R=C^2-3BD$

$T=\frac{2PB-3AQ}{2\sqrt{P^3}}$

$\theta=\arccos T$

$$x_c=\frac{-B+\sqrt{P}\left(\cos\frac{\theta}{3}+\sqrt{3}\sin\frac{\theta}{3}\right)}{3A} \tag{6-19}$$

（3）当 $x_c>h_f'$，$\varepsilon_c\leqslant\varepsilon_0$，$\varepsilon_{cf}\leqslant\varepsilon_0$，$\varepsilon_s'\leqslant\frac{f_y'}{E_s}$，$\varepsilon_s>\frac{f_y}{E_s}$，$\varepsilon_{pc}>\frac{f_{pyc}}{E_{pc}}$时，式（6-17）可表示为：

$A\varepsilon_c^3+B\varepsilon_c^2+C\varepsilon_c+D=0$

式中，

$$A=bf_c\left(\frac{\varepsilon_c}{\varepsilon_0}\right)\left[1-\frac{1}{3}\left(\frac{\varepsilon_c}{\varepsilon_0}\right)\right]$$

$$B=f_ch'_f(b'_f-b)\left[2\left(\frac{\varepsilon_c}{\varepsilon_0}\right)-\left(\frac{\varepsilon_c}{\varepsilon_0}\right)^2\right]+E'_{pc}\varepsilon_cA_{pc}+E'_p\varepsilon'_{py}A_p-f_{py}A_p-f_yA_s+E'_s\varepsilon_cA'_s-N_{p0}$$

$$C=f_ch'^2_f(b'_f-b)\left[\left(\frac{\varepsilon_c}{\varepsilon_0}\right)^2-\left(\frac{\varepsilon_c}{\varepsilon_0}\right)\right]-\varepsilon_c[E_{pc}A_{pc}h_p+E'_sA'_sa'_s]$$

$$D=-\frac{1}{3}f_ch'^3_f(b'_f-b)\left(\frac{\varepsilon_c}{\varepsilon_0}\right)^2$$

$$P=B^2-3AC$$

$$Q=BC-9AD$$

$$R=C^2-3BD$$

$$Y_1=PB+3A\left(\frac{-Q+\sqrt{Q^2-4PR}}{2}\right)$$

$$Y_2=PB+3A\left(\frac{-Q-\sqrt{Q^2-4PR}}{2}\right)$$

$$x_c=\frac{-B-\sqrt[3]{Y_1}-\sqrt[3]{Y_2}}{3A} \tag{6-20}$$

(4) 当 $x_c>h'_f$，$\varepsilon_c>\varepsilon_0$，$\varepsilon_{cf}\leqslant\varepsilon_0$，$\varepsilon'_s\leqslant\frac{f'_y}{E_s}$，$\varepsilon_s>\frac{f_y}{E_s}$，$\varepsilon_{pc}>\frac{f_{pyc}}{E_{pc}}$时，

式（6-17）可表示为：

$A\varepsilon_c^3+B\varepsilon_c^2+C\varepsilon_c+D=0$

式中，

$$A=b'_ff_c\left[1-\frac{1}{3}\left(\frac{\varepsilon_0}{\varepsilon_c}\right)\right]-(b'_f-b)f_c\left(\frac{\varepsilon_c}{\varepsilon_0}\right)\left[1-\frac{1}{3}\left(\frac{\varepsilon_c}{\varepsilon_0}\right)\right]$$

$$B=f_ch'_f(b'_f-b)\left[2\left(\frac{\varepsilon_c}{\varepsilon_0}\right)-\left(\frac{\varepsilon_c}{\varepsilon_0}\right)^2\right]+E'_{pc}\varepsilon_cA_{pc}+E'_{pc}\varepsilon'_{pyc}A_p-f_{pyc}A_{pc}-f_yA_s+E'_s\varepsilon_cA'_s-N_{p0}$$

$$C=f_ch'^2_f(b'_f-b)\left[\left(\frac{\varepsilon_c}{\varepsilon_0}\right)^2-\left(\frac{\varepsilon_c}{\varepsilon_0}\right)\right]-\varepsilon_c[E_{pc}A_{pc}h_p+E'_sA'_sa'_s]$$

$$D=-\frac{1}{3}f_ch'^3_f(b'_f-b)\left(\frac{\varepsilon_c}{\varepsilon_0}\right)^2$$

$$P=B^2-3AC$$

$Q=BC-9AD$

$R=C^2-3BD$

$$Y_1=PB+3A\left(\frac{-Q+\sqrt{Q^2-4PR}}{2}\right)$$

$$Y_2=PB+3A\left(\frac{-Q-\sqrt{Q^2-4PR}}{2}\right)$$

$$x_c=\frac{-B-\sqrt[3]{Y_1}-\sqrt[3]{Y_2}}{3A} \tag{6-21}$$

（5）当 $x_c\leqslant h_f'$，$\varepsilon_c>\varepsilon_0$，$\varepsilon_{cf}\leqslant\varepsilon_0$，$\varepsilon_s'\leqslant\frac{f_y'}{E_s}$，$\varepsilon_s>\frac{f_y}{E_s}$，$\varepsilon_{pc}>\frac{f_{pyc}}{E_{pc}}$时，式（6-17）可表示为：

$A\varepsilon_c{}^2+B\varepsilon_c+C=0$

式中，

$$A=b_f'f_c\left[1-\frac{1}{3}\left(\frac{\varepsilon_0}{\varepsilon_c}\right)\right]$$

$B=E_{pc}'\varepsilon_cA_{pc}+E_{pc}'\varepsilon_{pyc}'A_{pc}-f_{pyc}A_{pc}-f_yA_s+E_s'\varepsilon_cA_s'-N_{p0}$

$C=-\varepsilon_c[E_{pc}'A_{pc}h_p+E_s'A_s'a_s']$

$$x_c=\frac{-B+\sqrt{B^2-4AC}}{2A} \tag{6-22}$$

根据以上的各种情况，求出混凝土受压区高度后，分别求出 ε_s，ε_s'，ε_{pc}的值，根据以下公式分别求出梁的挠度和荷载值，然后绘制曲线。

$$f=\alpha\phi l^2=\alpha\left(\frac{\varepsilon_c+\varepsilon_s}{h_s}\right)^{-1}l^2 \tag{6-23}$$

$$\begin{aligned}M=&\int_0^{x_c}\sigma(y)b(y)ydy+\sigma_sA_s(h_s-x_c)+\Delta\sigma_{pc}A_{pc}(h_p-x_c)+\sigma'_sA'_s\\&(x_c-a'_s)+N_{p0}(h_p-x_c)\\=&\int_0^{\varepsilon_c}\frac{x_c}{\varepsilon_c}\sigma(\varepsilon)b'_f\varepsilon d\varepsilon-\int_0^{\varepsilon_c\left(1-\frac{x_c}{h_p}\right)}\frac{x_c}{\varepsilon_c}(b'_f-b)\sigma(\varepsilon)\varepsilon d\varepsilon\\&+E_s\varepsilon_sA_s(h_s-x_c)+E_{pc}\varepsilon_{pc}A_{pc}(h_p-x_c)+E_s\varepsilon'_sA'_s(x_c-a'_s)+N_{p0}(h_p-x_c)\end{aligned} \tag{6-24}$$

式中：ϕ—截面曲率；f—梁的计算挠度；M—梁的正截面弯矩。

3. 计算结果分析

根据本章静载试验梁 S1～S4 的参数，绘制了荷载-挠度计算曲线与荷载-普通钢筋应力计算曲线，并给出了相应的试验曲线进行对比，结果较吻合，见图 6-32 和图 6-33。

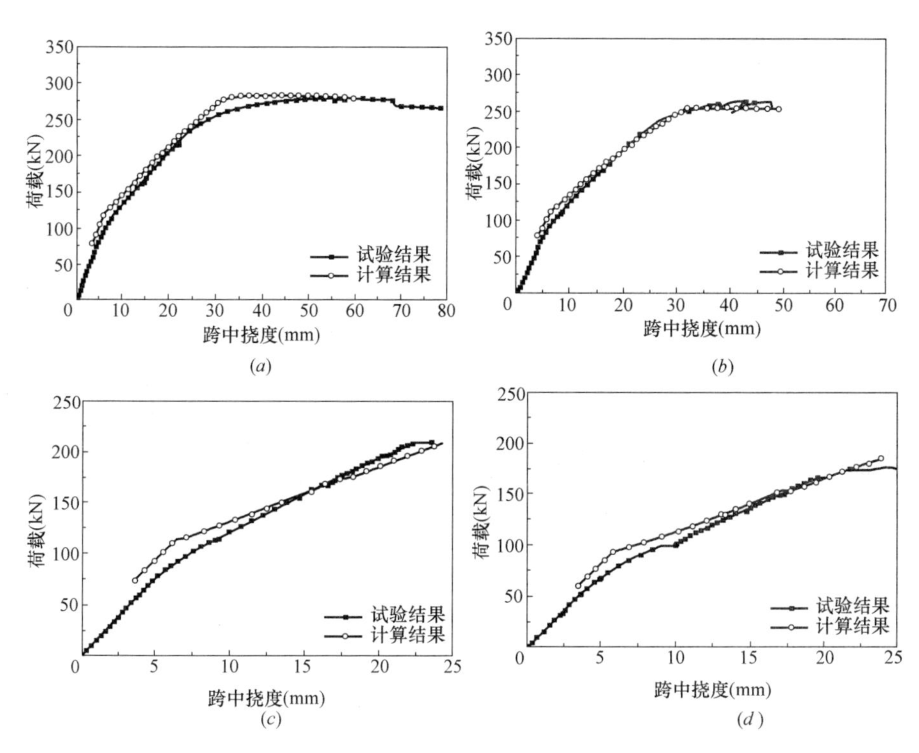

图 6-32 梁 S1～S4 的荷载-挠度计算与试验曲线

(*a*) 梁 S1；(*b*) 梁 S2；(*c*) 梁 S3；(*d*) 梁 S4

将计算所得到的屈服荷载、极限荷载以及相对应的位移、位移延性系数与实测值的比较列于表 6-8 中。经比较可以看出，试验梁极限荷载与极限挠度的计算值与试验值吻合良好，这是因为试验梁首先发生破坏的材料类型与试验结果相同，由材料破坏引起的计算极限状态与实际符合。

静载梁的计算结果与试验结果对比 **表 6-8**

梁号	P_y(kN)		P_u(kN)		f_y(mm)		f_u(mm)		Δ		首先破坏的材料	
	计算	试验	计算	试验	计算	试验	计算	试验	计算	试验	计算	试验
S1	279.9	237.6	278	279.2	33.5	25.05	59.7	61.59	1.78	2.46	混凝土	混凝土
S2	256	222.9	245	262.7	31.8	24.70	48.9	41.64	1.54	1.69	钢绞线	钢绞线
S3	207.7	209.9	207.7	209.9	24.3	22.46	24.3	22.46	1	1	钢绞线	钢绞线
S4	185.1	175.2	185.1	175.2	23.9	22.09	23.9	22.09	1	1	钢绞线	钢绞线

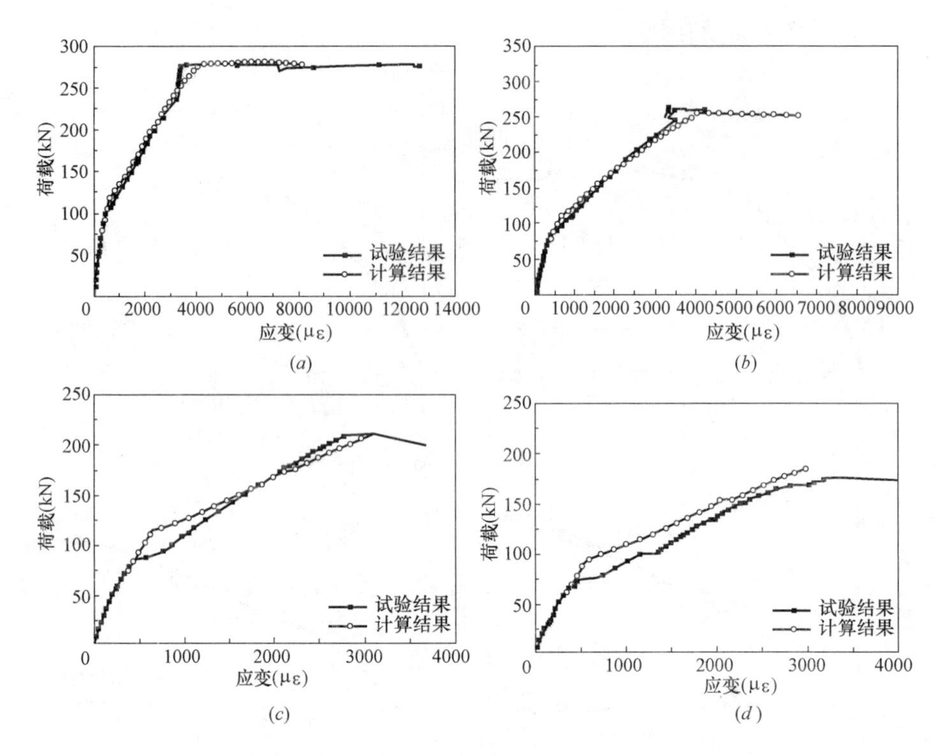

图 6-33　梁 S1～S4 的荷载-钢筋应变计算与试验曲线

(*a*) 梁 S1；(*b*) 梁 S2；(*c*) 梁 S3；(*d*) 梁 S4

6.5.2　材料的疲劳本构模型

1. 混凝土

混凝土弹性模量的退化是混凝土损伤的重要衡量指标，与混凝土材料的特性、疲劳应力水平及加载次数有关。大量疲劳试验的结果表明，塑性流动、微裂缝和微孔洞的发展致使混凝土材料行为呈非线性。塑性流动是分子沿滑移面位错的结果，它能导致永久变形；微裂缝破坏了材料分子间的结合力，影响了材料的弹性性能，同时也导致了永久变形。图 6-34 所示的混凝土在疲劳荷载下的循环应力-应变特性显示了材料损伤的演变过程，其中，E_s^0 为混凝土初始割线模量；E_s^{np} 为不考虑塑性流动和微裂缝损伤的疲劳失效时的切线模量；E_s^n 为考虑塑性流动和微裂缝损伤的疲劳失效时的割线模量。本文采用考虑混凝土塑性损伤的疲劳割线模量。E_s^n 作为混凝土的损伤参量。

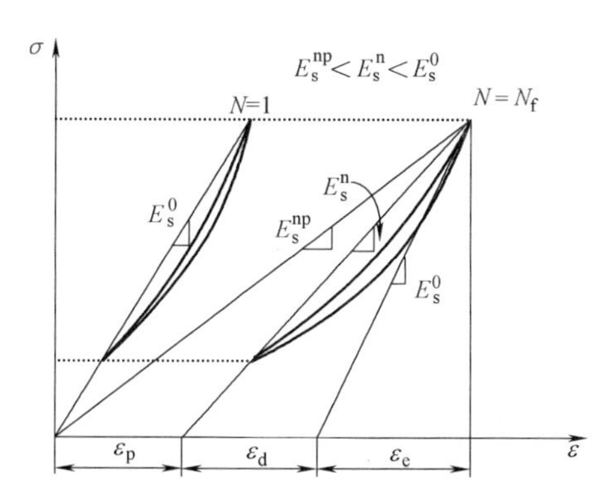

图 6-34 混凝土循环应力-应变特性分析

王时越等人根据混凝土在单轴受压下的等幅疲劳试验得到了混凝土的疲劳割线模量随循环次数增加而迅速衰减、稳定降低和急剧降低的三阶段变化规律，并指出各阶段占总寿命的比例，其中第二阶段所占比例最大，约占总寿命的 80%，其他两个阶段约各占 10%。Holman 指出可近似按线性退化来计算混凝土疲劳弹性模量：

$$E_c(n)=(1-0.33n/N)E_c \tag{6-25}$$

式（6-25）忽略了混凝土弹性模量三阶段衰减速率的差异，未考虑应力水平对混凝土弹性模量的影响，在混凝土最大应力水平相差较大时存在显著的误差。宋玉普对不同应力比下的混凝土进行单轴受压等幅循环荷载疲劳试验，得到了混凝土弹性模量与寿命和最大应力水平之间的关系：

$$\frac{E_c(n)}{E_c}=(9.0898S_{max}-8.3375)\left(\frac{n}{N}\right)^3-(16.486S_{max}-15.053)\left(\frac{n}{N}\right)^2+$$

$$(8.6682S_{max}-8.0685)\left(\frac{n}{N}\right)-0.4424S_{max}+1.0923 \tag{6-26}$$

式中，E_c（n）——n 次等幅荷载循环的混凝土割线弹性模量；

E_c——混凝土初始弹性模量；

S_{max}——疲劳最大应力水平，即 $S_{max}=\sigma_{max}/f_c$；

N——混凝土应力水平为 S_{max}时的疲劳寿命。

混凝土的疲劳寿命 N 可通过混凝土疲劳试验得到的 S-N 曲线方程确定，在无可靠试验数据的情况下，可采用 Aas-Jakobsen 提出的混凝土疲劳寿命公式，表达式如下：

$$S_{c,max}=1-\beta(1-R)\lg N \tag{6-27}$$

式中，$R=\sigma_{c,min}/\sigma_{c,max}$，$\beta=0.064$。

图 6-35 表示混凝土受压应力应变关系曲线，采用混凝土规范建议的模型，在混凝土应变达到 ε_0 以后，混凝土应力为 f_c。在疲劳试验中，由

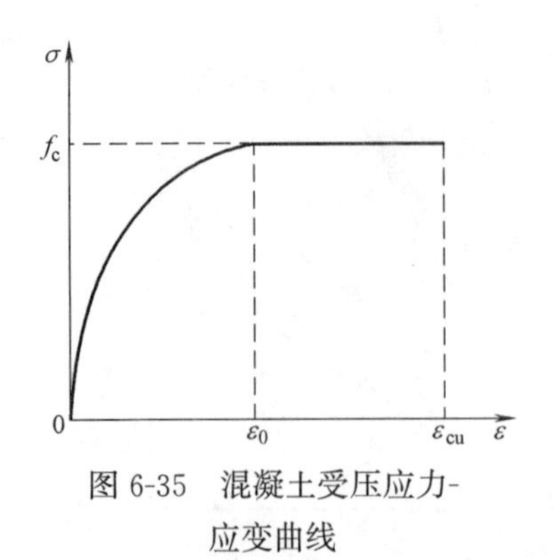

图 6-35　混凝土受压应力-应变曲线

于疲劳荷载远小于极限荷载，试件发生破坏时的混凝土顶部压应变一般达不到 ε_0（如本文试件发生疲劳破坏时的混凝土最大顶部压应变约为 0.0014），因此，混凝土顶部压应变始终位于曲线上升段。疲劳过程中可仅考虑受压混凝土的上升段曲线。

因此混凝土受压疲劳本构模型可采用朱劲松等人根据混凝土单轴受压疲劳试验建立的第 n 次荷载循环作用后的上升段的等效抗压本构关系：

$$\sigma_c(n)=E_c(n)[\varepsilon_c(n)-\varepsilon_{cr}(n-1)],\varepsilon_c(n)\leqslant\varepsilon_0 \tag{6-28}$$

式中，$\varepsilon_c(n)$——第 n 次荷载循环作用下的混凝土压应变；

$\varepsilon_{cr}(n-1)$——第 $n-1$ 次荷载循环作用卸载后的混凝土残余压应变；

$E_c(n)$——第 n 次荷载循环作用的混凝土抗压疲劳割线模量，按式 (6-26) 计算；

2. 钢筋

钢筋（包括普通钢筋与钢绞线）的疲劳断裂过程可看作是钢筋疲劳剩余强度不断衰减的过程，当钢筋疲劳剩余强度达到钢筋有效应力时钢筋发生疲劳断裂，其破坏准则如下：

$$\widetilde{\sigma}(n)\leqslant\sigma_{max}^f(N) \tag{6-29}$$

假定钢筋在 N 次等幅循环应力作用后发生了疲劳断裂。按照应变等效原则可得：

$$A^f(N)=\sigma_{max}^f(N)A/f \tag{6-30}$$

式中，　A——分别为钢筋的初始截面积；

$A^f(N)$——N 次循环加载后的钢筋有效截面积；

f——钢筋的屈服强度；

$\sigma_{max}^f(N)$——N 次循环加载的钢筋应力上限。

假定等幅荷载作用下钢筋有效面积的减小遵循 Miner 线性损伤准则，则在等幅加载 n 次后钢筋的有效面积可表示为：

$$A(n)=A\left[1-\frac{n}{N}\left(1-\frac{\sigma_{max}^f(N)}{f}\right)\right] \tag{6-31}$$

钢筋在 n 次等幅加载后的损伤量为：

$$D(n)=1-\frac{A(n)}{A}=\frac{n}{N}\left(1-\frac{\sigma_{\max}^{\mathrm{f}}(N)}{f}\right) \tag{6-32}$$

则 n 次等幅加载损伤后钢筋的有效应力 $\widetilde{\sigma}(n)$ 为：

$$\widetilde{\sigma}(n)=\frac{\sigma(n)}{1-D(n)}=\frac{\sigma(n)}{1-\frac{n}{N}\left(1-\frac{\sigma_{\max}^{\mathrm{f}}(N)}{f}\right)} \tag{6-33}$$

若定义 $f(n)$ 为 n 次等幅加载后的钢筋剩余强度，则联立（6-29）、（6-30）可得：

$$\sigma(n)\leqslant f(n)=\sigma_{\max}^{\mathrm{f}}(N)\left[1-\frac{n}{N}\left(1-\frac{\sigma_{\max}^{\mathrm{f}}(N)}{f}\right)\right] \tag{6-34}$$

若假定钢筋在变幅循环应力作用下的损伤符合分段线性损伤累积规律，则钢筋的总损伤可表示为：

$$D(n)=1-\prod_{i=1}^{n}\left\{1-\frac{n_i}{N_i}\left(1-\frac{\sigma_{\max}^{\mathrm{f}}(N_i)}{f}\right)\right\} \tag{6-35}$$

式中，n_i——第 i 级荷载的循环作用次数；

$\sigma_{\max}^{\mathrm{f}}(N_i)$——第 i 级荷载下的钢筋应力上限；

N_i——第 i 级荷载的疲劳寿命，可根据材料的 S-N 查得。

将式（6-32）代入（6-31）可得，钢筋在变幅循环应力作用下的疲劳剩余强度。在本文中，若分别以 $f_{\mathrm{y}}(n)$、$f_{\mathrm{pyc}}(n)$ 表示普通钢筋与腐蚀钢绞线的疲劳剩余强度，则可分别表示为：

普通钢筋
$$f_{\mathrm{y}}(n)=\sigma_{\mathrm{s,max}}^{\mathrm{f}}(N)\left[1-\prod_{i=1}^{n}\left\{1-\frac{n_i}{N_i}\left(1-\frac{\sigma_{\mathrm{s,max}}^{\mathrm{f}}(N_i)}{f_{\mathrm{y}}}\right)\right\}\right] \tag{6-36a}$$

腐蚀钢绞线
$$f_{\mathrm{pyc}}(N)=\sigma_{\mathrm{pc,max}}^{\mathrm{f}}(N)\left[1-\prod_{i=1}^{n}\left\{1-\frac{n_i}{N_i}\left(1-\frac{\sigma_{\mathrm{pc,max}}^{\mathrm{f}}(N_i)}{f_{\mathrm{pyc}}}\right)\right\}\right] \tag{6-36b}$$

式中，f_{y}——普通钢筋的屈服强度

f_{pyc}——腐蚀钢绞线的屈服强度；

$\sigma_{\mathrm{s,max}}^{\mathrm{f}}(N_i)$——第 i 级荷载下钢筋的疲劳应力上限；

$\sigma_{\mathrm{pc,max}}^{\mathrm{f}}(N_i)$——第 i 级荷载下腐蚀钢绞线的疲劳应力上限。

普通钢筋的疲劳寿命可根据张建玲建议的普通钢筋的 S-N 曲线公式预测：

$$\lg N=17.614-4.746\lg\Delta\sigma_{\mathrm{s}} \tag{6-37a}$$

式中，$\Delta\sigma_{\mathrm{s}}$—钢筋疲劳应力幅，$\Delta\sigma_{\mathrm{s}}=\sigma_{\mathrm{s,max}}-\sigma_{\mathrm{s,min}}$。

腐蚀钢绞线的疲劳寿命可根据本文第5章试验得到 S-N 曲线公式预测：

$$\lg N=(10.226+0.33\eta)-(1.7465+4.3284\eta)\lg\Delta\sigma_{pc} \tag{6-37b}$$

式中，$\Delta\sigma_{pc}$—腐蚀钢绞线的疲劳应力幅，$\Delta\sigma_{pc}=\sigma_{pc,max}-\sigma_{pc,min}$。

观察本文疲劳试验中的钢筋应变可以发现，钢筋在疲劳荷载作用的大部分时间都处于弹性阶段，因此可以假定钢筋弹性模量在整个疲劳过程保持不变，则普通钢筋与腐蚀钢绞线的疲劳本构模型可分别表示为第 n 次荷载循环作用后普通钢筋与腐蚀钢绞线在弹性阶段的等效本构关系：

$$\text{普通钢筋}\qquad \sigma_s(n)=E_s\varepsilon_s(n) \tag{6-38a}$$

$$\text{腐蚀钢绞线}\qquad \sigma_{pc}(n)=E_{pc}\varepsilon_{pc}(n) \tag{6-38b}$$

6.5.3 材料疲劳破坏准则

1. 混凝土

混凝土是一种不均匀材料，存在内部缺陷，当反复应力作用时会产生残余应变，引起弹性模量等材料性能的退化。根据宋玉普等人的研究成果表明，混凝土在等幅重复应力下的疲劳残余应变达到0.4倍极限应变时，混凝土的材料性能已严重退化。为了便于实际设计分析，认为混凝土在疲劳荷载下的失效准则为：

$$\varepsilon_{cr}\geqslant 0.4\frac{f_c}{E_c} \tag{6-39}$$

2. 钢筋

钢筋的疲劳破坏以脆性断裂作为标志，以钢筋的有效应力幅是否超过疲劳破坏的允许应力幅作为失效准则，见式（6-29）。若采用剩余强度，则失效准则可表示为：

$$\text{普通钢筋}\qquad \sigma_y(n)\leqslant f_y(n) \tag{6-40a}$$

$$\text{腐蚀钢绞线}\qquad \sigma_{pc}(n)\leqslant f_{pyc}(n) \tag{6-40b}$$

式中，f_y（n）、f_{pyc}（n）分别按式（6-36a）、（6-36b）计算。

6.5.4 疲劳过程非线性分析流程

1. 基本假定

预应力混凝土构件的疲劳损伤也是一个非线性过程，采用分级线性方法，以循环次数为步长增量，采用不同的循环步长实现非线性的损伤过程。每步长内采用与静载相似的分级加应变法，以跨中截面受压区边缘混凝土的压应变为已知量，根据平截面假定和截面内力平衡条件对梁进行线弹性分析，每级加载后考虑各组成材料的疲劳刚度和疲劳剩余强度的退化，对下级加载进行判定和修正，然后再按线弹性方法进行分析，从而达到非线性分析的目的。根据预应力混凝土梁的疲劳特点，一般在 10 万次循环内疲劳损伤发展较快，可选择较小的步长（$\Delta N=5000\sim10000$）10 万次循环后可采用较大步长（$\Delta N=50000\sim100000$），应力水平 S 高的取值可采用前者，S 低的取值可采用后者，视具体情况而定。

本文的试验研究结果表明，钢绞线的局部腐蚀对部分预应力混凝土梁的钢绞线与混凝土之间的粘结性能影响不大，在腐蚀段两端锚固可靠的情况下，腐蚀钢绞线预应力混凝土梁界面上的应变分布仍符合平截面假定。因此，腐蚀钢绞线预应力混凝土梁的正截面疲劳验算仍可遵循未腐蚀预应力混凝土梁的计算模型。

参照混凝土规范在进行受弯构件正截面疲劳验算时给出的基本假定，结合本文的试验结果分析，本文提出腐蚀钢绞线预应力混凝土梁疲劳过程非线性分析的基本假定如下：

① 钢绞线局部腐蚀后的梁的截面应变仍符合平截面假定；

② 受压区混凝土的法向应力图形采用三角形分布；

③ 不考虑受拉区混凝土的抗拉强度，拉力全部由纵向钢筋承受；

④ 采用分段线性方法进行分析，每一增量步长中截面几何特征和材料的本构关系保持不变；

⑤ 分别采用式（6-28）、（6-38a）和（6-38b）作为混凝土、普通钢筋和腐蚀钢绞线的疲劳本构模型。

2. 计算过程

实际工程中经受疲劳荷载的部分预应力混凝土梁，在使用荷载下，梁的正截面下边缘可能处于波动拉-压状态。因此，本文以本次试验的 T 形截面梁为原型，分别以计算截面处于消压前（$M^{\mathrm{f}}_{\mathrm{min}}<M_0$）和处于消压后（$M^{\mathrm{f}}_{\mathrm{max}}>M_0$ 或 $M^{\mathrm{f}}_{\mathrm{min}}>M_0$）两种情况进行了正截面应力计算，采用上节静载分析的分级加应变法，以截面受压区混凝土的压应变为自变量，以截面的受压区截面的高度、钢筋的应变为未知量，分别加应变至对应的最大、最小弯矩 $M^{\mathrm{f}}_{\mathrm{max}}$、$M^{\mathrm{f}}_{\mathrm{min}}$ 后求出混凝土的疲劳弹性模量和钢筋的剩余强度，然后根据判定准则判别，若不满足判定标准则转入下级运算，直到符合判别要求后求出构件的寿命。

考虑本节所建议的方法编制等幅疲劳荷载作用下钢绞线腐蚀部分预应力混凝土梁疲劳非线性损伤过程分析及寿命预测的程序，其流程图见图 6-38，并利用该程序对 FL 和 FH 两组梁进行计算分析。

（1）$M_{max}^{f}>M_0$ 或 $M_{min}^{f}>M_0$

由平截面假定，根据变形协调条件可以得到：

$$\frac{\varepsilon_c}{x_c}=\frac{\varepsilon_s}{h_s-x_c}=\frac{\Delta\varepsilon_{pc}}{h_p-x_c}=\frac{\varepsilon_s'}{x_c-a_s'} \tag{6-41}$$

其中，$\Delta\varepsilon_{pc}$ 为腐蚀钢绞线的应变增量，计算与式（6-14）相同。

开裂后正截面的计算简图如图 6-36 所示，根据力的平衡条件可以得到：

$$\int_0^{x_c}\sigma_c(x)b(x)dx=\sigma_s A_s+\Delta\sigma_{pc}A_{pc}-\sigma'_s A'_s+N_{p0} \tag{6-42}$$

将式（6-28）、（6-38a）和（6-38b）代入（6-42），可得：

$$\frac{1}{2}E_c(n)\frac{\varepsilon_c(n)-\varepsilon_{cr}(n-1)}{x_c(n)}\left[b_f'x_c(n)^2-(b_f'-b)[x_c(n)-h_f']^2\right]$$

$$=E_sA_s\varepsilon_s(n)+E_{pc}A_{pc}\Delta\varepsilon_{pc}(n)-E_s'A_s'\varepsilon_s'(n)+N_{p0} \tag{6-43}$$

联立（6-41）和（6-43），可得到 x_c（n）关于 ε_c（n）的二元一次方程，整理得：

$$Ax_c(n)^2+Bx_c(n)+C=0 \tag{6-44}$$

式中，$A=\frac{1}{2}E_c(n)b[\varepsilon_c(n)-\varepsilon_{cr}(n-1)]+E_sA_s\varepsilon_c(n)+E_{pc}A_{pc}\varepsilon_c(n)+E_s'A_s'\varepsilon_c(n)$

$$B=-\left[E_sA_s\varepsilon_c(n)h_s+E_{pc}A_{pc}\varepsilon_c(n)h_p+E_s'A_s'\varepsilon_c(n)a_s'+\frac{1}{2}E_c(n)(b_f'-b)\right.$$

$$\left.[\varepsilon_c(n)-\varepsilon_{cr}(n-1)]h_f'^2\right]$$

$$C=E_c(n)(b_f'-b)[\varepsilon_c(n)-\varepsilon_{cr}(n-1)]h_f'-N_{p0}$$

由力矩平衡可知：

$$M=\int_{-(h_p-x)}^{x_c(n)}\sigma_c(x)b(x)xdx+\sigma_sA_s(h_s-h_p)+\sigma'_sA'_s(h_p-a'_s)$$

$$=\frac{1}{3}E_c(n)\frac{\varepsilon_c(n)-\varepsilon_{cr}(n-1)}{x_c(n)}\left[b_f'x_c(n)^3-(b_f'-b)[x_c(n)-h_f']^3\right]$$

$$+E_sA_s\frac{\varepsilon_c(n)[h_s-x_c(n)]}{x_c(n)}(h_s-h_p)+E_s'A_s'\frac{\varepsilon_c(n)[x_c(n)-a_s']}{x_c(n)}(h_p-a_s') \tag{6-45}$$

（2）$M_{min}^{f}<M_0$（计算截面下边缘处于受压状态，按未开裂截面进行

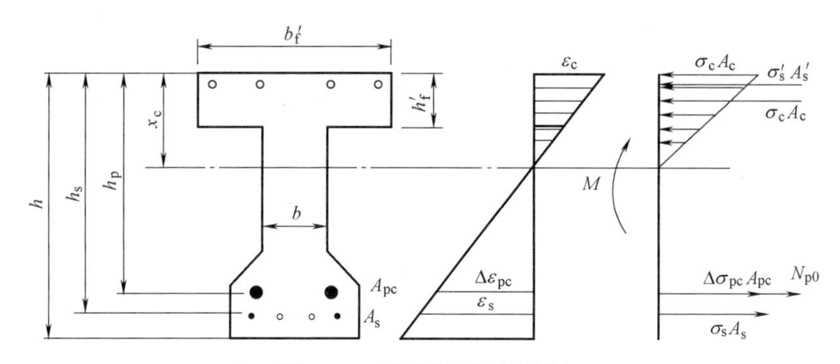

图 6-36　开裂截面计算简图

计算）

未开裂正截面的计算简图如图 6-37 所示，由平截面假定，根据变形协调条件可以得到：

$$\frac{\varepsilon_c}{x_c}=\frac{\varepsilon_s}{h_s+x_c}=\frac{\Delta\varepsilon_{pc}}{h_p+x_c}=\frac{\varepsilon_s'}{x_c+a_s'} \tag{6-46}$$

根据力的平衡条件可以得到：

$$\int_{h_p}^{x_c+h_p}\sigma_c(x)b(x)dx+\sigma_s A_s+\Delta\sigma_{pc}A_{pc}+\sigma'_s A'_s=N_{p0} \tag{6-47}$$

将式（6-28)、(6-38a）和（6-38b）代入（6-47)，可得：

$$E_c(n)[\varepsilon_c(n)-\varepsilon_{cr}(n-1)]\left(\frac{S_c(n)}{x_c(n)}+A_c(n)\right)+E_s A_s\varepsilon_s(n)+$$

$$E_{pc}A_{pc}\Delta\varepsilon_{pc}(n)-E_s'A_s'\varepsilon_s'(n)=N_{p0} \tag{6-48}$$

式中，$A_c(n)$ 为 n 次循环后受压混凝土的净截面面积，$S_c(n)$ 为 A_c（n）为 n 次循环后受压混凝土截面距梁受压翼缘的面积矩，$x_c(n)$ 为 n 次循环后的混凝土受压区高度，取中和轴在梁受压翼缘以上为正，N_{p0} 为预应力筋处混凝土应变为零时梁所受的全部预应力。

联立（6-46）和（6-48)，可得到 $x_c(n)$ 关于 $\varepsilon_c(n)$ 的一次方程，整理得：

$$x_c(n)=\frac{E_s A_s h_s\varepsilon_c(n)+E_{pc}A_{pc}h_p\varepsilon_c(n)+E_s'A_s'a_s'\varepsilon_c(n)-E_c S_c(n)[\varepsilon_c(n)-\varepsilon_{cr}(n-1)]}{N_{p0}-E_c A_c(n)[\varepsilon_c(n)-\varepsilon_{cr}(n-1)]-E_s A_s\varepsilon_c(n)-E_{pc}A_{pc}\varepsilon_c(n)-E_s'A_s'\varepsilon_c(n)} \tag{6-49}$$

由力矩平衡可知：

$$M=N_{p0}[h_p+x_c(n)]-\int_{h_p}^{h_p+x_c(n)}\sigma_c(x)b(x)xdx$$

$$-\sigma_s(n)A_s[h_s+x_c(n)]-\Delta\sigma_{pc}(n)A_{pc}[h_p+x_c(n)]$$

$$
\begin{aligned}
&-\sigma'_{s}(n)A'_{s}[a'_{s}+x_{c}(n)]\\
=&N_{p0}[h_{p}+x_{c}(n)]-E_{c}(n)[\varepsilon_{c}(n)-\varepsilon_{cr}(n-1)]\\
&\left[A_{c}(n)x_{c}(n)+2S_{c}(n)+\frac{I_{c}(n)}{x_{c}(n)}\right]\\
&-E_{s}A_{s}\frac{\varepsilon_{c}(n)[h_{p}+x_{c}(n)]^{3}}{x_{c}(n)}-E'_{s}A'_{s}\frac{\varepsilon_{c}(n)[a'_{s}+x_{c}(n)]^{3}}{x_{c}(n)}\\
&-E_{pc}A_{pc}\frac{\varepsilon_{c}[h_{p}+x_{c}(n)]^{3}}{x_{c}(n)}
\end{aligned}
\tag{6-50}
$$

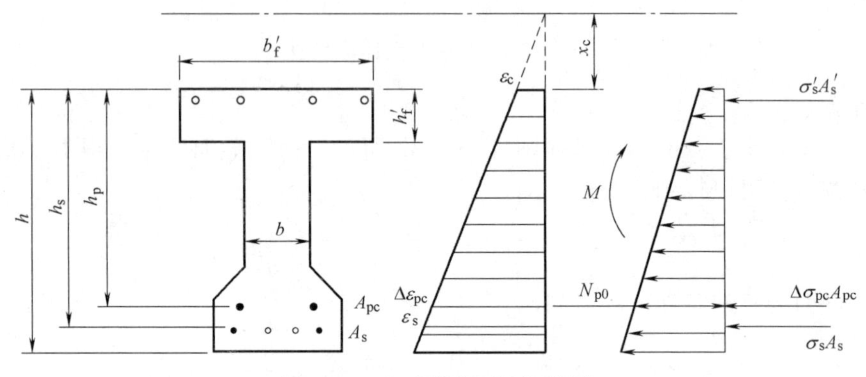

图 6-37　未开裂截面计算简图

试验梁计算结果与试验结果的对比分析　　表 6-9

试件	钢绞线腐蚀率(%)	疲劳寿命(万次)			破坏模式	
		试验值	计算值	误差	试验	计算
FL-0	0	361.69	482.21	−0.25	普通钢筋疲断	普通钢筋疲断
FL-5	4.23	172.76	235.57	−0.27	钢绞线疲断	钢绞线疲断
FL-10	7.38	78.3	82.3	−0.05	钢绞线疲断	钢绞线疲断
FH-0	0	35.6	37.9	0.06	普通钢筋疲断	普通钢筋疲断
FH-5	3.57	27.42	29.2	0.06	钢绞线疲断	钢绞线疲断
FH-10	7.63	4.74	4.03	0.18	钢绞线疲断	钢绞线疲断

6.5.5　疲劳过程计算结果分析

从表 6-9 可以看出，FL 组梁的计算寿命与试验值相比普遍较高，FH 组梁的计算寿命与试验值比较接近，两组梁的计算误差都在 30%以内。

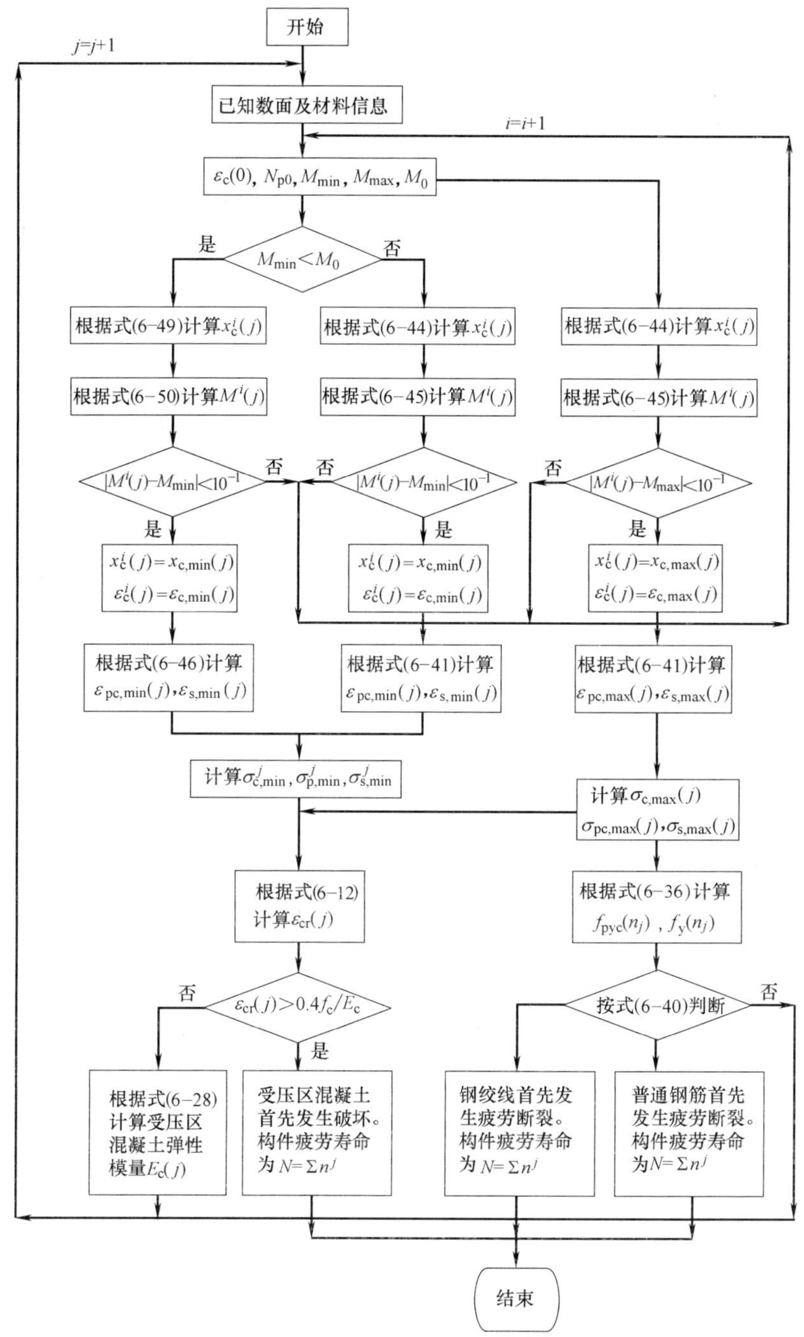

图 6-38 疲劳全过程非线性分析流程图

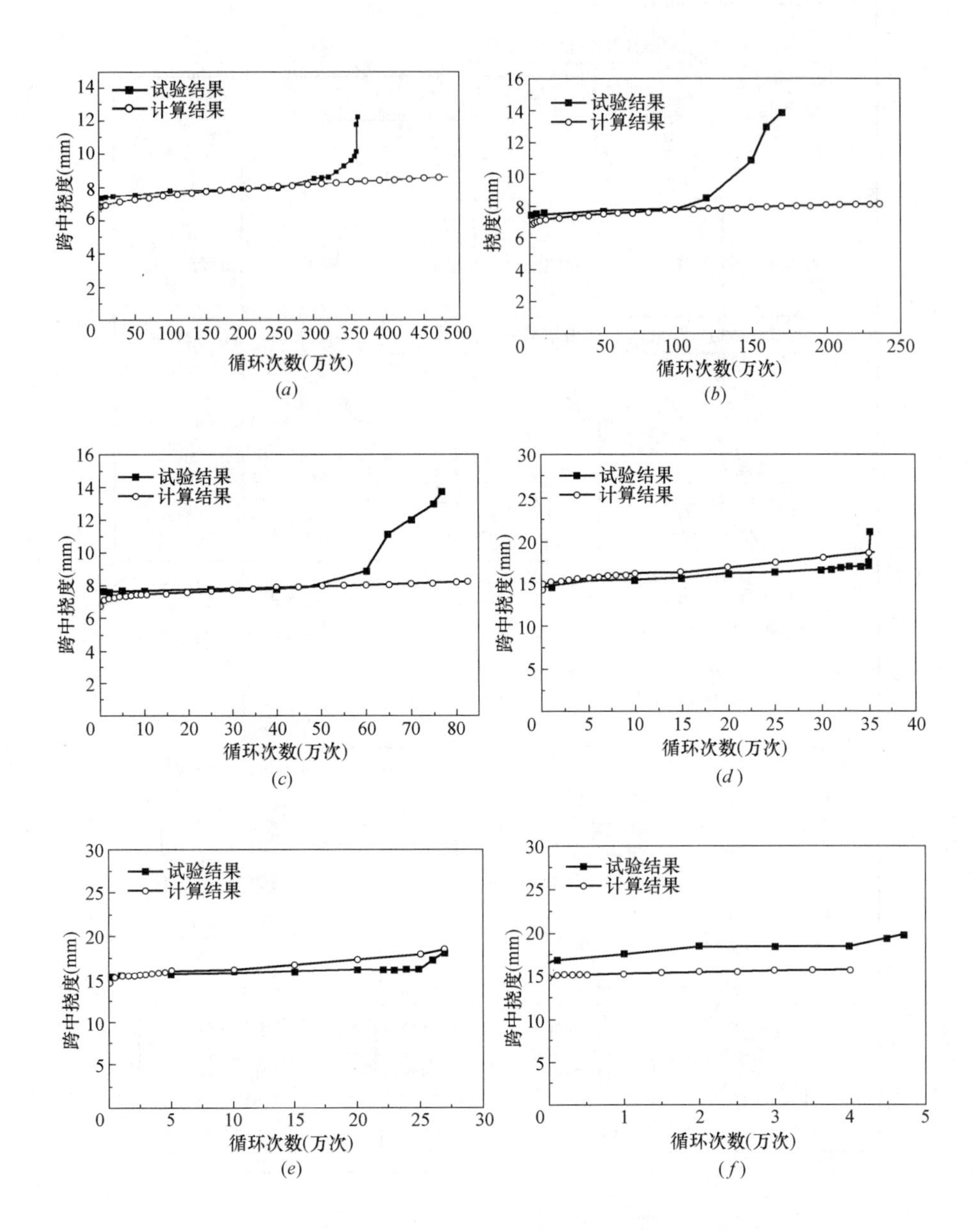

图 6-39 试验梁挠度-循环次数计算与试验曲线

(*a*) FL-0；(*b*) FL-5；(*c*) FL-10；(*d*) FH-0；(*e*) FH-5；(*f*) FH-10

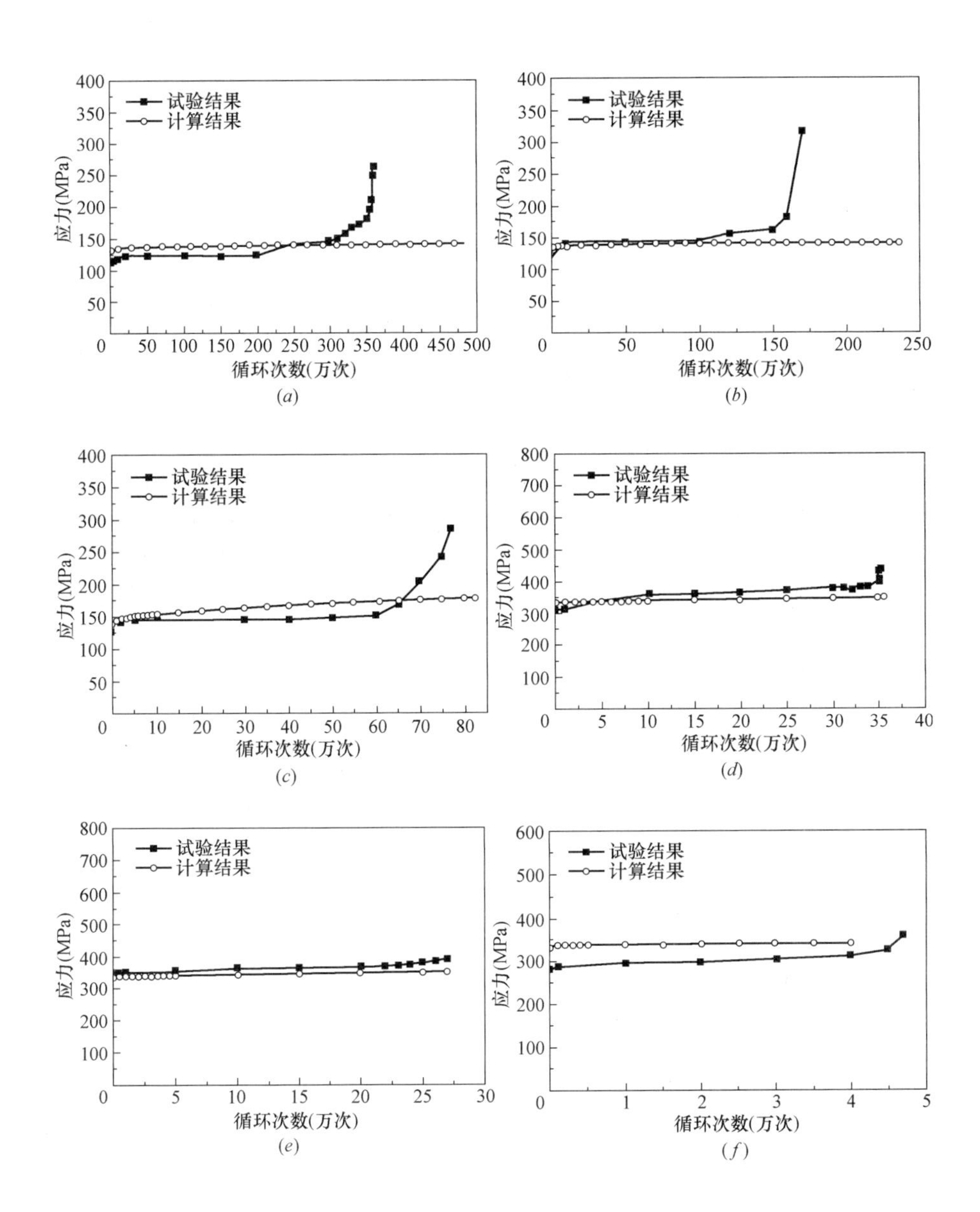

图 6-40 试验梁普通钢筋-循环次数计算与试验曲线

(*a*) FL-0；(*b*) FL-5；(*c*) FL-10；(*d*) FH-0；(*e*) FH-5；(*f*) FH-10

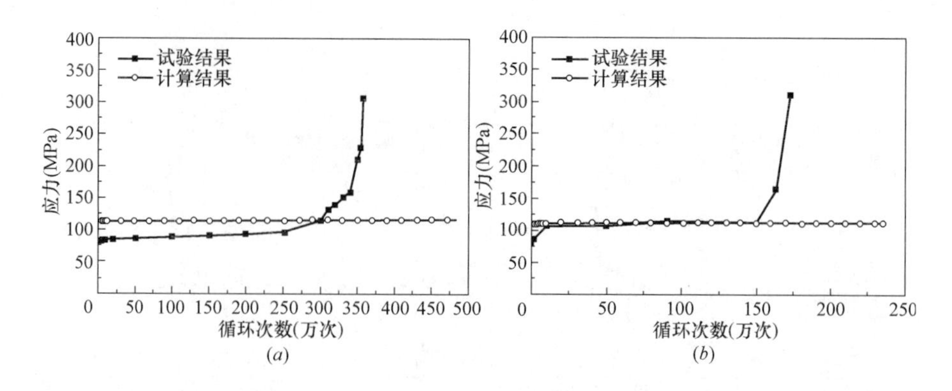

图 6-41　试验梁钢绞线-循环次数计算与试验曲线

(*a*) L-0；(*b*) FL-5

从图 6-39～图 6-41 可以看出：(1) 计算挠度与试验挠度在疲劳过程的前两个阶段符合较好，计算挠度比较明显地表现了挠度在疲劳初期较快增长和疲劳中期稳定发展的过程；(2) 荷载水平低的 FL 组梁的计算挠度在第一二阶段的增长不明显，相比之下，FH 组梁在同等腐蚀率下的计算挠度增长更明显，说明荷载水平对梁计算挠度发展有着显著影响，这与试验结果是一致的；(3) 同组内的梁计算挠度增长与腐蚀率之间的关系并不十分显著，证明局部腐蚀对梁刚度的影响有限；(4) 普通受拉主筋的计算应力与试验值在疲劳过程的前两个阶段符合较好，相差最大为 19% (FH-10)，随着循环次数的增加，钢筋的计算应力值略有增加，这与钢筋实际应力发展基本吻合，说明本文考虑钢筋损伤破坏过程的正确性，钢筋的疲劳破坏不是逐渐发展的过程，而是损伤累积到一定程度发生的突然破坏，破坏前的受力没有显著变化；(5) 由于钢绞线的应力幅值较小，疲劳分析中第一二阶段的计算应力变化表现不明显；(6) 本文计算的混凝土应力水平较低，最大疲劳荷载对应的混凝土应变不超过 0.002，与前面的基本假定相吻合；(7) 以普通钢筋与钢绞线的多级应力水平下的剩余疲劳强度作为判断依据计算疲劳寿命与实际寿命符合较好。

通过对 FL 和 FH 组梁的分析可以看出，本方法可以较好地描述钢绞线腐蚀后预应力混凝土梁在等幅荷载作用下的疲劳损伤演化的全过程，本方法综合考虑了钢绞线的腐蚀、疲劳荷载水平和疲劳次数对梁刚度造成的损伤，比较真实地反映了疲劳荷载作用下各因素之间相互作用、相互影响的过程。

本章小结

(1) 对钢绞线腐蚀后部分预应力混凝土梁的静载试验研究表明，钢绞线腐蚀后的部分预应力混凝土梁的破坏形态随腐蚀率的增加向脆性破坏发展、承载能力及延性系数均发生了不同程度的降低，延性系数的下降尤为明显，但开裂荷载所受的影响不大。

(2) 对同批部分预应力混凝土梁的疲劳试验研究表明，钢绞线腐蚀后的部分预应力混凝土梁的破坏形态转变为腐蚀钢绞线的疲劳断裂，钢绞线在最大蚀坑处破坏，试验梁的疲劳寿命显著降低；腐蚀不改变试验梁在跨中挠度、应变以及裂缝宽度等方面的疲劳三阶段特性，但加速了疲劳各方面性能的衰减，在本章建立的跨中疲劳挠度公式与受压区顶部混凝土残余应变的增长公式都表现腐蚀的影响；腐蚀导致试验梁疲劳强度的减小，在应力水平较高时，腐蚀引起疲劳强度的衰减程度也较大。

(3) 基于 ANSYS 有限元软件对钢绞线腐蚀后的预应力混凝土梁在静力荷载下的受力行为进行了数值分析，并从荷载-挠度曲线、钢筋与混凝土应力以及裂缝发展等各方面与试验结果进行了对比，结果表明，基于 ANSYS 建立的钢绞线腐蚀后的部分预应力混凝土梁有限元模型的计算受力行为与试验受力行为的发展规律大致相同，忽略对裂缝宽度与间距的要求，模型计算与试验结果在极限荷载、强化荷载、极限挠度、应力与裂缝高度等方面的误差仍在合理的范围之内，借助 ANSYS 模型进行试验梁的静力分析是可行的。

(4) 采用分级加应变法进行截面分析，考虑截面信息和材料本构关系在加载各阶段的变化，得到了腐蚀钢绞线部分预应力混凝土梁在静力作用全过程的计算曲线，并与试验曲线进行了比较，结果表明，计算曲线与试验曲线的变化规律大致上相同，可有效预测钢绞线腐蚀后部分预应力混凝土梁在静载作用下的受力性能。结合静载过程的分级加应变法与疲劳次数的分段线性方法，综合考虑了受压区混凝土、钢筋（包括钢绞线）在疲劳荷载作用下的本构关系变化，并以受压区混凝土残余应变与钢筋（包括钢绞线）疲劳剩余强度为判别准则，建立了钢绞线腐蚀后的部分预应力混凝土梁的疲劳损伤全过程分析，结果表明，计算结果与试验结果在疲劳作用的大部分阶段吻合较好，可有效预测钢绞线腐蚀后部分预应力混凝土梁在疲劳寿命与疲劳性能退化规律。

参考文献

[1] Mehta P K. Concrete durability：fifty year's progress [C] //Proceeding of International Conference on Concrete Durability，ACI SP126-1，1991：1-33.

[2] 罗福午. 建筑结构缺陷事故的分析及防治 [M]. 北京：清华大学出版社，1996.

[3] Mehta P K. Durability-critical issues for the future [J]. Concrete international，1997，19 (7)：27-33.

[4] Concrete Society/Concrete Bridge Development Group. Durable Post-Tensioned Concrete Bridges [R]. Technical Report No. 47 Crowthorne，UK：2002.

[5] 刘椿，朱尔玉，朱晓伟. 预应力混凝土桥梁的发展状况及其耐久性研究进展 [J]. 铁道建筑，2005，11：1-2.

[6] Schupack M. A survey of the durability performance of post-tensioning tendons [J]. ACI Journal，1978，75 (10)：501-510.

[7] Schupack M，Suarez M G. Some recent corrosion embrittlement failures of prestressing systems in the United States [J]. PCI Journal，1982，27 (2)：38-55.

[8] Nurnberger U. Corrosion protection of prestressing steels [C]. FIP State-of-the-Art Report，Draft Report，FIP，London，1986.

[9] 钟铭，王海龙，刘仲波 等. 高强钢筋高强混凝土梁静力和疲劳性能试验研究 [J]. 建筑结构学报，2005，26 (2)：94-100.

[10] 梁书亭，蒋永生，姜宁辉. 高强钢筋高强混凝土梁裂缝宽度验算方法的研究 [J]. 南京建筑工程学院学报，1998，45 (2)：10-15.

[11] 宋永发，宋玉普，许劲松. 重复荷载作用下无粘结部分预应力高强混凝土梁变形及延性试验研究 [J]. 2001，14 (3)：44-50.

[12] 王瑞敏，赵国藩，王清湘等. 钢筋混凝土受弯构件在重复荷载作用下的变形和裂缝宽度计算 [J]. 1991，4 (1)：65-71.

[13] 王瑞敏. 混凝土结构的疲劳性能研究 [D]：(博士学位论文). 大连：大连理工大学，1989.

[14] 吕海燕，戴公连，李德建. 预应力混凝土梁在疲劳荷载作用下的变形 [J]. 长沙铁道学院学报，1998，16 (1)：24-28.

[15] 戴公连，徐名枢. 预应力、部分预应力、钢筋混凝土梁在疲劳荷载作用下挠度试验研究 [J]. 铁道科学与工程学报，1991，9 (3)：90-100.

[16] 陈俊杰. 无粘结部分预应力混凝土梁疲劳变形与裂缝研究 [D]：(硕士学位论文). 长沙：中南大学，2008.

[17] 聂建国，王宇航. 钢-混凝土组合梁在疲劳荷载作用下的变形计算 [J]. 清华

大学学报（自然科学版），2009，49（12）：1915-1918.
[18] 李建军. 钢-混凝土组合梁疲劳性能的试验研究 [D]:（硕士学位论文）. 北京：清华大学，2002.
[19] 杨德滋. 部分预应力混凝土梁疲劳性能研究 [D]:（博士学位论文）. 成都：西南交通大学，1990.
[20] 刘立新，汪小林，于秋波等. 疲劳荷载作用下部分预应力混凝土梁的挠度研究 [J]. 郑州大学学报（工学版），2007，28（4）：4-7.
[21] 张克波. 静载和疲劳荷载作用下 PPC 受弯构件的挠度 [J]. 长沙交通学院学报，1990，6（4）：59-68.
[22] 胡铁明，黄承逵，陈小锋等. 钢纤维自应力混凝土叠合梁负弯矩区疲劳性能试验研究 [J]. 土木工程学报，2009，42（11）：23-30.
[23] 章坚洋，宋玉普，章一涛. 混合配筋部分预应力混凝土梁在疲劳荷载下的裂缝宽度计算 [J]. 混凝土，2005，(12)：21-24.
[24] 何世钦，滕起，徐锡权等. 混凝土梁腐蚀疲劳刚度衰减规律 [J]. 哈尔滨工业大学学报，2008，40（6）：961-964.
[25] Xie J H，Huang P Y，Guo Y C. Fatigue behavior of reinforced concrete beams strengthened with prestressed fiber reinforced polymer [J]. Construction and Building Materials，2012，27（1）：149-157.
[26] ACI Committee 215. Consideration of design of noncrete stucture subject to fatigue loading. ACI Journal，1974，71（3）：97-121.
[27] CEB-FPI 模式规范（混凝土结构）. CEB 欧洲混凝土国际委员会，1990. 中国建筑科学研究院结构所规范室译，1991.
[28] 中华人民共和国国家标准. GB 50010—2010 混凝土结构设计规范 [S]. 北京：中国建筑工业出版社，2010.
[29] 中华人民共和国行业标准. 铁路桥涵钢筋混凝土和预应力混凝土结构设计规范 TB 10002. 3-99 [S]. 北京：中国铁道出版社。
[30] 中华人民共和国国家标准. GB 50216—94 铁路工程结构可靠度设计统一标准 [S]. 北京：中国计划出版社，1995.
[31] 宋玉普，赵顺波，王瑞敏等. 钢筋混凝土疲劳性能的非线性有限单元法分析 [J]. 海洋学报，1993，15（3）：116-125.
[32] 罗许国. 高性能粉煤灰混凝土铁路桥梁受力性能试验和理论研究 [D]:（博士学位论文）. 长沙：中南大学，2008.
[33] 朱劲松，朱先存. 钢筋混凝土桥梁疲劳累积损伤失效过程简化分析方法 [M]. 工程力学，2012，29（5）：107-121.
[34] 休尔施（Suresh. S.）著 王中光等译. 材料的疲劳 [M]. 北京：国防工业出版社，1993.

第7章　预应力超高强混凝土梁

在土木工程中，大跨度、高强装配式后张法预应力混凝土桥梁被广泛应用于公路工程建设项目中，采用此类预应力高强混凝土构件，可以大大减小构件的截面尺寸，降低材料消耗，减轻结构整体质量。作为一种新型建筑材料，与普通强度混凝土相比，高强高性能混凝土在强度、耐久性、工作性能和体积稳定性等方面具有较强的优越性，但是高强高性能混凝土也具有脆性大、延性差等弱点。但是适用的混凝土强度等级仅为C15～C80，随着混凝土技术的发展，比《混凝土结构设计规范》GB 50010—2010的混凝土强度等级更高的超高强混凝土（C100）在实际工程中已得到应用。

超高强混凝土的配制需选用极低的水灰比，且掺入硅粉、粉煤灰等超细材料，相对普通混凝土而言，其孔隙率较低，结构耐久性和强度会大幅度提高。但是由于胶凝材料的强度与粗骨料的强度更为接近，因此，超高强混凝土的骨料咬合力更小，这势必影响预应力超高强混凝土梁的抗剪承载能力。同时，超高强混凝土的脆性特征也会加剧预应力混凝土剪切破坏的脆性行为。

本章对集中荷载作用下的预应力超高强混凝土梁的受剪性能作了专题试验研究。试验包括11根预应力超高强混凝土梁和4根预应力普通混凝土梁，试验的主要变化参数为剪跨比λ（1.5、2.0和2.5）、配箍率ρ_{sv}（0.22%、0.32%和0.42%）、预应力度λ_p（0、0.34和0.42）和混凝土强度f_c（C40、C70和C100）。文中首先介绍了试验概况，然后对试验成果进行简要汇报。根据试验结果分析混凝土强度、配箍率、剪跨比和预应力度对预应力超高强混凝土梁受剪性能影响，然后利用我国现行《混凝土结构设计规范》GB 50010—2010的受剪承载力计算公式计算试验梁斜截面受剪承载力，并将计算值与试验结果进行对比分析。通过不同试验参数对受剪承载力的影响研究，提出预应力超高强混凝土梁受剪承载力计算方法，并进行计算方法的试验结果验证。

7.1 试验设计

试验方案设计主要包括试验目的、试件设计与制作、加载装置与加载制度以及测量方案与数据采集 4 个方面。

7.1.1 试验目的

通过 11 根预应力超高强混凝土梁和 4 根预应力普通混凝土梁受剪试验，试图达到以下目的：

（1）研究预应力超高强混凝土梁的受力破坏过程、破坏形态和破坏机理与预应力普通混凝土梁的区别。

（2）研究剪跨比、配箍率、预应力度和混凝土强度对试验梁受剪承载力和变形性能的影响。

（3）建立了预应力超高强混凝土梁的弹性刚度折减系数计算公式，同时给出弹性刚度折减系数建议值。

（4）研究预应力超高强混凝土梁的受剪承载力的计算原理与计算方法。

7.1.2 试件设计与制作

在参照国内外预应力普通混凝土梁受剪试验的基础上，本章共设计了 11 根预应力超高强混凝土梁。同时作为对比试验，设计了 4 根预应力普通混凝土梁。试验的主要变化参数包括剪跨比 λ、配箍率 ρ_{sv}、预应力度 λ_p 和混凝土强度 f_c。剪跨比为 1.5、2.0 和 2.5；配箍率为 0.22%、0.32%和 0.42%；预应力度从 0 依次变化为 0.34 和 0.42；混凝土强度设计等级分别为 C40、C70、C100。试件的截面尺寸为 160mm×340mm。试验梁长为 1200mm、1400mm、1600mm，其中剪跨区段长为 840mm、1120mm、1400mm，纵向受拉钢筋采用 3 根直径 20mm 的 HRB335 级钢筋，纵向受压钢筋采用 2 根直径为 18mm 的 HRB335 级钢筋，箍筋为直径 6.5mm 的 HPB235 级钢筋，预应力筋采用 1860 级钢绞线，张拉控制应力均为 $0.75f_{ptk}$（f_{ptk} 为抗拉强度标准值），直径分别为 15.2mm 和

12.7mm，为减少张拉阶段的预应力损失，本次试验采用低回缩预应力锚具。15根试件的基本设计参数见表7-1，试件配筋见图7-1，其中纵向受力钢筋的混凝土保护层为20mm。混凝土的力学性能测试参照《混凝土结构试验方法标准》GB/T 50152—2012规定的方法进行试验，试验结果见表7-2，钢筋按照《金属材料 拉伸试验 第1部分：室温试验方法》GB/T 228.1—2010规定的方法进行材性拉伸试验。实测结果见表7-3。

试件参数 **表7-1**

试件编号	混凝土强度设计等级 f_c(MPa)	剪跨比 λ	预应力度 λ_p	配箍率 ρ_{sv}(%)
PURC-01	C100	1.5	0.42	0.22
PURC-02	C100	1.5	0.42	0.42
PURC-03	C100	1.5	0.42	0.32
PURC-04	C100	1.5	0	0.32
PURC-05	C100	2.0	0.42	0.22
PURC-06	C100	2.0	0.42	0.42
PURC-07	C100	2.0	0.42	0.32
PURC-08	C100	2.0	0	0.32
PURC-09	C100	2.5	0.42	0.32
PURC-10	C100	1.5	0.34	0.32
PURC-11	C100	2.0	0.34	0.32
PRC-12	C70	1.5	0.42	0.32
PRC-13	C40	1.5	0.42	0.32
PRC-14	C70	2.0	0.42	0.32
PRC-15	C40	2.0	0.42	0.32

混凝土的力学性能 **表7-2**

混凝土设计强度等级	混凝土抗压强度(MPa)	混凝土抗拉强度(MPa)	弹性模量(MPa)
C100	108.2	5.52	49138
C70	75.8	4.78	39355
C40	42.9	3.05	35705

钢材的材料力学性能 **表7-3**

钢材类型	公称直径(mm)	屈服强度(MPa)	极限强度(MPa)
HRB400	18	370	525
HRB400	20	430	616
HPB235	6.5	335	482
1860级钢绞线	12.7	1798	1893
1860级钢绞线	15.2	1815	1911

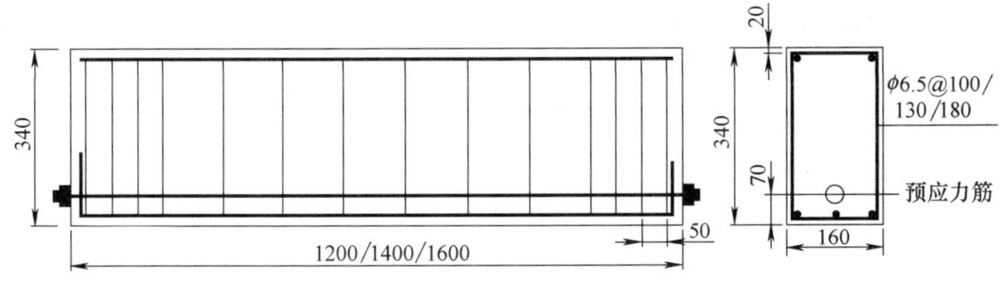

图 7-1 试件构造图

7.1.3 加载装置与加载制度

试验在大连理工大学结构实验大厅 10000kN 的试验机上进行，为单点集中对称加载。试验按照《混凝土结构试验方法标准》GB/T 50152—2012 的规定进行分级加载，正式加载前先预压 10kN，使加载系统的各部分间能够良好接触，各仪表可以正常工作，检查无误后卸载至零，而后再次调整各仪器。正式试验时，根据我们预先估算的极限荷载采用分级加载制度，每加一级荷载，持续 10min，以便于量测试验数据，试验梁开裂前，每级加荷为预估极限荷载的 5%～10%；试验梁开裂后，缓慢加载，每级加荷为预估极限荷载的 5%；加载至极限荷载 85%时则以位移控制加载，加载速率为 0.02mm/min，直至试件破坏。试验加载装置示意图见图 7-2，实际加载装置见图 7-3。

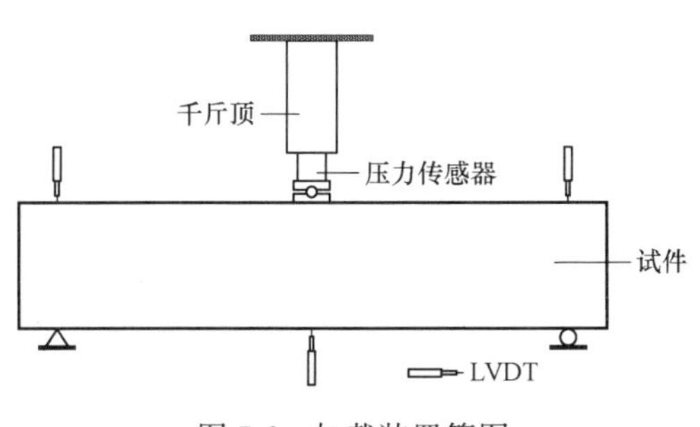

图 7-2 加载装置简图

图 7-3 实际加载装置

7.1.4 观测内容与测点布置

本试验观测的主要内容：

（1）荷载值：正截面开裂荷载、斜截面开裂荷载、极限荷载和破坏荷载；

（2）裂缝：观测裂缝的产生和发展，记录每级荷载作用下的裂缝的长度和宽度。裂缝采用肉眼观测，裂缝宽度采用裂缝测宽仪测读，分别取试件最大裂缝宽度值作为实测值。在试验加载过程中沿裂缝开展方向用黑红水性笔描出裂缝位置，同时记录相应的荷载值和最大裂缝宽度，并在试件加载过程中以及实验结束后拍照进行记录；

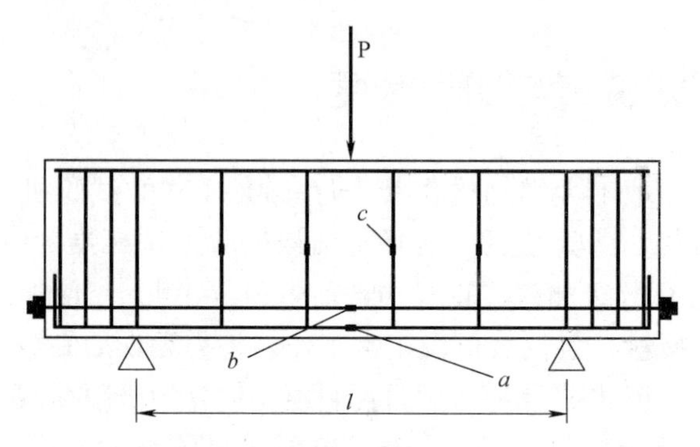

a—受拉钢筋应变片；*b*—预应力筋应变片；*c*—箍筋应变片

图 7-4　钢筋应变片布置图

（3）应变值：包括钢筋应变和混凝土应变，其中：①加载点与支座之间的每根箍筋中部布置规格为 2.0mm×3.0mm 的应变片，以了解剪跨区内箍筋的应变变化规律，在试验梁的每根纵筋中部粘贴规格为 2.0mm×3.0mm 的应变片，以了解纵筋的应变变化规律，在预应力筋的中部设置 0.5mm×0.5mm 的应变片，以了解试件加载过程中预应力筋的应力状态，如图 7-4 所示；②在试验梁的跨中底部设置 100mm×5.0mm 的混凝土应变片，用于掌握试件在加载过程中混凝土弯曲裂缝出现截面处的混凝土应变值。垂直于加载点和支座连线方向布置规格为 100mm×5.0mm 的混凝土应变片以便更好地捕捉梁的斜裂缝位置，如图 7-5 所示；

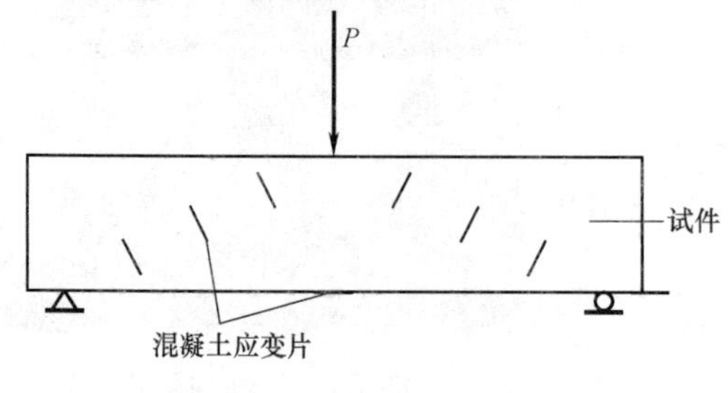

图 7-5　混凝土应变片布置图

（4）在试件的跨中和支座位置处各布置一台 LVDT，如图 7-2 所示。

7.2 试验结果及分析

7.2.1 破坏模式和裂缝形态

预应力超高强混凝土梁斜截面的裂缝形态与预应力普通混凝土梁基本相似。在加载初期，试验梁处于弹性阶段，加载至极限荷载的17%～32%之间时，梁跨中加载点的正下方出现竖向裂缝，随着荷载的增大，在剪跨区内也出现高度略低于受拉钢筋中心的竖向裂缝，且斜向加载点方向发展。当加载到极限荷载的36%～53%之间时，在剪跨区内预应力钢筋位置处出现斜裂缝，且斜裂缝出现很突然，荷载继续增加，竖向裂缝发展缓慢，斜裂缝宽度加大。当荷载接近试验梁斜截面的极限承载能力时，试验梁挠度增长加快，斜裂缝向上延伸到集中荷载作用点处，向下延伸到受拉钢筋位置，并沿着受拉钢筋向支座发展。此时荷载已达到试验梁的斜截面极限承载能力。预应力超高强混凝土梁的斜裂缝面较预应力普通强度混凝土梁光滑平整，破坏面沿裂缝的粗骨料大部分被劈开，这表明与普通强度混凝土梁相比，超高强混凝土骨料咬合作用有所降低。在试验加载的过程中，所有的试验梁都是箍筋首先屈服，受拉钢筋未屈服而发生剪压破坏。图7-6表示了试验梁最终破坏形态，表7-4表示了试验梁在各受力阶段的相关荷载测试结果，包括正截面开裂荷载、斜截面开裂荷载和极限荷载。

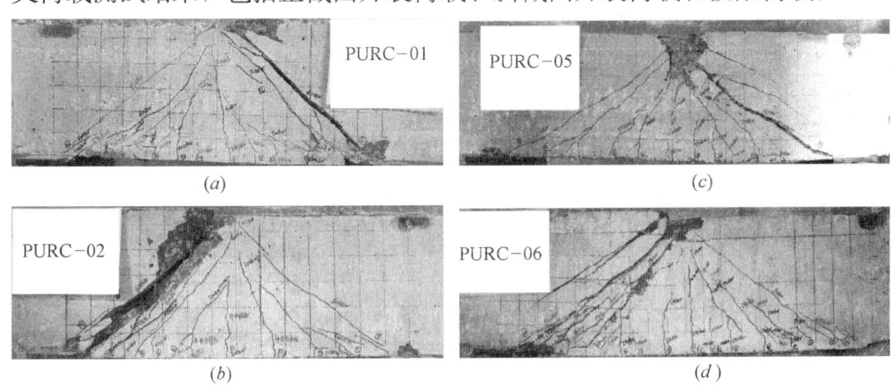

图7-6 试验梁最终破坏形态

试验梁试件的相关荷载　　表7-4

试件编号	混凝土强度设计等级 f_c(MPa)	正截面开裂荷载 P_{cr}(kN)	斜截面开裂荷载 F_{cr}(kN)	极限荷载 F_U(kN)
PURC-01	C100	284.00	460.00	861.79
PURC-02	C100	280.32	498.04	1129.13
PURC-03	C100	263.27	465.04	1019.95
PURC-04	C100	171.41	345.19	958.39
PURC-05	C100	168.09	328.14	750.04
PURC-06	C100	181.33	369.01	860.91
PURC-07	C100	184.19	338.56	804.49
PURC-08	C100	82.77	246.96	669.81
PURC-09	C100	112.22	283.16	672.57
PURC-10	C100	204.56	405.33	975.45
PURC-11	C100	124.53	303.52	695.59
PRC-12	C70	214.97	428.53	834.33
PRC-13	C40	177.57	355.61	661.02
PRC-14	C70	147.74	277.01	656.72
PRC-15	C40	104.17	223.50	575.32

7.2.2　荷载-挠度曲线

图7-7～图7-10给出了试验梁的荷载-挠度曲线。从图7-7中可以看出，预应力超高强混凝土梁的受力大致可分为3个阶段：

（1）弹性阶段。从开始加载至试验梁开裂属于弹性阶段。在此阶段，试验梁表现出整体工作性能，荷载-挠度曲线呈线性，从图中可以看出，在弹性阶段，荷载-挠度曲线的斜率是不同的，斜率随剪跨比的增大而减小，随混凝土强度的提高而增大，随预应力度和配箍率的增加而基本不变。

（2）弹塑性阶段。从混凝土开裂至极限承载力为弹塑性阶段。在此阶段，挠度发展显著加快，试验梁的荷载-挠度曲线呈非线性，刚度明显降低，变形发展很快。

（3）破坏阶段。从极限承载力至卸载阶段为试验梁的破坏阶段。在此阶段，预应力超高强混凝土梁与预应力普通混凝土梁相比具有更好的延性，并且预应力超高强混凝梁的延性随着剪跨比或配箍率的增加而增大，随着预应力度的增大而减小。

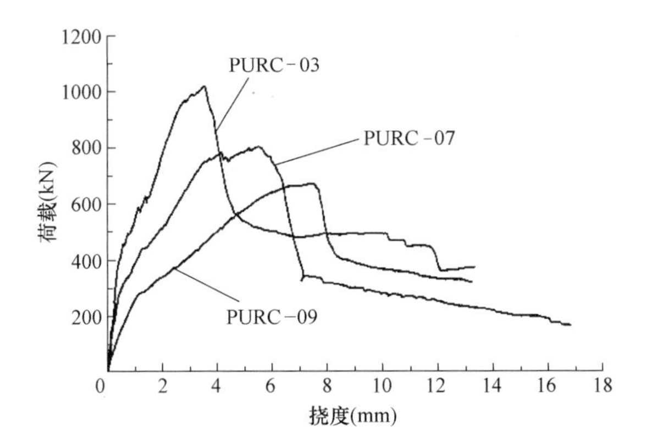

图 7-7 剪跨比对荷载-挠度曲线的影响

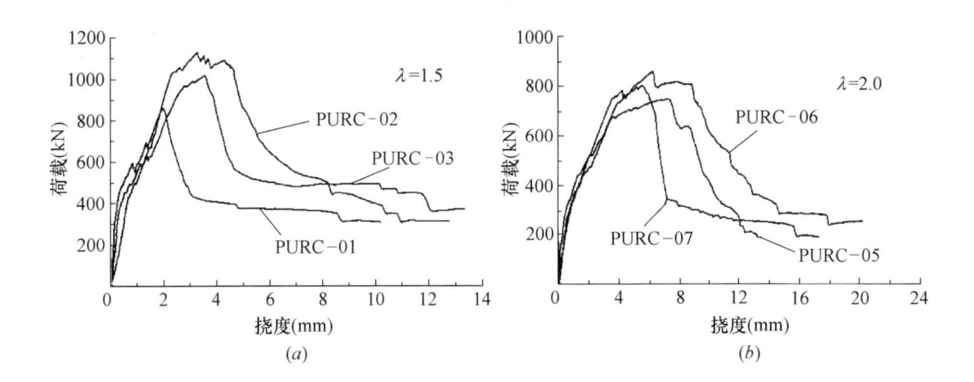

图 7-8 配箍率对荷载-挠度曲线的影响

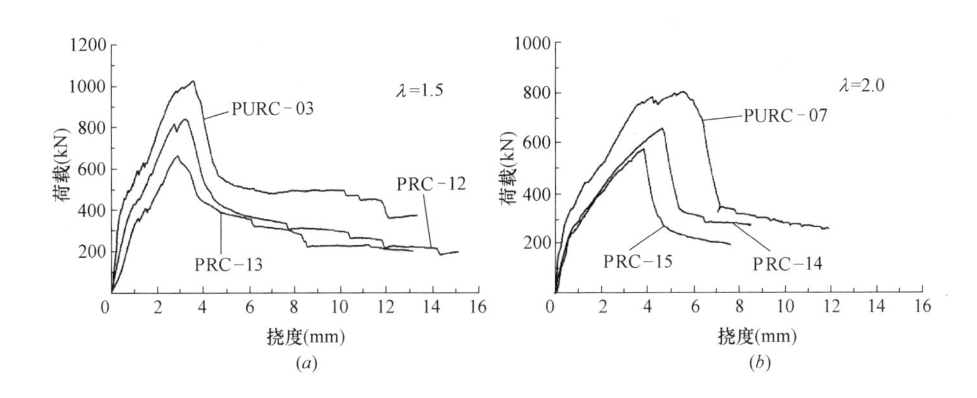

图 7-9 混凝土强度对荷载-挠度曲线的影响

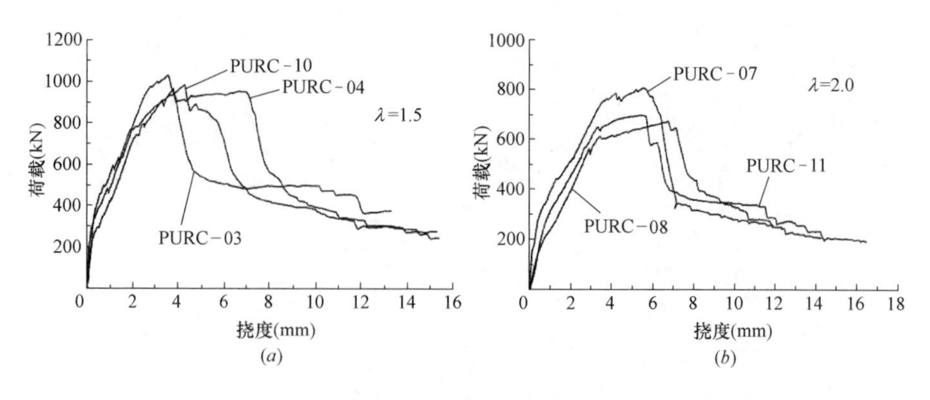

图 7-10　预应力度对荷载-挠度曲线的影响

7.3　预应力超高强混凝土梁受剪承载能力分析

7.3.1　弹性刚度分析

我国规范中的刚度计算模式采用的是以双直线为基础，通过一定数学变换，采用总刚度的表达形式，其包括开裂前刚度（弹性刚度）和开裂后刚度（弹塑性刚度）两部分。我国新颁布的规范《公路钢筋混凝土及预应力混凝土桥涵设计规范》JTG D62—2004 和《混凝土结构设计规范》GB 50010—2010 适应的混凝土强度等级仅为 C15～C80，然而本书中的超高强混凝土的强度为 100MPa。因此在应用超高强混凝土时，现行设计规范规定的弹性刚度计算公式是否适用或需要修订是一个值得进一步研究的问题，为此，本节通过对预应力超高强混凝土梁的预应力筋张拉试验研究，对其弹性刚度进行详细分析。

混凝土应变的观测，由于张拉端锚具变形和预应力筋内缩损失导致预应力的衰减，对有效预加应力产生重大影响，因此张拉过程中在试验梁的受压区粘贴混凝土应变片，以监测张拉过程中混凝土应变的变化，并根据材料力学公式，求得有效预加应力；在张拉工程中，对试验梁进行变形测量，并结合有效预加应力和材料力学理论，寻求反拱值与刚度之间的变化关系。

在张拉过程中用标距为100mm的混凝土应变片测试受压区的混凝土应变，并分别在梁的两端以及中间安装LVDT，设两端读数分别为a和b，中间的读数为c，张拉装置示意图如图7-11所示，实际张拉装置如图7-12所示，那么反拱值计算式为$f=c-(a+b)/2$，利用IMC数据采集仪采集混凝土应变和反拱值。

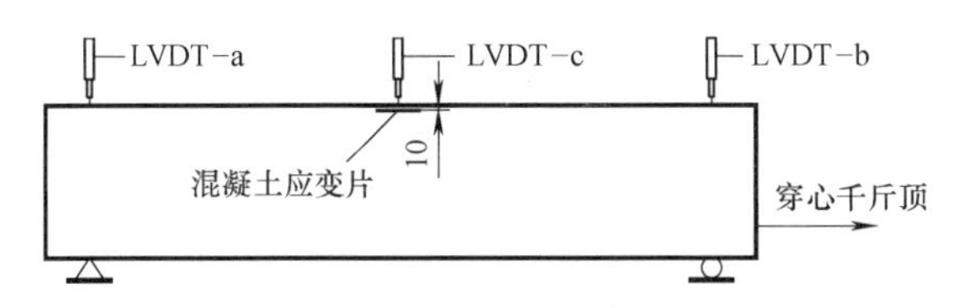

图7-11 张拉装置简图

图7-12 实际张拉装置

根据已有研究成果，影响构件截面刚度的弯矩分为2部分，即$M=M_0+M_1$，其中M_0为有效预加应力产生的弯矩，M_1为试验梁自重产生的弯矩。由于试验梁的自重较小，可以忽略不计，因此：$M=M_0$。

根据测试得到的混凝土受压区应变值，可获得预应力超高强混凝土梁的有效预加应力。计算公式如下：

$$\frac{N_p}{A_0}\pm\frac{N_p e_{p0} y_0}{I_0}=\varepsilon E_c \tag{7-1}$$

式中：N_p为预应力超高强混凝土梁的有效预加力；A_0为试验梁换算截面面积；I_0为试验梁换算截面惯性矩；e_{p0}为换算截面重心至预加力作用点的距离；y_0为换算截面重心至所计算纤维处的距离；ε为计算纤维处混凝土的应变值；E_c为混凝土的弹性模量。

由于N_p是考虑第一批预应力损失的预应力钢筋合力，因此试验梁在施加预应力后，在不考虑梁体自重的情况下，得出作用在预应力超高强混凝土梁上的弯矩为：

$$M_0=N_p e_{p0} \tag{7-2}$$

预应力超高强混凝土梁反拱值为：

$$f=\int_0^l \frac{M_0 \cdot \overline{M_x}}{\alpha \cdot B}dx \tag{7-3}$$

式中，α 为弹性刚度折减系数；$\overline{M_x}$ 为跨中作用单位力时任意截面处所产生的弯矩值；其中：$B=E_c I_0$。

将（7-1）、（7-2）式代入（7-3）式得：

$$\alpha=\frac{M_0 L^2}{8fB} \tag{7-4}$$

本次试验梁的预应力采用两次张拉的方法，首次张拉预应力为 $1.05\sigma_p$（$\sigma_p=0.75f_{ptk}$），然后逐渐放张，再次张拉到 $1.05\sigma_p$ 时，拧紧低回缩锚具的螺环。同时监测两次张拉后试验梁的反拱值和混凝土应变。并将混凝土应变值代入（7-1）式中，求出预应力筋的有效预加应力，将有效预加应力转换为等效荷载，并将梁体的反拱值和等效荷载产生的弯矩代入式（7-4）中便可求得梁体弹性刚度的折减系数。计算结果见表 7-5，其中 ε_1、ε_2：混凝土受压区第一、二次张拉混凝土应变值；N_{p1}、N_{p2}：第一、二次张拉后预应力筋预加力。

弹性刚度折减系数计算结果　　　　表 7-5

试件编号	$\varepsilon_1(\varepsilon_2)$	a (mm)	b (mm)	c (mm)	f (mm)	$N_{p1}(N_{p2})$ (kN)	α
PURC-01	104.487(129.245)	0.001	0.002	0.1108	0.1094	121.411(173.418)	1.022
PURC-02	98.564 (157.481)	0.001	0.003	0.1166	0.1146	114.528(182.988)	1.029
PURC-03	114.457 (162.363)	0.004	0.000	0.1207	0.1187	132.299(188.661)	1.024
PURC-05	93.9998(144.051)	0.003	0.000	0.1433	0.1418	109.225(167.383)	1.035
PURC-06	89.1167(135.506)	0.000	0.001	0.1337	0.1332	103.551(157.454)	1.037
PURC-07	91.0388(153.688)	0.002	0.000	0.1596	0.1586	105.784(178.580)	0.988
PURC-09	107.948(160.298)	0.001	0.001	0.2148	0.2138	125.432(186.261)	0.998
PURC-10	70.3568(110.026)	0.001	0.000	0.1109	0.0777	81.7041(127.771)	1.062
PURC-11	65.5694(101.566)	0.000	0.002	0.1480	0.0951	76.1441(117.947)	1.089

由表 7-5 可以看出，第二次张拉后的预加力均大于第一次张拉后的预加力，增幅为 42.6%～68.8%，说明采用低回缩锚具能够有效降低由于张拉端锚具变形和钢筋内缩导致的预应力损失。本书试验得到的预应力超高强混凝土梁弹性刚度折减系数为 0.998～1.089，而现有研究成果得出的全预应力混凝土梁弹性刚度折减系数在 0.91～1.06 之间，通过对比可以看出：本书试验得到的弹性刚度折减系数略大于文献中得到的弹性刚度

折减系数，这主要是因为试验梁所采用的超高强混凝土的弹性模量显著大于普通混凝土的弹性模量，本文得到的试验梁的弹性刚度折减系数平均值$\overline{X}=1.031556$，若取保证率为95%，则有：

$$\alpha=\overline{X}-1.645\sigma \tag{7-5}$$

式中：α为弹性刚度折减系数，$\overline{X}$为试验梁的弹性刚度折减系数平均值，σ为标准差。根据式（7-5）计算可以得到预应力超高强混凝土梁的弹性刚度折减系数α为0.98。

7.3.2 影响受剪能力的因素

1. 剪跨比的影响

从图7-13和7-14可以看出，预应力超高强混凝土梁的斜截面开裂荷载F_{cr}和极限荷载F_u均随着剪跨比的增大而显著降低，且在剪跨比增大到一定程度时，斜截面开裂荷载F_{cr}和极限荷载F_u减小的趋势减缓。剪跨比是反映正应力与剪应力的比值关系，荷载随着剪跨比的增加而降低是由于剪跨区内的应力重分配引起的，当剪跨比较小时，应力重分配在整个剪跨区作用更为明显；当剪跨比较大时，应力重分配仅在支座及集中荷载附近作用。与试验梁PURC-09相比，试验梁PURC-07和PURC-03的斜截面开裂荷载分别增加了19.6%和64.2%；极限荷载各自增加了19.6%和51.6%。

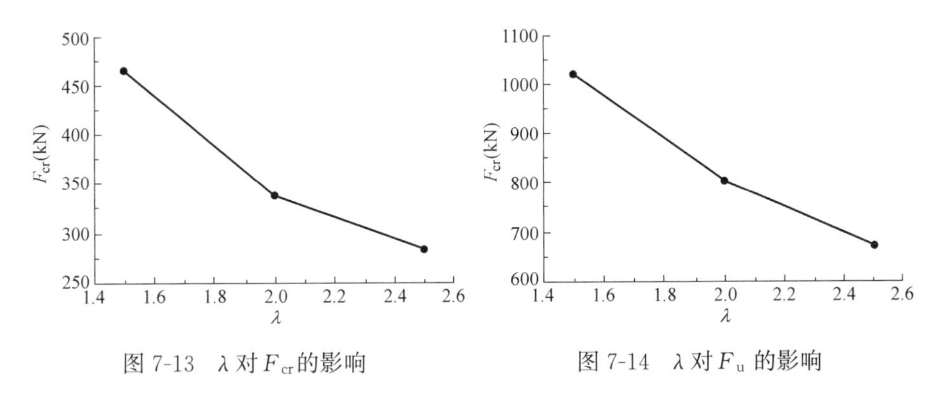

图7-13 λ对F_{cr}的影响

图7-14 λ对F_u的影响

2. 预应力度的影响

图7-15给出了荷载-预应力筋应变曲线，预应力筋应变片布置在预应力钢筋的中部。从图7-15可以看出，预应力超高强混凝土梁的荷载-预应

力筋应变发展规律与预应力普通混凝土梁相似。在整个加载过程中，试验梁弯曲裂缝和斜向裂缝出现的两个时刻，荷载-预应力筋应变曲线出现了 2 次比较明显的突变。最后，随着荷载的增加，预应力筋应变随之增大，直至应变片脱落或拉断。

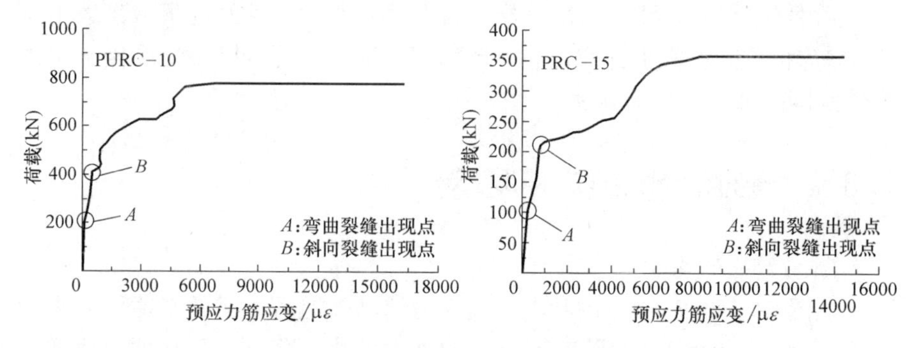

图 7-15　荷载-预应力筋应变曲线

试验梁的斜截面开裂荷载随着预应力度的增加而显著提高，这是因为增大预应力度提高骨料的咬合作用，从而对斜裂缝的产生和开展具有一定的抑制作用。同时，增大预应力度也可以提高试验梁的剪压区高度，进而提高试验梁的极限承载力。从图 7-16 和图 7-17 可以看出，对于剪跨比 λ 为 1.5 和 2.0 的试验梁，当预应力度从 0 增大到 0.42 时，斜截面开裂荷载分别提高了 34.7%和 37.1%，极限荷载仅提高了 6.4%和 20.1%。

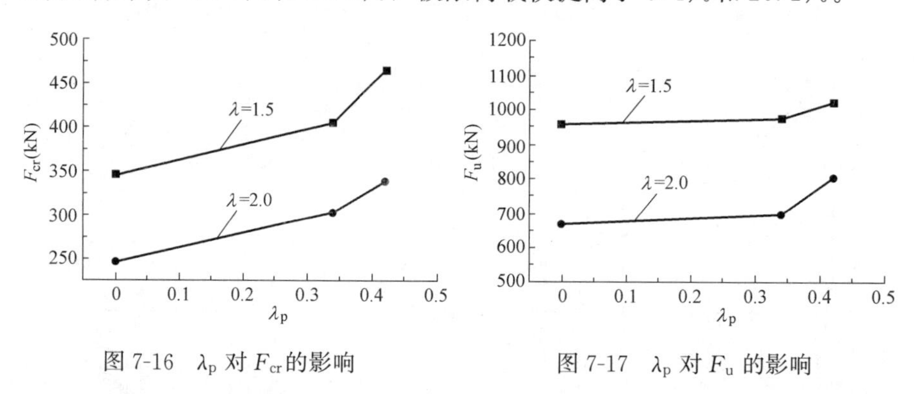

图 7-16　λ_p 对 F_{cr} 的影响

图 7-17　λ_p 对 F_u 的影响

3. 配箍率的影响

从图 7-18 可以看出斜截面开裂荷载随着配箍率的增加几乎没有改变，然而从图 7-19 可以看出，对于剪跨比 λ 为 1.5 和 2.0 的试验梁，当配箍率 ρ_{sv} 从 0.22%提高到 0.42%时，极限荷载提高了 31.1%和 14.8%。图

7-20 给出了部分试件的荷载-箍筋应变曲线，相应的箍筋应变片布置见图 7-21。从图 7-21 中可以看出，斜裂缝出现前，箍筋应力很小，以试验梁 PURC-10 和 PRC-14 为例，当荷载达到梁的斜截面开裂荷载 405.33kN 和 277.01kN 时，箍筋应变值分别为 9.81$\mu\varepsilon$ 和 61.03$\mu\varepsilon$，对应的箍筋应力仅为 2.06MPa 和 12.82MPa。但是，斜裂缝出现后，箍筋应变增长较快并且箍筋处于受拉状态，直至箍筋屈服。这主要因为箍筋的直径很小，而且箍筋表面光滑，所以在斜裂缝形成以前，箍筋很难对周围的混凝土形成一种有效约束作用。然而，斜裂缝形成后，与斜裂缝相交的箍筋能够提供剪力以及限制斜裂缝的开展，因此，提高配箍率仅能提高受剪承载力。

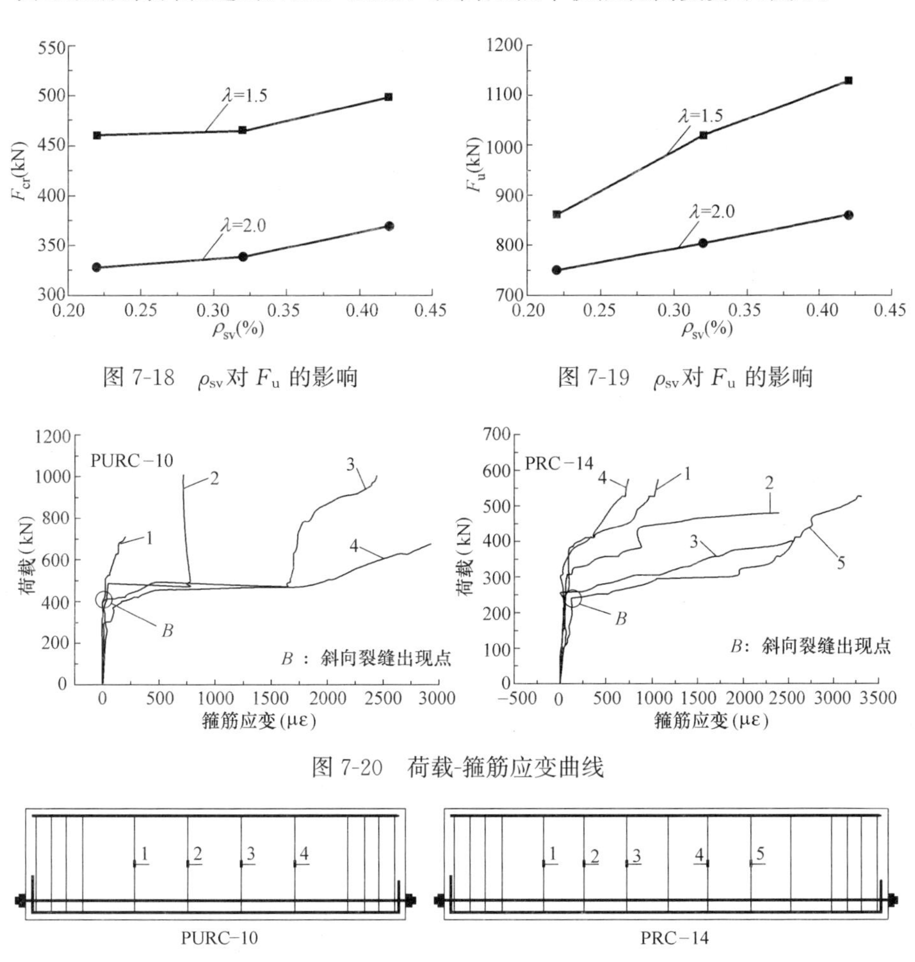

图 7-18　ρ_{sv}对 F_u 的影响

图 7-19　ρ_{sv}对 F_u 的影响

图 7-20　荷载-箍筋应变曲线

图 7-21　箍筋应变片布置图

4. 混凝土强度的影响

从图 7-22 中可以得出，对于剪跨比 λ 分别为 1.5 和 2.0 的试验梁，当混凝土抗压强度从 42.9MPa 增长到 108.2MPa 时，斜截面开裂荷载分别增加了 40.6%和 45.1%。这主要因为混凝土的抗拉强度随着抗压强度的增加而增大。从图 7-23 也能看出试验梁的极限荷载也随着混凝土强度的提高而增大，并且这种趋势随着剪跨比的增加而逐渐减弱。对于剪跨比 λ 为 1.5 的试验梁，当混凝土强度从 42.9MPa 增长到 108.2MPa 时，极限荷载增加了 54.3%。然而，对于剪跨比 λ 为 2.0 的试验梁，极限荷载增加了 39.8%。

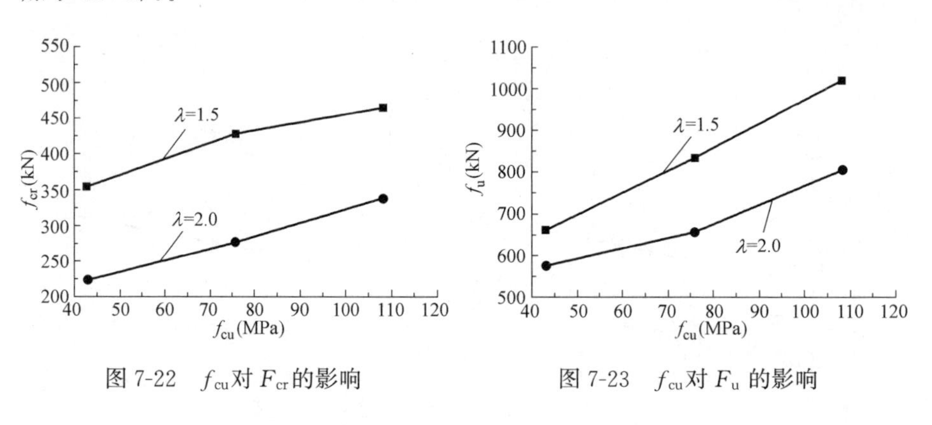

图 7-22　f_{cu}对 F_{cr}的影响　　　图 7-23　f_{cu}对 F_u 的影响

7.3.3　试验结果与规范计算值的对比分析

利用我国《混凝土结构设计规范》GB 50010—2010 公式（第 6 章式(6.3.4)）进行受剪承载力计算，并将试验结果和计算结果相比较，将结果列于表 7-6 中。其中：N_{P0}为计算截面上混凝土法向预应力等于零时的纵向预应力钢筋及非预应力钢筋的合力，计算方法见《混凝土结构设计规范》GB 50010—2010；V 为受剪承载力试验值；V_{T1}为参照规范《混凝土结构设计规范》GB 50010—2010 公式计算受剪承载力。

预应力超高强混凝土梁试验值与我国规程中的公式计算值相比较，均值为 1.95，方差为 0.44；将本试验中预应力普通混凝土梁和文献中收集到的 10 根试验梁的试验值与规程中的公式计算值相比较，均值分别为 2.00 和 1.92，方差为 0.07 和 0.05，由此可以看出，利用《混凝土结构设计规范》GB 50010—2010 的公式计算预应力超高强混凝土梁与计算预应力普通混凝土梁具有同样的安全性，剪跨比越小，安全程度越大，当剪跨比相同时，随着预应力度的提高，试验值与计算值的比值越大。对比分析方差可以得出：利用《混凝土结构设计规范》GB 50010—2010 的公式计算预应力普通混凝土梁（混凝土强度等级为 C40～70）受剪承载力的计算结果离散性较小，计算结果可靠，但是计算预应力超高强混凝土梁时离散性较大。

试验梁试验实测值与计算值的比较 **表 7-6**

试件编号	N_{P0}(kN)	V(kN)	V_{T1}(kN)	V/V_{T1}
PURC-01	176.53	430.895	219.23	1.97
PURC-02	186.27	564.565	247.63	2.28
PURC-03	194.62	509.975	233.56	2.18
PURC-04	0.00	479.195	252.20	1.90
PURC-05	172.67	375.020	189.79	1.98
PURC-06	162.42	430.455	217.18	1.98
PURC-07	181.78	402.245	203.66	1.98
PURC-08	0.00	334.905	219.23	1.53
PURC-09	189.60	336.285	183.16	1.84
PURC-10	119.06	487.725	233.72	2.09
PURC-11	120.07	347.795	204.00	1.70
			均值	1.95
			方差	0.44
PRC-12	175.32	417.165	208.96	2.00
PRC-13	188.92	330.510	154.63	2.14
PRC-14	173.55	328.360	183.56	1.79
PRC-15	177.75	287.660	137.93	2.09
			均值	2.00
			方差	0.07

7.3.4 受剪承载力建议计算公式

根据预应力钢筋混凝土梁的受剪破坏机理可知，对钢筋混凝土梁施加预应力后，其梁体内部的应力状态将发生改变，进而斜裂缝与梁轴线的夹角也会减小，增大剪压区高度，另外，有效预加应力的施加还具有阻止斜裂缝开展的效果，提高斜裂缝面上的骨料咬合作用，增大梁体的抗剪强度。根据前面的试验结果还可知：预应力对梁的抗剪强度随着剪跨比的变化而发生改变。根据现有文献成果，建议预应力提供受剪承载力 V_p 如式（7-6）所示，其中 N_{p0} 为计算截面上混凝土法向预应力等于零时的纵向预应力钢筋及非预应力钢筋的合力。

$$V_p=\gamma\frac{N_{p0}}{\lambda} \tag{7-6}$$

试验研究表明，箍筋对受剪承载力的贡献主要靠本身所能承担的剪力和提高斜裂缝间的咬合作用及纵筋的销栓作用，且随着配箍率 ρ_{sv} 的增加，这些作用越明显。根据文献成果可知，在 ρ_{sv} 一定，且剪跨比 $1.0\leqslant\lambda\leqslant 3.0$ 时，箍筋对试验梁受剪强度随剪跨比的增大而增强。且箍筋受剪强度与剪跨比成正比关系，根据上述分析，建议 V_s 如式（7-7）所示：

$$V_s=\beta\lambda\frac{f_{yv}h_0A_{sv}}{s} \tag{7-7}$$

通过参考文献中的关于高强高性能混凝土力学性能试验研究的相关测试数据可以看出，随着混凝土强度等级的提高，其抗压强度的提高远远高于混凝土抗拉强度的提高，对于超高强混凝土，该现象将更为突出，鉴于材料的破坏由较低指标来控制，并且参考《混凝土结构设计规范》GB 50010—2010，本书仍用混凝土抗拉强度 f_t 作为控制指标。因此，建议 V_c 如式（7-8）所示：

$$V_c=\alpha f_t bh_0 \tag{7-8}$$

根据以上分析，则预应力超高强混凝土梁受剪承载力的计算通式可表达如式（7-9）：

$$V=\alpha f_t bh_0+\beta\lambda\frac{f_{yv}h_0A_{sv}}{s}+\gamma\frac{N_{p0}}{\lambda} \tag{7-9}$$

式中：α、β 和 γ 分别为混凝土、箍筋和预应力筋的抗力系数。

根据本文所完成的15根试验梁受剪试验的测试数据，拟合出各项抗力系数，并将拟合结果代入式（7-9），即得预应力超高强混凝土梁受剪承载力计算公式：

$$V=\left(\frac{3.33}{\lambda}-1.01\right)f_t bh_0+1.82\lambda\frac{f_{yv}h_0A_{sv}}{s}+0.38\frac{N_{p0}}{\lambda} \tag{7-10}$$

式中，当剪跨比 $\lambda<1.0$ 时，取 $\lambda=1.0$，当剪跨比 $\lambda>3.0$ 时，取 $\lambda=3.0$。

根据式（7-10）对 15 根预应力超高强混凝土梁受剪承载力进行计算，并与实测值进行比较分析，计算结果列于表 7-7 中，其中：V 为受剪承载力试验值；V_{T2} 为参照本文提出了的式（7-10）计算受剪承载力。分析表 7-7 可以得出：本文提出的预应力超高强混凝土梁受剪承载力计算公式的计算结果与试验结果吻合较好，能客观地反映预应力超高强混凝土梁的受剪性能。

受剪承载力计算结果 **表 7-7**

试件编号	N_{P0}(kN)	V(kN)	V_{T2}(kN)	V/V_{T2}
PURC-01	176.53	430.895	443.36	0.97
PURC-02	186.27	564.565	522.02	1.08
PURC-03	194.62	509.975	484.57	1.05
PURC-04	0.00	479.195	490.44	0.98
PURC-05	172.67	375.020	324.03	1.16
PURC-06	162.42	430.455	423.66	1.02
PURC-07	181.78	402.245	374.60	1.07
PURC-08	0.00	334.905	383.16	0.87
PURC-09	189.60	336.285	329.33	1.02
PURC-10	119.06	487.725	473.09	1.03
PURC-11	120.07	347.795	368.86	0.94
PRC-12	175.32	417.165	438.84	0.95
PRC-13	188.92	330.510	347.19	0.95
PRC-14	173.55	328.360	350.92	0.94
PRC-15	177.75	287.660	300.25	0.96
			均值	1.00
			方差	0.07

本章小结

本章通过 11 根预应力超高强混凝土梁和 4 根预应力普通混凝土梁的对比试验研究，研究了剪跨比、预应力度、配箍率和混凝土强度等因素对其极限荷载、斜截面开裂荷载和变形能力的影响，得到如下初步结论：

（1）预应力超高强混凝土梁的裂缝形态与预应力普通混凝土梁相似，在剪跨比 1.5≤λ≤2.5 时，破坏形态均为剪压破坏，预应力超高强混凝土梁与预应力普通混凝土梁相比具有更好的受剪承载力，并且混凝土强度越高，试验梁的刚度越大。

（2）试验梁的斜截面开裂荷载和极限荷载随着剪跨比的增加而降低，预应力度越大，试验梁的斜截面开裂荷载和极限荷载越大，增大配箍率可以提高试验梁的极限荷载，但是对斜截面开裂荷载几乎无影响。

（3）根据预应力超高强混凝土梁在张拉阶段的跨中反拱值与混凝土应变的试验结果，对预应力超高强混凝土梁的弹性刚度进行理论分析，建立了预应力超高强混凝土梁的弹性刚度折减系数计算公式，同时指出影响预应力超高强混凝土梁弹性刚度折减系数的因素，并给出了预应力超高强混凝土梁的弹性刚度折减系数建议值，该值为 0.98。

（4）建立了预应力超高强混凝土梁受剪承载力简化计算公式。计算结果与试验结果对比分析表明，本文提出的计算公式具有较高的精度，可供进一步研究参考。利用现行规范计算预应力超高强混凝土梁受剪承载力的计算结果离散性较大。

参考文献

［1］ Duval R.，Kadri E. H. Influence of silica fume on the workability and the compressive strength of high-performance concretes. Cement and Concrete Research，1998，28（4）：533-547.

［2］ Candappa D. P.，Setunge S.，Sanjayan J. G. Stress versus strain relationship of high strength concrete under high lateral confinement. Cement and Concrete Research. 1999，29（12）：1977-1982.

［3］ Beshr H.，Almusallam，A. A.，Maslehuddin，M. Effect of coarse aggregate quality on the mechanical properties of high strength concrete. Construction and Building Materials. 2003，17（2）：97-103.

［4］ 张晓东，王振东. 高强混凝土应力-应变关系的试验分析. 1997，（2）：34-37.

［5］ Benjamin A. Graybeal. Flexural Behavior of an Ultrahigh-Performance Concrete I-Girdel. Journal of Bridge Engineering，2008，13（6）：602-610.

［6］ Linfeng Chen，Benjamin A. Graybeal. Modeling Structural Performance of Ultrahigh Performance Concrete I-Girders. Journal of Bridge Engineering，2012，

17 (5): 754-764.

[7] Eric Steinberg. Structural Reliability of Prestressed UHPC Flexure Models for Bridge Girders. Journal of Bridge Engineering, 2010, 15 (1): 65-72.

[8] GB 50152—92 混凝土结构试验方法标准 [S]. 北京: 中国建筑工业出版社, 1992.

[9] GB/T 228—2002 金属材料室温拉伸试验方法 [S]. 北京: 中国建筑工业出版社, 2002.

[10] 张克波. 静载和疲劳荷载作用下 PPC 受弯构件的挠度. 长沙交通学院学报 1990, 12 (4): 59-68.

[11] GB 50010—2010 混凝土结构设计规范 [S]. 北京: 中国建筑工业出版社, 2011.

[12] 预应力混凝土梁的抗剪强度计算. 钢筋混凝土结构研究报告选集 (2). 北京: 中国建筑工业出版社, 1981.

[13] 陈彬. 预应力 PRC 梁抗剪性能研究 [D]. 长沙: 湖南大学. 2007: 39-43.

[14] 杜修力, 王作虎, 詹界东. 预应力 CFRP 筋混凝土梁受剪性能试验研究 [J]. 建筑结构学报, 2011, 32 (4): 80-86.

[15] 江炳章. 预应力度及剪跨比对部分预应力混凝土梁抗剪强度的影响 [J]. 广西大学学报 (自然科学版), 1986, 1: 30-38.

[16] 郑升宝. 横张预应力混凝土梁抗剪性能的试验研究 [D]. 重庆: 重庆交通学院. 2003: 49-52.

第8章　预应力型钢超高强混凝土梁

由第7章的试验结果可知，与预应力普通混凝土梁相比，预应力超高强混凝土梁具有更好的剪切强度和刚度，但是预应力超高强混凝土梁也存在明显的脆性特征。如何解决超高强混凝土构件的脆性行为一直是人们研究的重点。钢与混凝土组合结构在日本就被应用于建筑结构工程中。这类结构不仅可以增加结构构件的强度、刚度和耗能能力，而且也具有很好的延性。因此，在预应力超高强混凝土梁中内置型钢可能是解决预应力超高强混凝土梁脆性特征的一种有效方法。

基于上述分析，本节开展了预应力型钢超高强混凝土梁受剪性能试验研究。试验包括18根预应力型钢超高强混凝土梁和4根预应力型钢普通混凝土梁，主要试验参数为剪跨比 λ（1.5、2.0 和 2.5）、配箍率 ρ_{sv}（0.22%、0.32%和0.42%）、腹板厚度 t_w（3.0mm 和 8.0mm）、预应力度 λ_p（0、0.34 和 0.42）、混凝土强度 f_c（C40、C70 和 C100）、翼缘宽度比 α（0.31 和 0.69）和栓钉高度 h（0mm、35mm 和 55mm）。文中首先介绍了试验概况，然后对试验成果进行简要汇报。根据试验结果分析剪跨比、配箍率、腹板厚度、预应力度、混凝土强度、翼缘宽度比和栓钉高度等因素对预应力型钢超高强混凝土梁受剪承载力的影响，通过不同试验参数对受剪承载力的影响分析，提出了预应力型钢超高强混凝土梁适用计算方法，并进行计算方法的试验结果验证。同时，本章对比分析了预应力型钢超高强混凝土和预应力超高强混凝土梁的剪切性能以及分析不同试验参数对预应力型钢超高强混凝土梁剪切性能的影响。另外，为了验证有限元程序 ANSYS 软件对预应力型钢超高强混凝土梁受剪性能的数值模拟是否可行，本章还凭借非线性有限元分析软件 ANSYS 对预应力型钢超高强混凝土梁的加载历程进行数值模拟，将模拟计算结果与试验结果进行比对，从而分析 ANSYS 软件对预应力型钢超高强混凝土梁数值分析的合理性，进而对预应力型钢超高强混凝土梁的设计计算提供理论基础。

当今桥梁工程中的车辆活荷载是桥梁结构中最主要的活荷载之一。由于交通高低峰时段的交替出现，车辆活荷载可能引起部分卸载的循环荷载形式。交通拥塞时，桥面上行驶车辆骤增，致使车辆活荷载显著增加，交通恢复畅通后，桥面车辆相应减少，车辆活荷载也随之显著降低。这与地震作用下的往复荷载有明显不同，因此结构受到的影响不可简单地根据低周往复试验获得。现有研究成果发现循环加载导致普通混凝土梁的受剪承载力显著降低。为了研究循环加载对预应力型钢超高强混凝土梁的受剪性能影响，本节对部分试验梁进行类似的循环加载试验。此外，由于近年来重型车辆通行量较大等原因，超载导致桥梁事故频繁发生，甚至会引发桥梁坍塌。针对这一情况，本文选取超载情况下的循环荷载幅进行试验研究。

基于当今桥梁循环加载的工况，本文开展了循环加载对预应力型钢超高强混凝土梁受剪性能影响的研究。试验包括 7 根预应力型钢超高强混凝土梁，试验的主要变化参数为预应力度 λ_p（0、0.34 和 0.42）、配箍率 ρ_{sv}（0.22%、0.32%和 0.42%）和荷载水平（$0.7P_u$ 和 $0.9P_u$）。文中首先介绍试验概况，然后对试验结果进行简要汇报，根据静载试验结果来分析循环加载对预应力型钢超高强混凝土梁的破坏形态影响以及预应力度、配箍率和荷载水平对循环加载后试验梁的荷载-挠度曲线、极限荷载、裂缝宽度和剪切延性的影响。

8.1 试验设计

8.1.1 试验目的

通过 18 根预应力型钢超高强混凝土梁和 4 根预应力型钢普通混凝土梁的受剪性能试验，试图达到以下目的：

（1）研究预应力型钢超高强混凝土梁的受力破坏过程、破坏形态和破坏机理与预应力型钢普通混凝土梁的区别；

（2）研究剪跨比、配箍率、腹板厚度、预应力度、混凝土强度、翼缘宽度比和栓钉高度对试验梁受剪承载力和变形性能的影响；

（3）研究预应力型钢超高强混凝土梁受剪承载力的计算原理与计算方法。

8.1.2 试件设计与制作

本次试验共设计了 22 根试验梁，预应力型钢超高强混凝土梁为 18

根，预应力型钢普通混凝土梁为 4 根。试验参数包括剪跨比 λ（1.5、2.0 和 2.5）、配箍率 ρ_{sv}（0.22%、0.32%和 0.42%）、腹板厚度 t_w（3.0mm 和 8.0mm）、预应力度 λ_p（0、0.34 和 0.42）、混凝土强度 f_c（C40、C70 和 C100）、翼缘宽度比 α（0.31，0.50 和 0.69）和栓钉高度 h（0mm 和 55mm）。试验梁的截面尺寸均为 160mm×340mm，梁长为 1200mm、1400mm 和 1600mm，其中剪跨段长度为 840mm、1120mm 和 1400mm。型钢采用普通热轧工字钢Ⅰ14（下翼缘处贴焊截面尺寸为 60mm×10mm 的钢板）和焊接 H 型钢，型钢和钢板均采用 Q235 钢。纵向受拉钢筋采用 3 根直径为 20mm 的 HRB335 钢，纵向受压钢筋采用 2 根直径为 18mm 的 HRB335 钢，箍筋采用直径为 6.5mm 的 HPB235 钢。预应力筋采用 1860 级钢绞线，张拉控制应力均为 $0.75f_{ptk}$（f_{ptk} 为抗拉强度标准值），直径分别为 15.2mm 和 12.7mm。为降低由于试验梁长度过小而导致了预应力损失，本试验采用低回缩锚具和二次补张的方法。剪力栓钉采用直径为 10mm，高度为 55mm 的钢筋焊件。22 根试件的基本设计参数见表 8-1，型钢截面见图 8-1，试件配筋见图 8-2，其中纵向受力钢筋的混凝土保护层为 20mm。型钢按《金属材料室温拉伸试验方法》GB/T 228.1—2010 规定的方法进行材性拉伸试验。实测结果见表 8-2。

试件参数　　表 8-1

试件编号	剪跨比 λ	翼缘宽厚比 α	腹板厚度 t_w(mm)	混凝土强度设计等级 f_c(MPa)	型钢截面	配箍率 ρ_{sv}(%)	预应力度 λ_p	剪力栓钉 h(mm)
PSURC-01	1.5	0.50	5.5	C100	B1	0.32	0.42	55
PSURC-02	1.5	0.50	3.0	C100	B2	0.32	0.42	55
PSURC-03	1.5	0.50	8.0	C100	B3	0.32	0.42	55
PSURC-04	1.5	0.50	5.5	C100	B1	0.32	0.34	55
PSURC-05	1.5	0.50	5.5	C100	B1	0.32	0.00	55
PSURC-06	1.5	0.50	5.5	C100	B1	0.22	0.42	55
PSURC-07	1.5	0.50	5.5	C100	B1	0.42	0.42	55
PSURC-08	2.0	0.50	5.5	C100	B1	0.32	0.42	55
PSURC-09	2.0	0.31	5.5	C100	B4	0.32	0.42	55
PSURC-10	2.0	0.69	5.5	C100	B5	0.32	0.42	55
PSURC-11	2.0	0.50	3.0	C100	B2	0.32	0.42	55

续表

试件编号	剪跨比 λ	翼缘宽厚比 α	腹板厚度 t_w(mm)	混凝土强度设计等级 f_c(MPa)	型钢截面	配箍率 ρ_{sv}(%)	预应力度 λ_p	剪力栓钉 h(mm)
PSURC-12	2.0	0.50	8.0	C100	B3	0.32	0.42	55
PSURC-13	2.0	0.50	5.5	C100	B1	0.32	0.34	55
PSURC-14	2.0	0.50	5.5	C100	B1	0.32	0.00	55
PSURC-15	2.0	0.50	5.5	C100	B1	0.22	0.42	55
PSURC-16	2.0	0.50	5.5	C100	B1	0.42	0.42	55
PSURC-17	2.0	0.69	5.5	C100	B5	0.32	0.42	0
PSURC-18	2.5	0.50	5.5	C100	B1	0.32	0.42	55
PSRC-19	1.5	0.50	5.5	C70	B1	0.32	0.42	55
PSRC-20	1.5	0.50	5.5	C40	B1	0.32	0.42	55
PSRC-21	2.0	0.50	5.5	C70	B1	0.32	0.42	55
PSRC-22	2.0	0.50	5.5	C40	B1	0.32	0.42	55

注：型钢截面中 B1 为 I 14（截面尺寸 $d_s \times b_f \times t_w \times h_f' \times h_f$ 为 140mm×80mm×5.5mm×9.1mm×9.1mm），且在下翼缘贴焊截面尺寸为 60mm×10mm 的钢板；

型钢截面 B2 截面尺寸 $d_s \times b_f \times t_w \times h_f' \times h_f$ 为 140mm×80mm×3.0mm×10mm×18mm；

型钢截面 B3 截面尺寸 $d_s \times b_f \times t_w \times h_f' \times h_f$ 为 140mm×80mm×8.0mm×10mm×18mm；

型钢截面 B4 截面尺寸 $d_s \times b_f \times t_w \times h_f' \times h_f$ 为 140mm×48mm×5.5mm×10mm×18mm；

型钢截面 B5 截面尺寸 $d_s \times b_f \times t_w \times h_f' \times h_f$ 为 140mm×110mm×5.5mm×10mm×18mm。

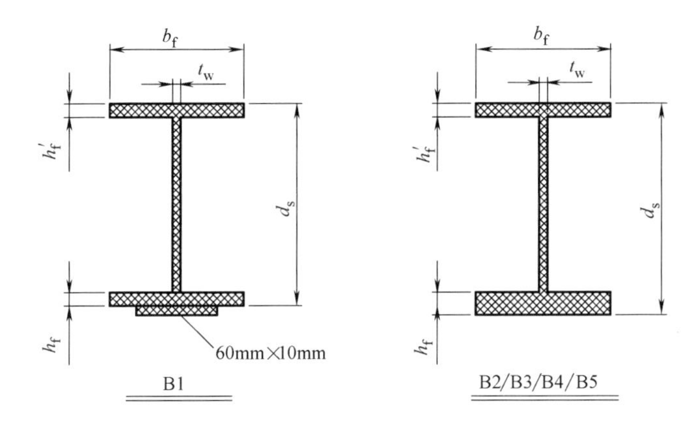

图 8-1　型钢的截面尺寸

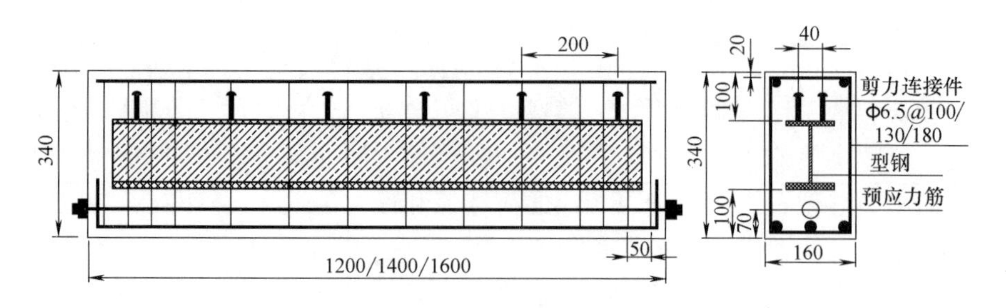

图 8-2　试件构造图

型钢的力学性能　　表 8-2

型钢类别	屈服强度(MPa)		极限强度(MPa)		弹性模量(MPa)	
	翼缘	腹板	翼缘	腹板	翼缘	腹板
B1	320	320	420	420	208000	208000
B2	325	325	465	435	205000	205000
B3	325	315	435	435	205000	205000
B4	325	330	470	465	205000	205000
B5	325	330	470	465	205000	205000

8.1.3　加载装置与加载制度

试验按照《混凝土结构试验方法标准》GB/T 50152—2012 的规定进行分级加载，正式加载前先预压 10kN，使加载系统的各部分间能够良好接触，各仪表能够正常工作，检查无误后卸载至零，而后再次调整各仪器。正式试验时，根据我们预先估算的极限荷载采用分级加载，每加一级荷载，持载 10min，以便于量测试验数据，试验梁开裂前，每级加荷为预估极限荷载的 5%～10%；试验梁开裂后，缓慢加载，每级加荷为预估极限荷载的 5%；加载至极限荷载 85%时则以位移控制加载，加载速率为 0.02mm/min，直至试件破坏。试验加载装置示意图如图 8-4 所示。

8.1.4　观测内容与测点布置

本试验观测的主要内容：

（1）荷载值：记录正截面开裂荷载、斜截面开裂荷载、极限荷载以及破坏荷载等；

(2) 裂缝：观测裂缝的产生和发展，记录每级荷载作用下的裂缝长度和宽度。裂缝采用肉眼观测，裂缝宽度采用裂缝测宽仪测读，分别取试件最大裂缝宽度值作为实测值。在试验加载过程中沿裂缝开展方向用黑红水性笔描出裂缝位置，同时记录相应的荷载值和最大裂缝宽度，并在试件加载过程中以及实验结束后拍照记录；

(3) 应变值：包括钢筋应变、混凝土应变以及腹板应变，其中①在加载点与支座之间的每根箍筋中部布置规格为 2.0×3.0mm 的应变片，以了解剪跨区内箍筋的应变变化规律，在试验梁的每根纵筋中部粘贴规格为 2.0×3.0mm 的应变片，以了解纵筋的应变变化规律，在预应力筋的中部设置 0.5×0.5mm 的应变片，以了解试件加载过程中预应力筋的应力状态，如图 8-3 所示；②在型钢受拉翼缘以及加载点与支座连线方向的腹板上分别布置应变片和应变花，以了解试件加载过程中以及最终破坏时型钢的应力状态；③在试验梁的跨中底部设置 100×5.0mm 的混凝土应变片，用于掌握试件在加载过程中的混凝土弯曲裂缝出现截面处的混凝土应变值，在剪跨区，沿加载点和支座连线方向布置规格为 100×5.0mm 的混凝土应变片，应变片布置的方向与连线的方向相互垂直，以便更好地捕捉梁的斜裂缝位置，如图 8-4 所示；

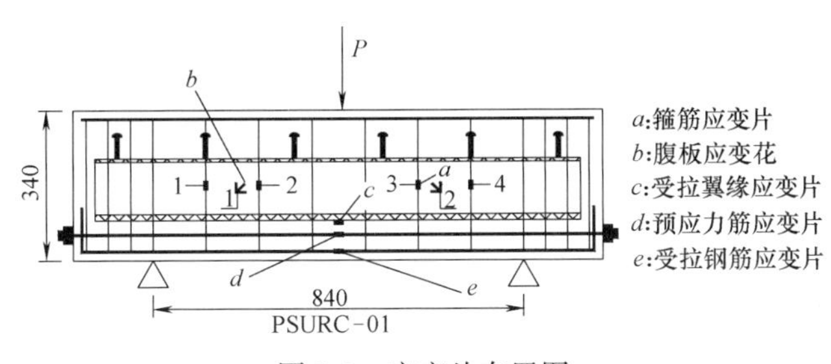

图 8-3　应变片布置图

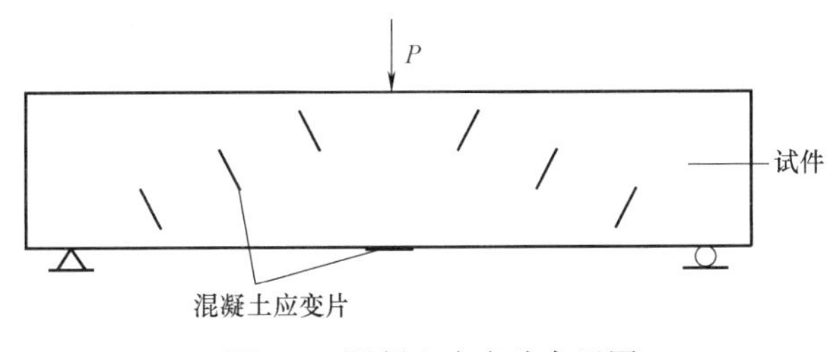

图 8-4　混凝土应变片布置图

(4) 在试件的跨中和支座位置处分别设置 LVDT 一台，以在试验过程中记录每一级荷载下梁的跨中和支座处的位移，此外，试验梁两侧也分别设置 LVDT 一台，用于测量试验梁内的型钢上翼缘的滑移。如图 8-5 所示。

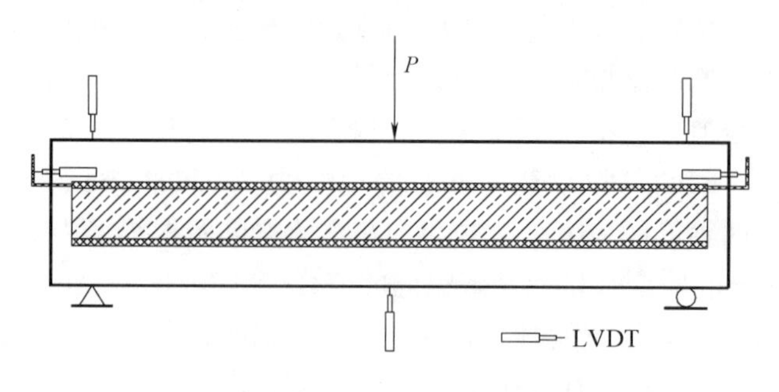

图 8-5　LVDT 布置图

8.2　试验结果及分析

8.2.1　破坏模式和裂缝形态

试验表明，预应力型钢超高强混凝土梁的受力过程与预应力型钢普通混凝土梁类似，分为 3 个阶段：初裂阶段、裂缝开展阶段和破坏阶段。图 8-6 出示了预应力型钢超高强混凝土梁的破坏形态。加载初期，型钢、钢筋及混凝土均处于弹性阶段。加载至 14%～22%极限荷载时，梁跨中加载点的正下方出现第一条竖向裂缝。荷载增大，梁跨中附近出现新的竖向裂缝。加载至 18%～48%极限荷载时，竖向裂缝斜向加载点方向发展，同时，在剪跨区内出现支座与加载点连线方向的斜裂缝；荷载继续加大，斜裂缝缓慢延伸，斜裂缝宽度增加。加载至极限荷载时，主斜裂缝继续向加载点方向发展，并伴有巨响。极限荷载过后，梁腹部分斜裂缝贯通，承载能力缓慢降低。在试验中观察到超高强混凝土梁剪切破坏面较普通强度混凝土梁光滑平整，破坏面沿裂缝的粗骨料大部分被裂开。这表明与普通强度混凝土相比，超高强混凝土粗骨料咬合作用有所降低。

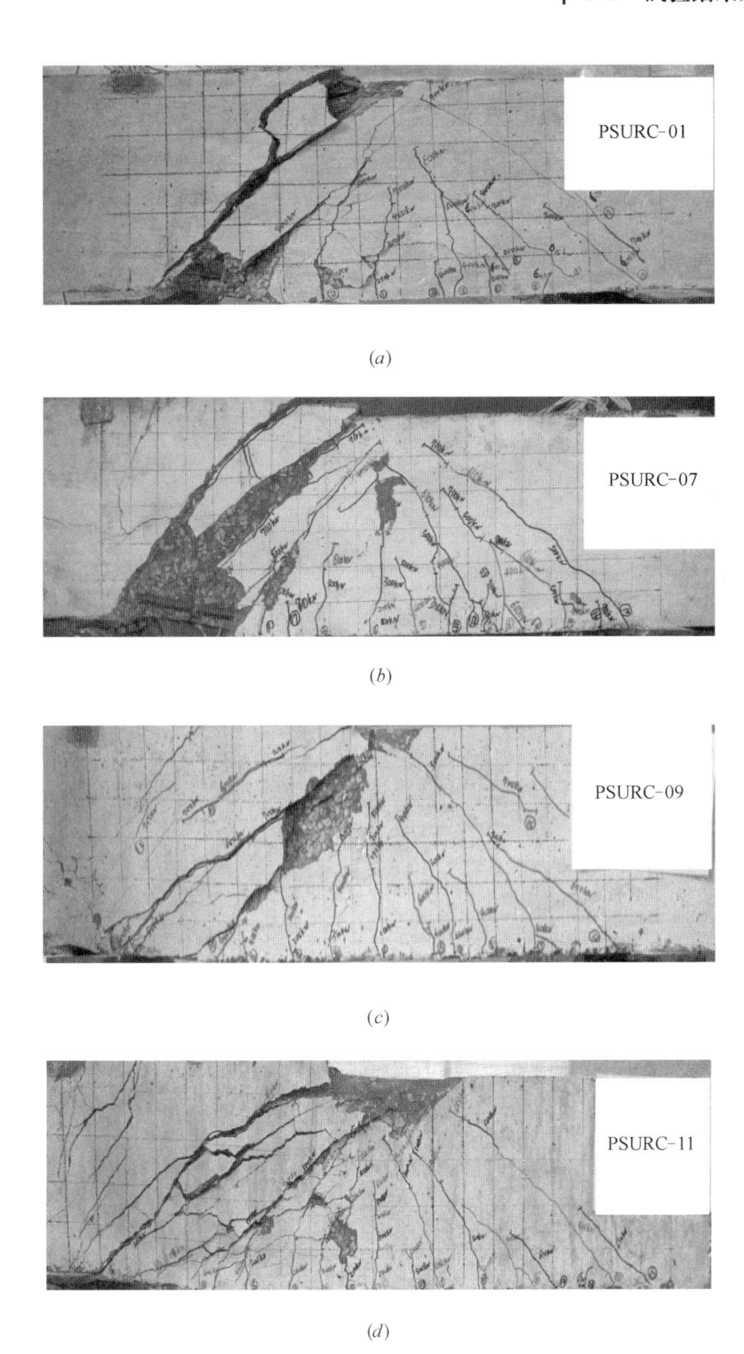

(a)

(b)

(c)

(d)

图 8-6 试验梁最终破坏形态

8.2.2 试验梁的开裂荷载和极限荷载

试验梁试件的相关荷载 表 8-3

试件编号	混凝土强度设计等级 f_c(MPa)	正截面开裂荷载 P_{cr}(kN)	斜截面开裂荷载 F_{cr}(kN)	极限荷载 F_U(kN)
PSURC-01	C100	232.49	464.98	1164.36
PSURC-02	C100	209.29	338.56	1043.62
PSURC-03	C100	205.98	371.23	1212.19
PSURC-04	C100	167.62	411.96	1147.32
PSURC-05	C100	164.01	215.05	1042.20
PSURC-06	C100	197.57	309.67	1079.83
PSURC-07	C100	211.19	471.84	1239.38
PSURC-08	C100	175.20	340.03	881.68
PSURC-09	C100	217.38	517.95	1062.09
PSURC-10	C100	182.78	366.97	813.02
PSURC-11	C100	173.78	348.03	807.34
PSURC-12	C100	179.93	431.84	1003.84
PSURC-13	C100	138.27	306.35	855.63
PSURC-14	C100	40.77	145.84	846.64
PSURC-15	C100	149.10	330.81	825.87
PSURC-16	C100	190.35	343.08	947.02
PSURC-17	C100	132.11	307.31	769.93
PSURC-18	C100	155.32	272.74	870.04
PSRC-19	C70	144.42	342.82	1046.93
PSRC-20	C40	120.76	298.31	881.20
PSRC-21	C70	142.53	263.75	839.06
PSRC-22	C40	134.95	229.65	774.19

8.2.3 荷载-挠度曲线

图 8-7 出示了预应力型钢超高强混凝土梁的荷载-挠度曲线。以图 8-7（a）中的荷载-挠度曲线为例，A 点为斜截面开裂荷载点，在斜裂缝出现前，荷载-挠度曲线是线性的；斜裂缝出现后，试验梁的刚度显著降低。

当荷载加载至 B 点时，试验梁开始屈服，荷载-挠度曲线表现明显的非线性。继续加载至试验梁的极限荷载（C 点），过 C 点荷载快速下降至 D 点。继续加载直至受压区混凝土大面积压碎、剥落（E 点）。曲线 DE 段较 CD 段平缓，表明试验梁具有更好的剪切延性。

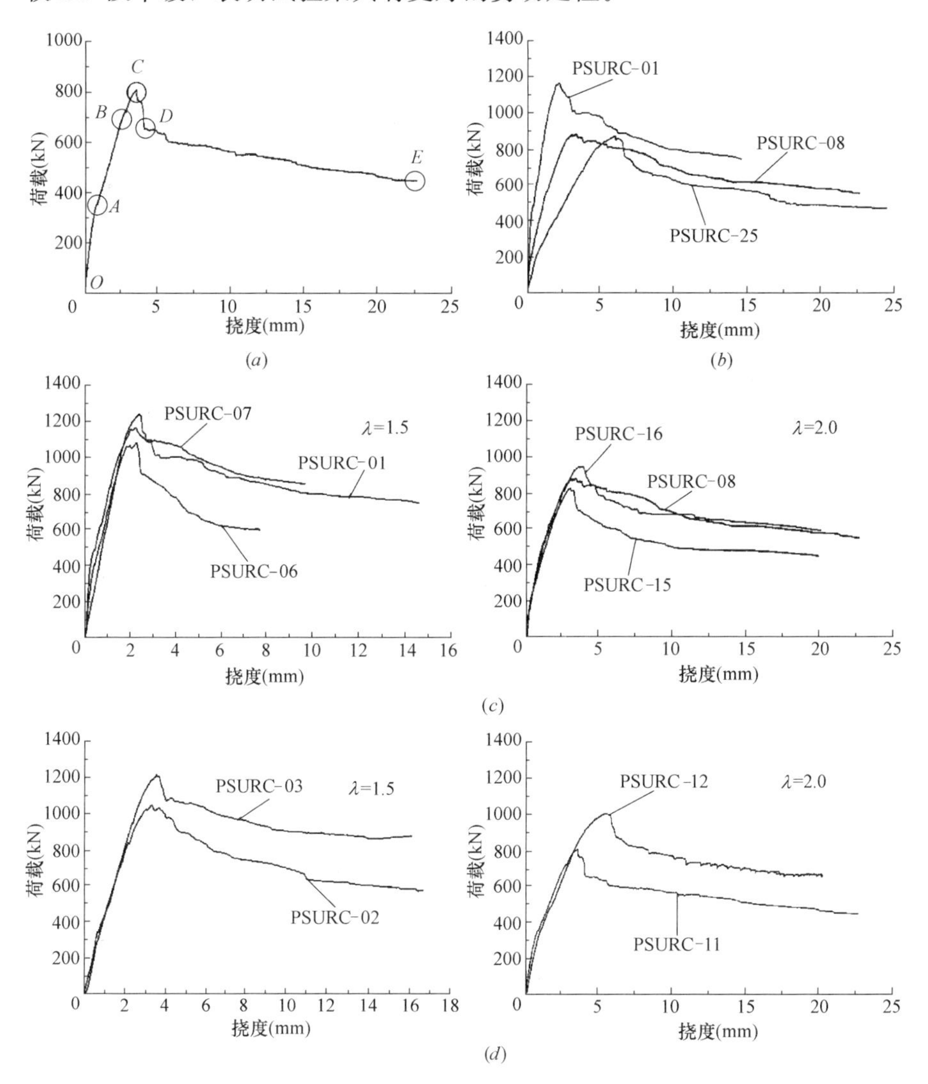

图 8-7 试验梁的荷载-挠度曲线（一）

（a）试验梁的典型荷载-挠度曲线；（b）剪跨比对荷载-挠度曲线的影响；

（c）配箍率对荷载-挠度曲线的影响；（d）腹板厚度对荷载-挠度曲线的影响

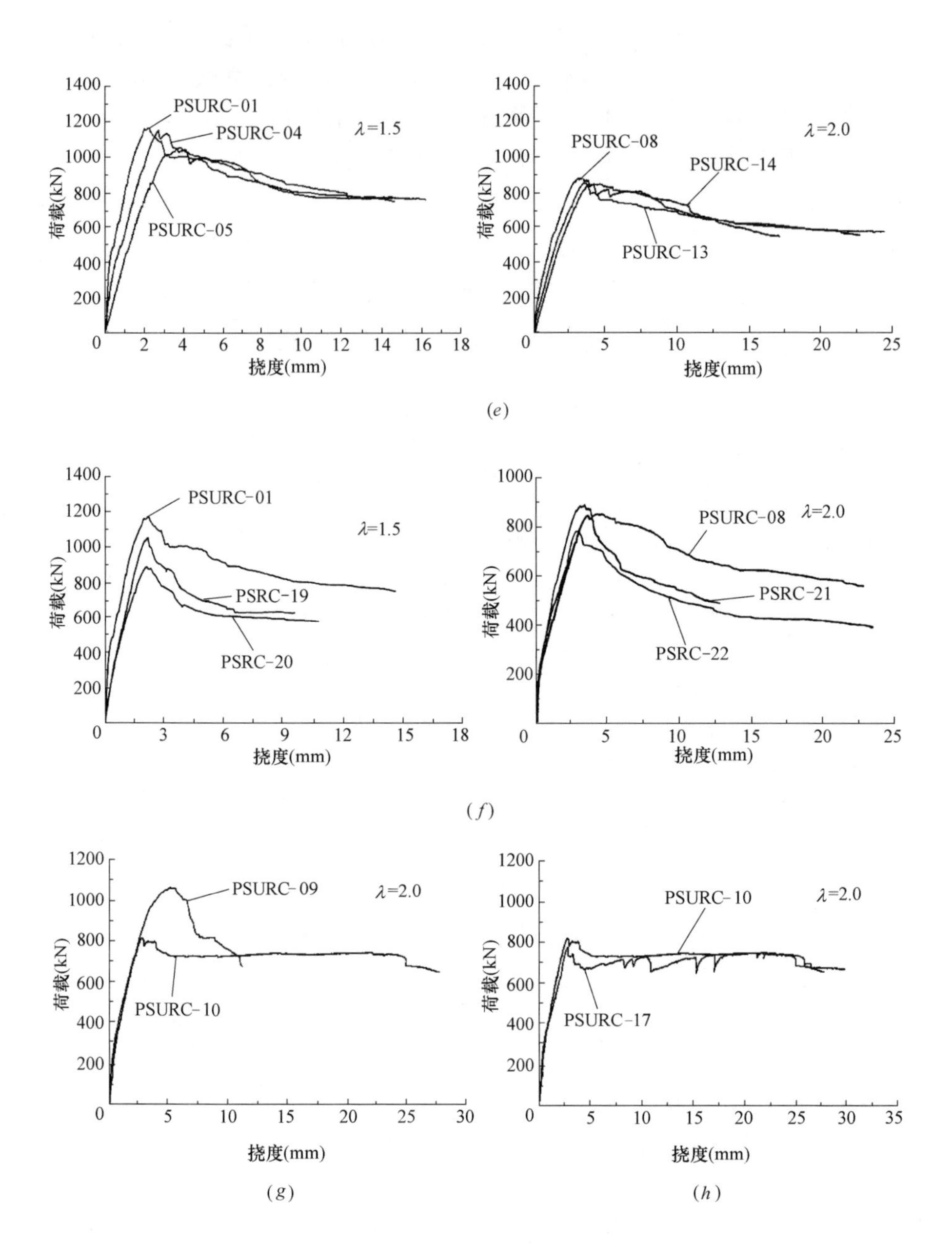

图 8-7 试验梁的荷载-挠度曲线（二）

(*e*) 预应力度对荷载-挠度曲线的影响；(*f*) 混凝土强度对荷载-挠度曲线的影响；
(*g*) 翼缘宽度比对荷载-挠度曲线的影响；(*h*) 栓钉高度比对荷载-挠度曲线的影响

8.3 预应力型钢超高强混凝土梁受剪承载能力分析

8.3.1 影响受剪能力的因素

1. 剪跨比的影响

从图 8-8 和图 8-9 可以看出：随着剪跨比的增大，构件的极限荷载是降低的，且在剪跨比增大到一定程度时，极限荷载减小的趋势减缓。斜截面开裂荷载随着剪跨比的增加而降低是由于剪跨区内的应力重分配引起的，当剪跨比较小时，应力重分配在整个剪跨区作用更为明显；当剪跨比较大时，应力重分配仅在支座及集中荷载附近作用。与试验梁 PSURC-18 相比，试验梁 PSURC-08 与 PSURC-01 的斜截面开裂荷载分别增加 24.67%和 70.48%；极限荷载各自增加了 1.34%和 33.83%。

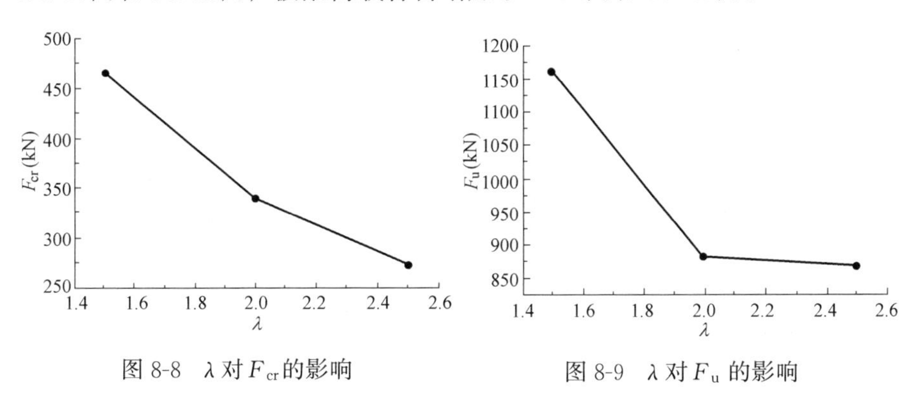

图 8-8 λ 对 F_{cr} 的影响

图 8-9 λ 对 F_u 的影响

2. 配箍率的影响

图 8-10 和图 8-11 分别给出了配箍率对梁的斜截面开裂荷载和极限荷载的影响，对于剪跨比为 2.0 的试验梁，当配箍率从 0.22% 提高到 0.42%时，极限荷载提高了 14.7%，然而斜截面开裂荷载几乎没有改变。这是因为：(1) 箍筋的直径很小且表面光滑，所以斜裂缝形成以前，箍筋很难对周围的混凝土形成一种有效的约束作用，斜裂缝形成后，与斜裂缝相交的箍筋能够提供剪力以及限制斜裂缝的开展；(2) 增大配箍率可以对

型钢提供更好的约束作用，进而能够促使型钢更好的发挥剪切性能。

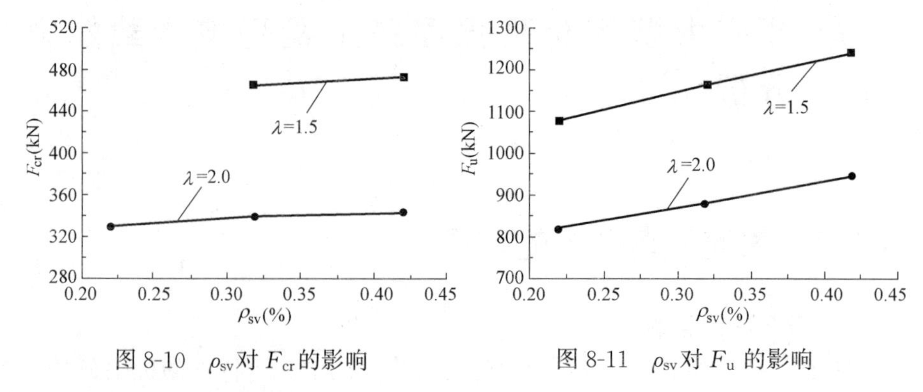

图 8-10　ρ_{sv}对 F_{cr}的影响　　图 8-11　ρ_{sv}对 F_u 的影响

3. 腹板厚度的影响

根据桁架-拱模型可知，型钢腹板和混凝土共同受力构成斜压杆，型钢下翼缘和预应力钢筋以及受拉钢筋一起平衡荷载产生的弯矩。斜压杆的荷载传递是从加载点到支座进行直接荷载传递，斜压抵抗作用与腹板厚度和混凝土强度有关。因此，厚腹板可以传递更多的荷载。图 8-12 和图 8-13 分别给出了腹板厚度对试验梁的斜截面开裂荷载和极限荷载的影响。对于剪跨比为 2.0 的试验梁，当腹板厚度从 3.0mm 增加到 8.0mm 时，斜截面开裂荷载和极限荷载分别增长 24.1％和 24.3％。

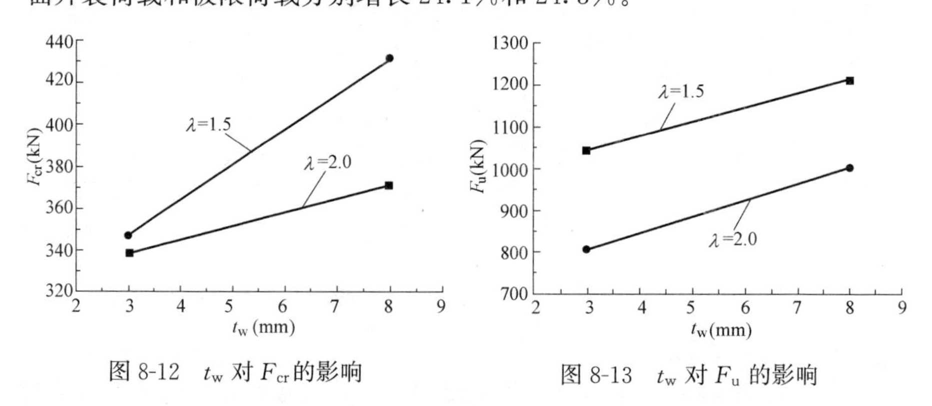

图 8-12　t_w 对 F_{cr}的影响　　图 8-13　t_w 对 F_u 的影响

4. 预应力度的影响

图 8-14 和图 8-15 分别给出了预应力度对梁的斜截面开裂荷载和极限荷载的影响，从图中可以看出：增大预应力度显著提高试验梁的斜截面开裂荷载。同时，增大预应力度也可以增大试验梁的剪压区高度，进而提高试验梁的极限荷载，但从本试验的结果来看，极限荷载提高的程度并不显

著。对于剪跨比为 1.5 和 2.0 的试验梁，当预应力度从 0 增大到 0.42 时，斜截面开裂荷载分别提高了 116.2%和 133.2%，而极限荷载仅提高 11.7%和 4.2%。

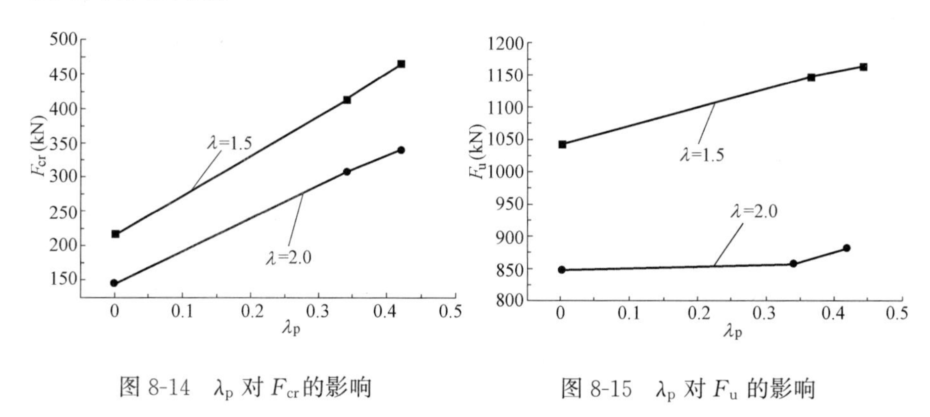

图 8-14　λ_p 对 F_{cr} 的影响

图 8-15　λ_p 对 F_u 的影响

5. 混凝土强度的影响

图 8-16 显示了混凝土强度对斜截面开裂荷载的影响，从图中可以看出：随着混凝土强度等级的提高，斜截面开裂荷载也随着增大，对于剪跨比分别为 1.5 和 2.0 的试验梁，当混凝土抗压强度从 42.9MPa 增长到 108.2MPa 时，斜截面开裂荷载分别增加了 55.9%和 48.1%。这主要因为混凝土的抗拉强度随着抗压强度的增加而增大。从图 8-17 也可以看出试验梁的极限荷载随着混凝土强度的提高而增大，并且这种趋势随着剪跨比的增加而逐渐减弱。对于剪跨比为 1.5 的试验梁，当混凝土强度从 42.9MPa 增长到 108.2MPa 时，极限荷载增加了 32.1%。然而，对于剪跨比 λ 为 2.0 的试验梁，极限荷载仅增加了 13.8%。

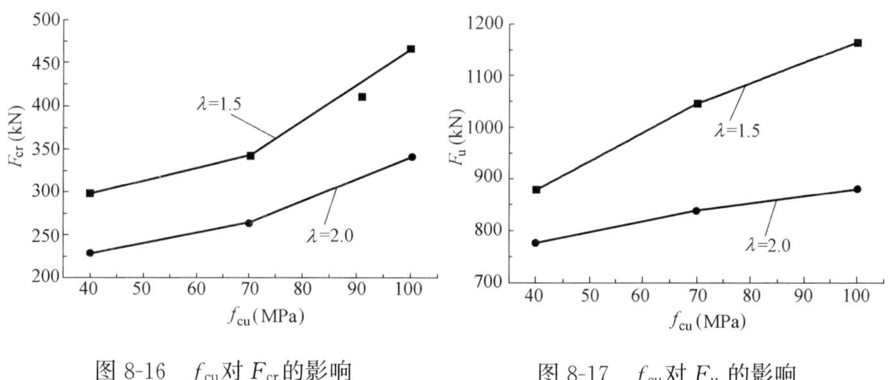

图 8-16　f_{cu} 对 F_{cr} 的影响

图 8-17　f_{cu} 对 F_u 的影响

6. 翼缘宽度比的影响

图 8-18 和图 8-19 分别出示了翼缘宽度比对试验梁的斜截面开裂荷载和极限荷载的影响，从图中可以看出，随着翼缘宽度比的增加，组合梁的斜截面开裂荷载和极限荷载均随之降低。当翼缘宽度比从 0.31 增大到 0.69 时，斜截面开裂荷载降低了 41%；极限荷载降低了 31%。

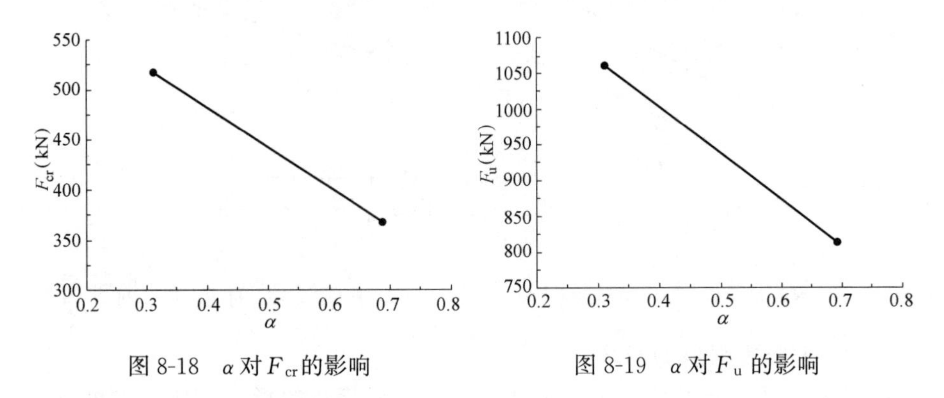

图 8-18 α 对 F_{cr} 的影响　　图 8-19 α 对 F_u 的影响

7. 栓钉高度的影响

图 8-20 和图 8-21 显示了栓钉高度对组合梁斜截面开裂荷载和极限荷载的影响。从图中可以看出，栓钉高度的增加对斜截面开裂荷载的影响较为明显，对极限荷载几乎无作用。当栓钉高度从 0mm 增大到 55mm 时，斜截面开裂荷载增加了 20%，但是极限荷载仅增加了 6%。

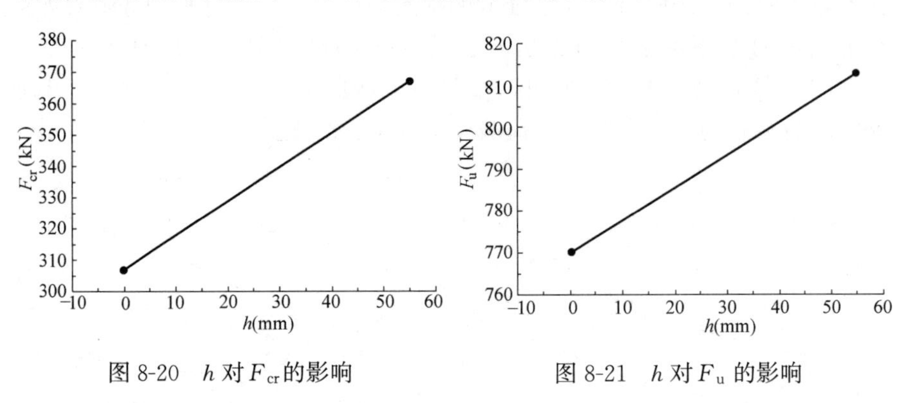

图 8-20 h 对 F_{cr} 的影响　　图 8-21 h 对 F_u 的影响

8.3.2 我国现行设计方法的比较

型钢混凝土梁构件的设计方法主要参照《组合结构设计规范》JGJ

138 和《钢骨混凝土结构设计规程》YB 9082，各规范中关于型钢混凝土梁的受剪承载力计算公式如下：

《钢骨混凝土结构设计规程》YB 9082

集中荷载：

$$V=\frac{0.2}{\lambda+1.5}f_{c}bh_{0}+1.25f_{yv}\frac{A_{sv}}{s}h_{0}+t_{w}h_{w}f_{ssv} \tag{8-1}$$

《组合结构设计规范》JGJ 138

集中荷载：

$$V=\frac{1.75}{\lambda+1}f_{c}bh_{0}+f_{yv}\frac{A_{sv}}{s}h_{0}+\frac{0.58}{\lambda}t_{w}h_{w}f_{a} \tag{8-2}$$

分析现有计算方法可以看出：型钢混凝土构件受剪承载力计算理论与钢筋混凝土构件基本相同，从形式上分为三部分：①箍筋受剪作用 V_{sv}；②混凝土受剪作用 V_{c}；③型钢的受剪作用 V_{a}。为此型钢混凝土构件受剪承载力可表达为下式：

$$V_{SRC}=V_{sv}+V_{c}+V_{a} \tag{8-3}$$

由试验现象及结果分析，预应力型钢超高强混凝土梁的剪切破坏机理与型钢混凝土梁的剪切破坏机理基本相同。此外，根据预应力混凝土梁受剪试验的研究成果，预应力型钢超高强混凝土梁受剪承载力可表达为下式：

$$V_{PSURC}=V_{sv}+V_{c}+V_{a}+V_{p} \tag{8-4}$$

8.3.3 受剪承载力建议计算公式

依据上述分析可知，增加预应力度可以提高试验梁受剪承载力。根据表 8-3 中的实测值也可以发现，当剪跨比发生变化时，预应力度对受剪承载力的影响程度也随之发生改变。因此，建议预应力提供的受剪承载力 V_{p} 如式（8-5）所示，N_{P0} 为计算截面上混凝土法向预应力等于零时的纵向预应力钢筋及非预应力钢筋的合力，计算方法见《混凝土结构设计规范》GB 50010—2010，计算结果如表 8-3 所示。

$$V_{p}=\gamma\frac{N_{p0}}{\lambda} \tag{8-5}$$

试验研究表明，箍筋对受剪承载力的贡献主要靠本身所能承担的剪力和提高斜裂缝间的骨料咬合力以及对型钢提供更好的约束作用，且随着配箍率的增大，这些作用越明显。分析表 8-3 中受剪承载力实测值也可以发现，随着剪跨比的增大，箍筋对受剪承载力的影响增强，这与现有研究成果得到结论一致，因此，预应力型钢超高强混凝土梁的箍筋提供受剪承载力 V_{sv} 建议如式 8-6 所示：

$$V_{sv}=\beta\lambda\frac{f_{yv}h_0A_{sv}}{s} \tag{8-6}$$

根据实验分析和实验结果可知，由于型钢腹板和混凝土共同受力构成斜压抵抗作用，因此预应力型钢超高强混凝土梁受剪承载力也随着腹板厚度的增加而提高。建议 V_a 如式（8-7）所示：

$$V_a=\frac{\eta}{\lambda}f_at_wh_w \tag{8-7}$$

通过现有研究成果关于高强高性能混凝土力学性能试验研究的相关测试数据可以看出，随着混凝土强度等级的提高，其抗压强度的提高远远高于混凝土抗拉强度的提高，对于超高强混凝土，该现象将更为突出，鉴于材料的破坏由较低指标来控制，因此，本书用 f_t 作为控制指标，如此可以提高超高强混凝土的安全储备。建议 V_c 如式（8-8）所示：

$$V_c=\alpha f_tbh_0 \tag{8-8}$$

根据以上分析，预应力型钢超高强混凝土梁受剪承载力的计算通式可表达如式（8-9）：

$$V=\alpha f_tbh_0+\beta\lambda\frac{f_{yv}h_0A_{sv}}{s}+\frac{\eta}{\lambda}f_at_wh_w+\gamma\frac{N_{p0}}{\lambda} \tag{8-9}$$

式中：α、β、η 和 γ 分别为混凝土、箍筋、型钢腹板和预应力筋的抗力系数。

根据本书所完成的 19 根试验梁受剪承载力的测试数据，拟合出各项抗力系数，并将拟合结果代入式（8-9），即得预应力型钢超高强混凝土梁受剪承载力的计算公式：

$$V=\frac{1.16}{\lambda-0.52}f_tbh_0+1.45\lambda\frac{f_{yv}A_{sv}h_0}{s}+\frac{0.76}{\lambda}f_at_wh_w+\frac{0.31}{\lambda}N_{p0} \tag{8-10}$$

式中，当剪跨比 $\lambda<1.0$ 时，取 $\lambda=1.0$，当剪跨比 $\lambda>3.0$ 时，取 $\lambda=3.0$。

应用本书提出的预应力型钢超高强混凝土梁受剪承载力的计算公式 8-10 对表 8-3 中的试验梁进行计算分析，计算结果如表 8-4 所示，从表中可以看出，计算结果与实测结果吻合较好，表明本书提出的计算公式具有较高的精度，能客观反映预应力型钢超高强混凝土梁受剪性能。其中：$V_{U,Test}$ 为受剪承载力试验值；$V_{U,Calc}$ 为参照本书提出的公式 8-10 所计算的受剪承载力。

受剪承载力计算结果　　表 8-4

试件编号	N_{P0}(kN)	$V_{U,Test}$(kN)	$V_{U,Calc}$(kN)	$V_{U,Test}/V_{U,Calc}$
PSURC-01	117.58	582.18	551.00	1.06
PSURC-02	130.46	521.81	497.98	1.05
PSURC-03	161.42	606.10	613.97	1.00
PSURC-04	130.56	573.66	560.76	1.02
PSURC-05	0.00	521.10	559.25	0.93
PSURC-06	170.58	539.92	532.77	1.01
PSURC-07	165.59	619.69	592.44	1.05
PSURC-08	127.38	440.84	449.98	0.98
PSURC-11	191.96	403.67	418.23	0.97
PSURC-12	183.67	501.92	449.14	1.01
PSURC-13	119.13	427.82	454.63	0.94
PSURC-14	0.00	423.32	457.50	0.93
PSURC-15	178.38	412.94	418.98	1.00
PSURC-16	190.45	473.51	501.78	0.94
PSURC-18	101.74	435.02	409.52	1.06
PSRC-19	110.62	523.47	509.61	1.03
PSRC-20	144.69	440.60	423.63	1.04
PSRC-21	110.23	419.53	420.87	1.00
PSRC-22	138.69	387.10	336.69	1.06
			均值	1.00
			方差	0.03

8.4 有限元计算

由于预应力型钢超高强混凝土梁是由型钢、钢筋、预应力筋及超高强混凝土等多种材料所构成，因此实际受力情况极为复杂，从而也导致了ANSYS有限元数值求解过程也极为繁琐，为了提高计算速度，在有限元数值分析前，要对数值求解过程进行简化，以下就是作出的假定：

（1）假设在试验梁受力过程中的混凝土和型钢以及混凝土与钢筋之间的粘结情况良好，忽略它们之间的相对滑移；

（2）忽略纵向受力钢筋以及预应力钢筋的横向抗剪作用；

（3）开裂前，超高强混凝土材料按照各向同性来考虑；开裂后，超高强混凝土材料按照各向异性考虑；

（4）钢筋按照各向同性来考虑。

8.4.1　单元选取

试件模型是由混凝土、型钢、普通钢筋、预应力筋和钢垫块组成。由于钢筋属于一种超细长材料，因此钢筋的横向抗剪作用不予考虑，我们选取杆（LINK）单元对钢筋进行模拟。我们忽略型钢与混凝土之间的相对滑移，则型钢与混凝土两者实体单元采用共用节点。在试验梁的支座以及预应力筋的锚固位置，添加钢垫板，以防止应力集中，具体的单元选取如下：

1. 混凝土单元

混凝土利用 8 节点实体单元 SOLID65 进行模拟，这是由于它具有塑性变形特征，可以同时模拟混凝土的开裂和压碎，非常适合于描述混凝土的带裂缝工作性能。

2. 型钢及钢垫块单元

型钢及钢垫块利用 8 节点的 SOLID45 实体单元进行模拟，因为它有 3 个自由度，具有塑性变形特征。

3. 普通钢筋和预应力钢筋

普通钢筋和预应力钢筋利用 2 节点 LINK8 单元进行模拟，在单轴拉压状态下，因为 LINK8 也均有 3 个平动自由度，具有塑性变形特征。

8.4.2　预应力处理

预应力混凝土结构的常用分析方法主要有等效荷载法和实体力筋法。

1. 等效荷载法

预应力筋的作用看作以荷载的形式作用在钢筋混凝土上，如此可以达到建模简单化，且不必考虑预应力筋在混凝土上的具体位置的影响，此外，网格划分也较为简便以及程序也较容易收敛，这样处理方法可以较容易求得预应力对结构构件整体作用。另外，由于预应力钢筋混凝土结构属于体内预应力结构，预应力筋对混凝土的各个截面作用位置并不相同；当预应力钢筋布置较为复杂时，使用等效荷载方法进行模拟时造成误差就会较大；当结构构件在外荷载作用时，同时考虑外荷载和预应力筋对结构构件的共同作用会很困难，因此，在外荷载作用下，对预应力筋应力增量的数值模拟也无法进行；当预应力钢筋混凝土结构构件为有粘结预应力时，对于预应力损失所引起的预应力钢筋各处的应力也无法进行数值模拟。

2. 实体力筋法

实体力筋法是综合考虑预应力钢筋与混凝土的相互作用的一种计算方法，利用 Solid 单元对混凝土进行模拟，预应力钢筋利用 Link 单元来模拟。可使用初应变法或者降温法来对预应力进行模拟，降温法的基本原理是对钢筋施加不同的温度值从而对张拉预应力来进行数值模拟，凭借温度值进行反算求得有效预应力。降温法是利用给体外钢筋施加温度值来对张拉预应力进行模拟，有效预应力值通过温度值反算求得。降温法简单且易操作。此外，预应力钢筋的应力损失及在外荷载作用下的应力增量也可以通过降温法来进行模拟。因为预应力钢筋的位置已经被确定，所以可以真实的模拟预应力钢筋对结构的影响和作用；由于受力钢筋和混凝土协同工作承担梁上荷载，如此外荷载作用下的应力值与应变值就可以通过预应力钢筋来计算求得；同时也可以模拟预应力钢筋的应力损失。对于本书的预应力处理方法采用的是降温法来施加预应力。

8.4.3 模型建立

本章的非线性有限元分析采用“自上而下”的建模方式，此种建模方式具有直观、方便以及不易出错等优点。通过分离式建模方法，将预应力型钢超高强混凝土梁中的混凝土、型钢以及钢筋等各组成部分别通过不同种单元形式来进行模型。为了方便计算，本书的模型建立不考虑钢筋与超高强混凝土以及型钢与超高强混凝土之间的相对滑移的影响，所以我们利用共用节点的建模方式来进行有限元模拟。考虑到模型具有高度的对称性特点，本章的建模采用二分之一模型来建立。此外，预应力型钢超高强混凝土梁中的型钢模型建立是采用实体切分方式建立的。如图 8-22 和图 8-23所示。

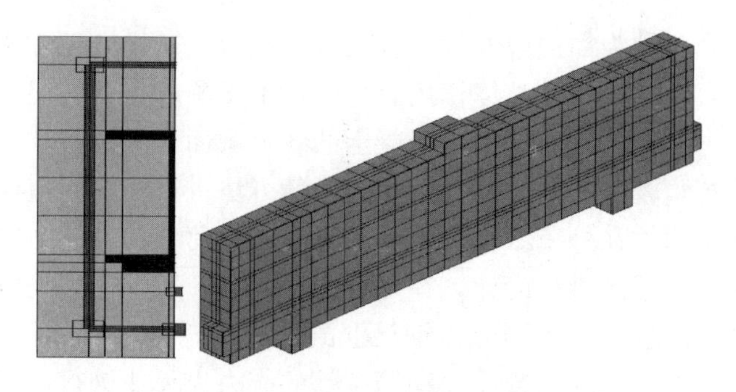

图 8-22　梁的有限元模型

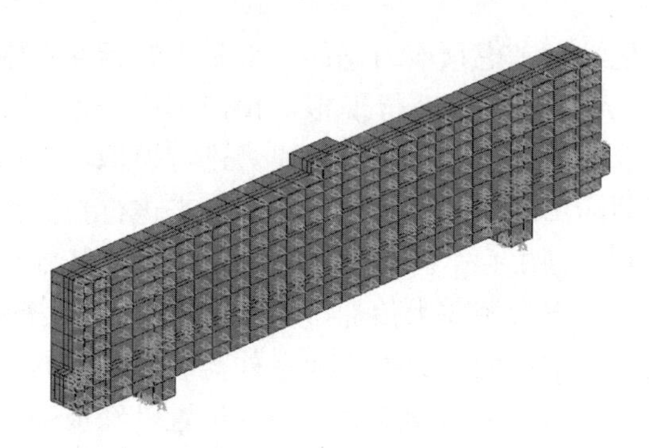

图 8-23　约束布置图

8.4.4　模型求解

模拟采用位移加载控制，加载点在梁顶跨中位置。预应力的施加采用降温法来实现，并采用一次性施加方式（考虑有效预应力的损失），由于本次试验采用的是低回缩预应力锚具，该型锚具可以通过旋转螺母有效的补偿由于锚具变形和预应力钢筋回缩引起的预应力损失。我们通过计算得到的反拱值判定施加试件上的有效预加应力。而后我们使用荷载子步法来进行整个加载过程的数值模拟。本模拟所采用完全 NR 法对预应力型钢超高强混凝土梁进行数值模拟计算，此种方法可以有效的保证数据的稳定性和准确性。

8.4.5　计算结果分析

依据本文试验参数，选取 7 根预应力型钢超高强混凝土梁进行有限元模拟，选取的各试件如表 8-5 所示：

进行有限元分析的试件　　表 8-5

试件编号	剪跨比 λ	翼缘宽厚比 α	腹板厚度 t_w(mm)	混凝土强度设计等级 f_c(MPa)	型钢截面	配箍率 ρ_{sv}(%)	预应力度 λ_p	剪力栓钉 h(mm)
PSURC-01	1.5	0.50	5.5	C100	B1	0.32	0.42	55
PSURC-02	1.5	0.50	3.0	C100	B2	0.32	0.42	55
PSURC-03	1.5	0.50	8.0	C100	B3	0.32	0.42	55
PSURC-04	1.5	0.50	5.5	C100	B1	0.32	0.34	55
PSURC-05	1.5	0.50	5.5	C100	B1	0.32	0.00	55
PSURC-06	1.5	0.50	5.5	C100	B1	0.22	0.42	55
PSURC-07	1.5	0.50	5.5	C100	B1	0.42	0.42	55

对预应力型钢超高强混凝土梁进行 ANSYS 数值模拟为跨中集中施加荷载的加载方式，采用位移控制加载，严格控制计算精度，使之 7 根试验梁的收敛性能良好。对最后的模拟计算结果进行提取，得到试验梁的 Y 向位移图、纵向受力钢筋以及箍筋的应力云图、预应力钢筋的应力云图、型钢翼缘以及腹板的应力云图和试验梁的裂缝发展图，试验梁的破坏情况属于剪切破坏，首先腹板开始屈服，随着加载的进行，钢骨腹板开始屈服。以 PSURC-01 为例，分析说明 ANSYS 的计算结果。

1. 试件 Y 方向的位移图

通过 Y 向位移图分析可知，预加应力能够完全施加到试验梁上，同时试验梁产生向上的反拱，计算所得的反拱值为 0.044mm，此时刻为第一个荷载时间步结束时刻，如图 8-24（*a*）所示。继续加大荷载，试验梁产生负向位移，最终的位移图为图 8-24（*b*）所示。

2. 钢筋应力图

如图 8-25（*a*）所示，此时刻为第一个时间子步结束，此时预加应力已经加载完毕，PSURC-01 下部纵向受拉钢筋受压，上部纵向受压钢筋受拉。继续增大荷载，如图 8-25（*b*）所示，梁下部纵筋逐渐受拉，并且跨中位置首先达到屈服状态，然后向两端扩展。继续加载如图 8-25（*c*）所示，与主斜裂缝相交处的箍筋开始屈服，箍筋后于纵筋屈服。进一步加载至梁达到极限状态如图 8-25（*d*）所示，梁上端受压钢筋在跨中相继屈服。

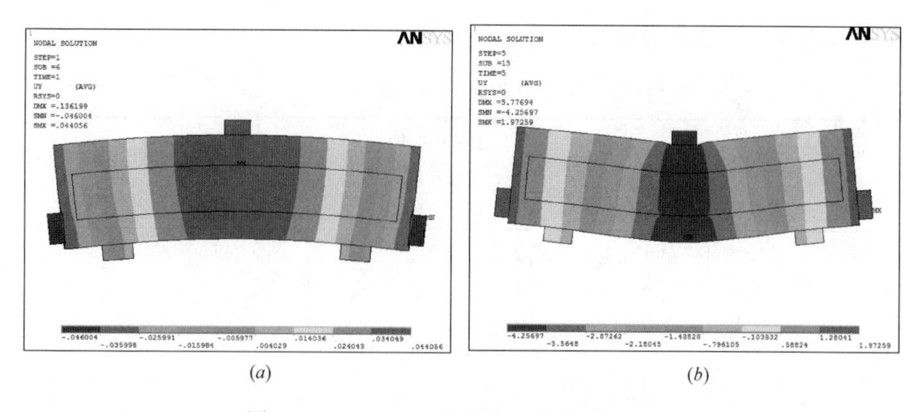

(a)　　(b)

图 8-24　PSURC-01 试件 Y 方向位移云图

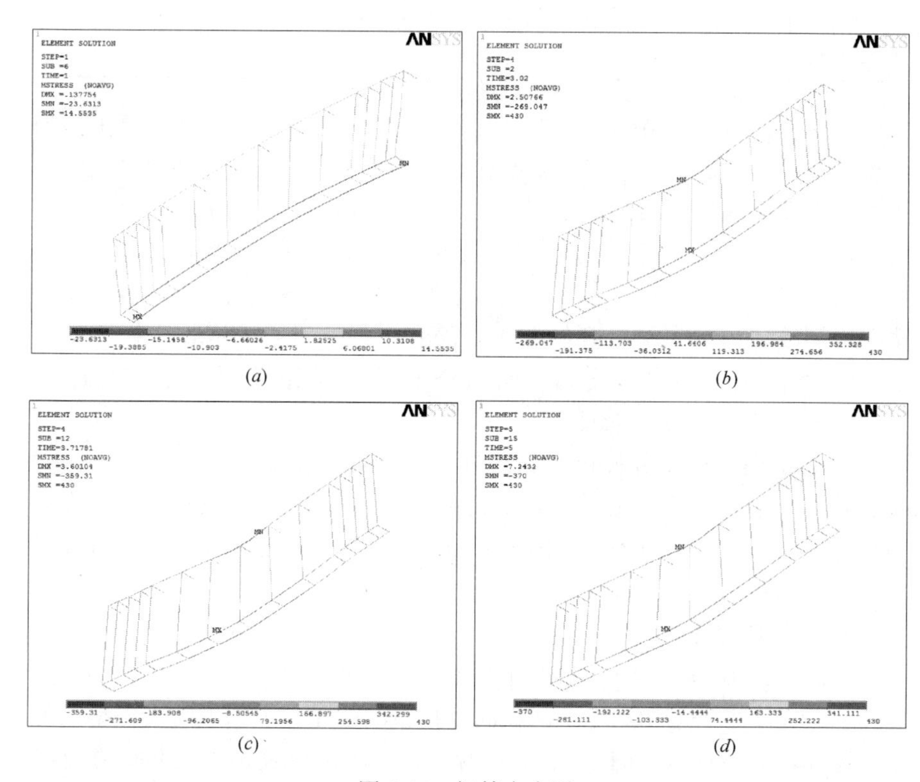

(a)　　(b)

(c)　　(d)

图 8-25　钢筋应力图

3. 预应力筋应力图

图 8-26（a）为预应力全部施加到试验梁后的预应力钢筋应力云图。可以看出，整条预应力钢筋的应力几乎一致，只有试验梁锚固端位置存在

差异。图 8-26（b）出示试验梁发生剪切破坏时的预应力钢筋应力云图。可以看出，跨中位置的预应力钢筋已经达到屈服荷载，也就是说，预应力钢筋的跨中位置所受应力最大，两锚固段位置最小，符合实际情况。

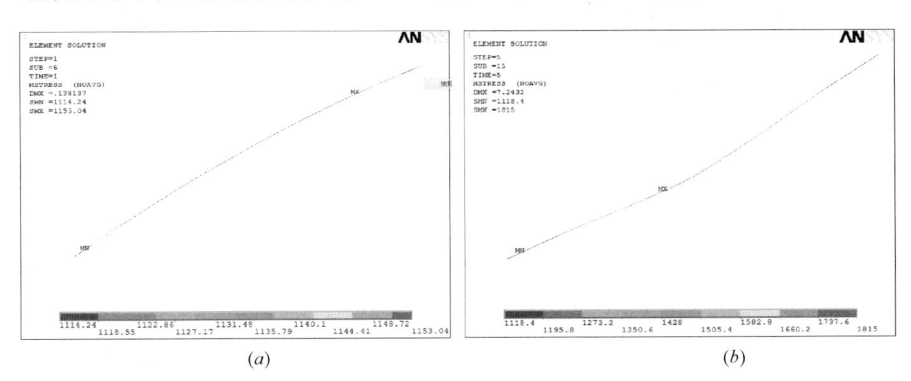

(a) (b)

图 8-26 预应力筋应力图

4. 型钢应力图

图 8-27（a）出示了预应力张拉后的预应力钢筋应力云图，此时型钢也存在反拱，且上翼缘处于受拉状态。由于有效预加力相当于一集中荷载施加在梁端截面上，因此距离锚固段较近位置处的型钢存在应力集中情形，通过计算可知锚固端型钢的最大等效应力是 30MPa。在离开张拉端一定距离之后，型钢应力保持不变。施加荷载，型钢的逐渐向负向变形，同时也发现加载点与支座连线附近的型钢腹板也出现屈服现象，如图 8-27（b）所示。随着荷载的进一步加大，型钢腹板的屈服面积也逐渐增大，同时型钢的跨中下翼缘位置处也进入屈服状态，如图 8-27（c）所示。继续增大荷载，试验梁达到极限状态，构件发生剪切破坏，如图 8-27（d）所示。此时的型钢腹板和型钢翼缘大部分都已经屈服，由此可以看出型钢的加入可以有效提高试验梁的剪切延性，能够有效地改善超高强混凝土的脆性特征。

5. 裂缝发展图

随着的荷载的增加，试验梁的裂缝发展如图 8-28 所示。有限元模拟所得的裂缝发展规律与试验所得基本吻合，梁的跨中底部首先出现弯曲裂缝，见图 8-28（a）。荷载进一步加大，弯曲裂缝逐渐向加载点以及支座方向扩展，见图 8-28（b）。进一步增加荷载，在梁的剪跨区内出现斜裂缝，且随着荷载的继续，斜裂缝向加载点方向扩展，见图 8-28（c）。当施加荷载达到试验梁的极限荷载时，试验梁发生剪切破坏，此时加载点附近

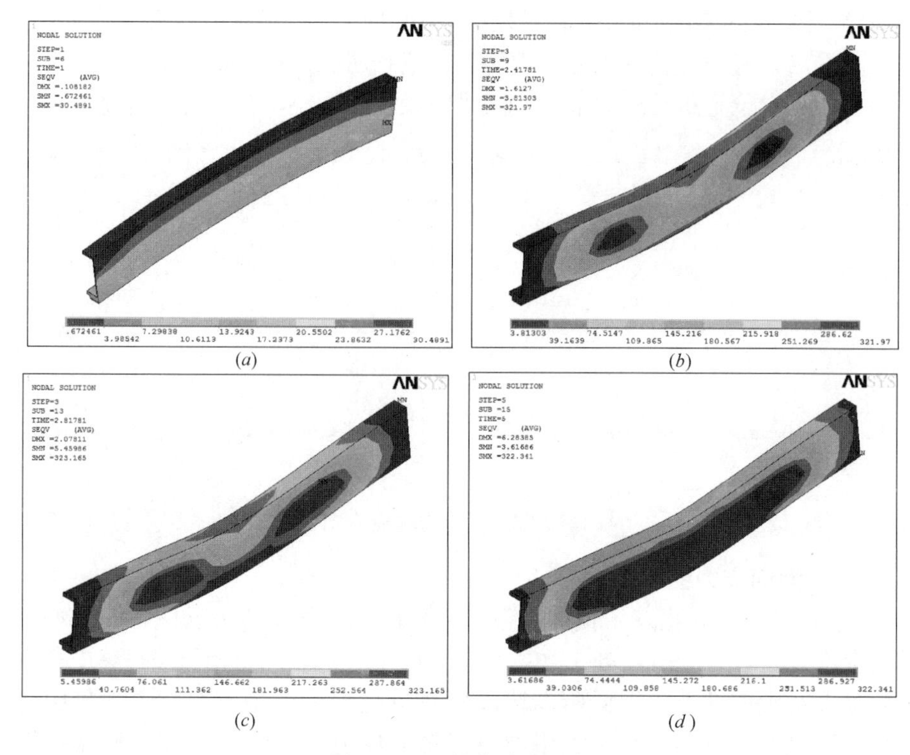

图 8-27　型钢等效应力图

的混凝土出现压溃现象，见图 8-28（*d*）所示。

6. 荷载-挠度曲线

ANSYS 计算直接得到的荷载-挠度曲线不考虑预应力型钢超高强混凝土梁在预应力张拉过程中的反拱，也就是定义反拱之后的位移为试验梁的位移起始点，为了便于分析有限元 ANSYS 软件对预应力型钢超高强混凝土的荷载-挠度曲线模拟精度，本节也将模拟所得的荷载-挠度曲线的反拱值作为位移的起始点。

通过有限元 ANSYS 软件计算得到的荷载-挠度曲线与试验得到的荷载-挠度曲线相比较，见图 8-29，可以看出，ANSYS 所得的荷载-挠度曲线和试验得到的荷载-挠度曲线趋势几乎完全一致，说明有限元模型的建立与实际情况基本相符。在混凝土开裂之前，计算曲线和试验曲线吻合较好，但是在混凝土开裂之后，计算曲线和试验曲线呈现一定的偏离。主要原因：（1）模型未考虑型钢与超高强混凝土的粘结滑移，同时模型也未考虑钢筋与超高强混凝土间粘结滑移；（2）增加支座垫块和锚具垫块导致了

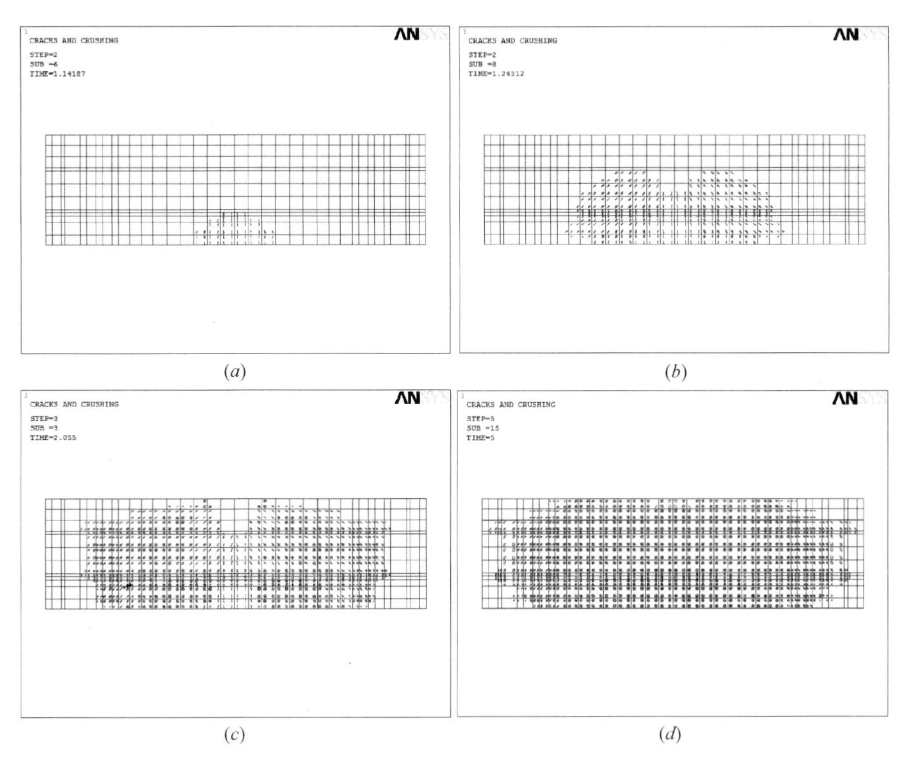

图 8-28 混凝土裂缝图

模型刚度的增加；（3）模型采用的材料的本构关系和实际情况有所不同，比如钢筋未考虑强化段，混凝土未考虑下降段；（4）计算采取的数值计算方法是一种近似计算方法，本身存在误差，且试验也存在误差。

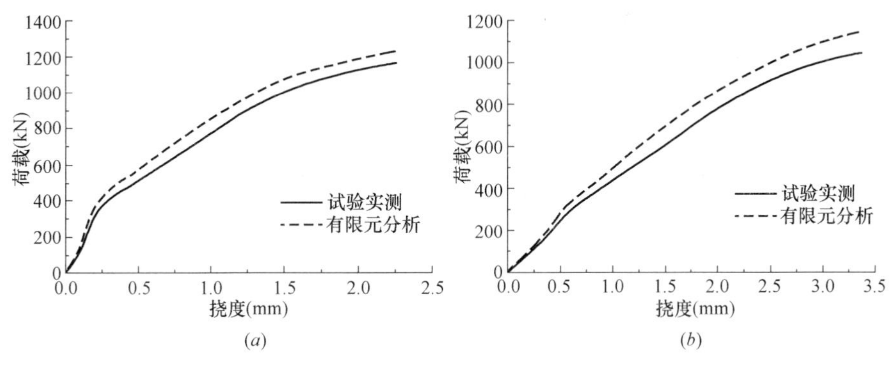

图 8-29 荷载-挠度曲线的比较（一）

（*a*）PSURC-01；（*b*）PSURC-02

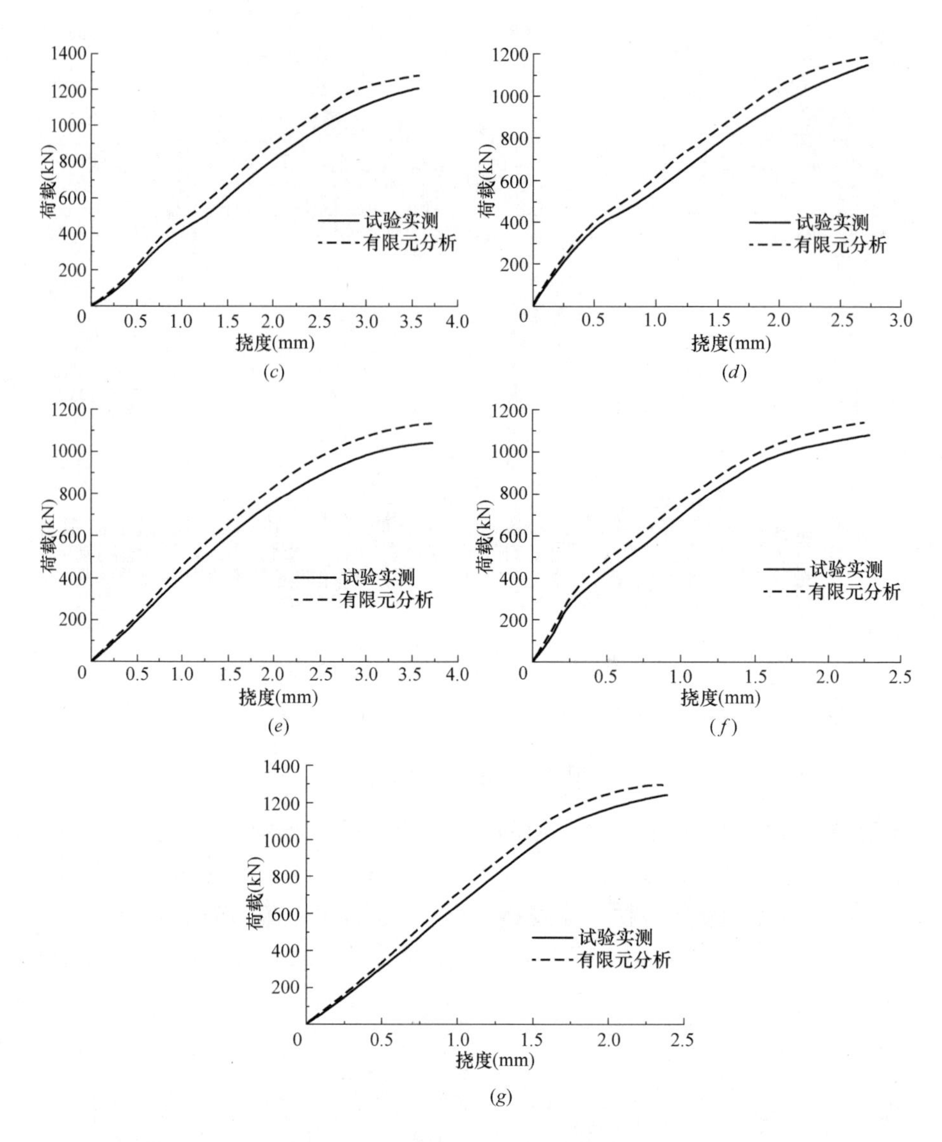

图 8-29　荷载-挠度曲线的比较（二）

（c）PSURC-03；（d）PSURC-04；（e）PSURC-05；（f）PSURC-06；（g）PSURC-07

表 8-6 出示有限元 ANSYS 软件对预应力型钢超高强混凝土梁极限荷载的模拟结果与试验结果比较分析情况。可以得出，两者误差在 10％范围内，说明利用有限元 ANSYS 软件对预应力型钢超高强混凝土梁极限荷载的数值计算是可行的，同时也验证了有限元模型的正确性。但模拟值和

试验值仍存在一定的差别，主要原因：（1）模型约束和实际约束存在差异；（2）材料的应力-应变本构关系模型存在差别；（3）有限元模型忽略了钢筋和混凝土、型钢和混凝土之间的粘结滑移等。

极限荷载比较　　表 8-6

试件编号	计算值(kN)	试验值(kN)	模拟值/试验值
PSRCB-01	1233.12	1164.36	1.06
PSRCB-02	1145.56	1043.62	1.10
PSRCB-03	1282.33	1212.19	1.06
PSRCB-04	1186.76	1147.32	1.03
PSRCB-05	1136.36	1042.20	1.09
PSRCB-06	1152.23	1079.83	1.07
PSRCB-07	1297.01	1239.38	1.05

8.5 内置型钢对结构性能的影响

8.5.1 变形研究

1. 型钢对试验梁裂缝形态的影响

图 8-30 出示了预应力型钢超高强混凝土和预应力超高强混凝土梁的裂缝形态。加载到一定荷载时，首先在梁的跨中区域出现弯曲裂缝，随着荷载的增加，剪跨区内也出现弯曲裂缝，继续增加荷载，剪跨区内的弯曲裂缝开始斜向加载点方向发展，同时在剪跨区内出现斜裂缝。多数情况下，对于预应力超高强混凝土梁而言，剪切破坏发生后不久会形成一条连接加载点与支座连线方向的主斜裂缝，且裂缝宽度随着荷载的增加而显著增大，如图 8-30（*b*）和图 8-30（*d*）所示，这说明预应力超高强混凝土梁的剪切破坏具有明显的脆性特征。对于预应力型钢超高强混凝土梁而言，极限荷载过后，试验梁的主斜裂缝宽度显著增大，且随着荷载的继续，主斜裂缝附近的裂缝宽度也随之增大，且最终形成多条主斜裂缝，如图 8-30（*a*）和图 8-30（*c*）所示。这种现象意味着型钢可以提高试验梁

的峰后变形能力。此外，通过图 8-30（*a*）和图 8-30（*b*）以及图 8-30（*c*）和图8-30（*d*）也可以看出：预应力超高强混凝土梁中内置型钢还可以降低斜裂缝的高度，且大部分斜裂缝仅发展至型钢上翼缘位置处，这说明了型钢的加入可以增大剪压区高度，进而提高试验梁极限承载能力。

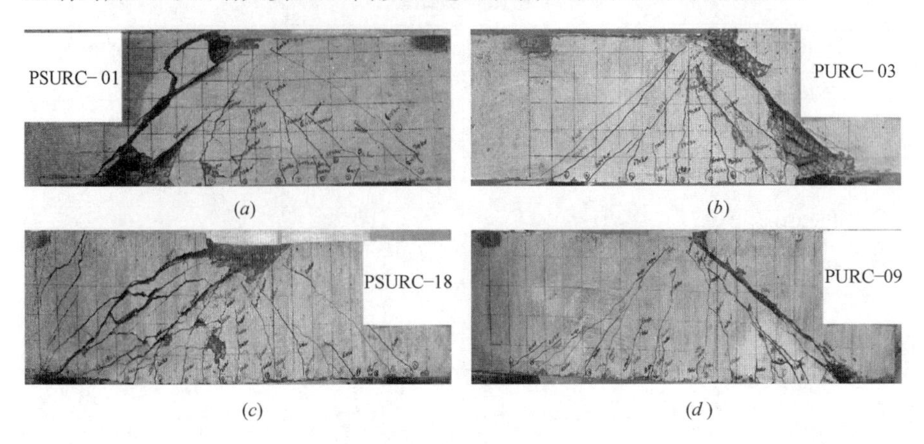

(*a*)　(*b*)　(*c*)　(*d*)

图 8-30　两种试验梁的裂缝形态

2. 型钢对荷载-挠度曲线的影响

图 8-31～图 8-33 出示了型钢对试验梁荷载-挠度曲线的影响。从图中可以看出：在斜裂缝出现前，两种试验梁的荷载-挠度曲线刚度均呈线性变化。斜裂缝出现后，预应力超高强混凝土梁的荷载-挠度曲线刚度明显降低，但是预应力型钢超高强混凝土梁的荷载-挠度曲线刚度只发生略微的改变。产生这种现象有以下两方面原因：一方面，型钢可以有效阻止斜裂缝向加载点方向发展，导致预应力型钢超高强混凝土梁具有更大的有效高度；另一方面，型钢本身还可以提供试验梁额外的刚度，这意味着斜裂缝出现后，组合梁的剩余刚度比混凝土梁的剩余刚度大。此外，预应力超高强混凝土梁中内置型钢还可以提高试验梁的极限承载能力，但效果不显著，两者比值的均值约为 1.16（表 8-7）。从图中还可以看出，两种试验梁的荷载-挠度曲线下降段由两部分组成：急速下降段和平缓下降段。预应力型钢超高强混凝土梁有较短的急速下降段，而预应力超高强混凝土梁有较长的急速下降段。定义残余承载力 F_t 为急速下降段和平缓下降段交汇点处的荷载值。从表 8-7 可以看出，对于预应力型钢超高强混凝土梁而言，残余承载力与极限荷载比值的均值约为 0.90；对于预应力超高强混凝土梁而言，残余承载力与极限荷载比值的均值仅为 0.50。这说明预应

力型钢超高强混凝土梁具有更大的残余承载力。这可能是因为预应力型钢超高强混凝土梁在极限荷载过后，型钢成为主要受力构件参与梁的剪切作用。

两种试验梁的荷载值比较　　表 8-7

试件编号	$F_{u\text{-}PSURC}$ (kN)	$F_{t\text{-}PSURC}$ (kN)	试件编号	$F_{u\text{-}PURC}$ (kN)	$F_{t\text{-}PURC}$ (kN)	$F_{u\text{-}PSURC}/F_{u\text{-}PURC}$	$F_{t\text{-}PSURC}/F_{u\text{-}PSURC}$	$F_{t\text{-}PURC}/F_{u\text{-}PURC}$
PSURC-01	1164.36	1009.05	PURC-03	1019.95	570.11	1.14	0.87	0.56
PSURC-04	1147.32	1047.88	PURC-10	975.45	451.41	1.18	0.91	0.46
PSURC-05	1042.20	960.75	PURC-04	958.39	446.99	1.09	0.92	0.47
PSURC-06	1079.83	904.95	PURC-01	861.79	437.05	1.25	0.84	0.51
PSURC-07	1239.38	1094.79	PURC-02	1129.13	536.67	1.10	0.88	0.48
PSURC-08	881.68	835.27	PURC-07	804.49	328.14	1.10	0.95	0.41
PSURC-13	855.63	788.40	PURC-11	695.59	396.33	1.23	0.92	0.57
PSURC-14	846.64	780.35	PURC-08	669.81	395.41	1.25	0.92	0.59
PSURC-15	825.87	703.17	PURC-05	750.04	208.82	1.10	0.85	0.30
PSURC-16	947.02	787.45	PURC-06	860.91	284.25	1.10	0.84	0.36
PSURC-18	870.04	761.29	PURC-09	672.57	410.88	1.29	0.88	0.61
					均值	1.16	0.90	0.50

图 8-31 出示了剪跨比对两种梁的荷载-挠度曲线的影响。从图中可以看出，试验梁开裂后刚度随着剪跨比的增大而显著降低。这是因为剪跨比 $\lambda=M/V$ 反映了试验梁破坏截面弯矩和剪力的相对比值，在剪力水平相同的情况下，对于剪跨比较大的试验梁，斜裂缝形成后的截面有效惯性矩减小，试验梁的刚度降低显著。此外，当剪跨比为 2.5 时，型钢对试验梁极限承载能力的贡献更为明显。对比预应力超高强混凝土梁 PURC-03（$\lambda=1.5$）、PURC-07（$\lambda=2.0$）和 PURC-09（$\lambda=2.5$），与之相对应的预应力型钢超高强混凝土梁 PSURC-01（$\lambda=1.5$）、PSURC-08（$\lambda=2.0$）和 PSURC-18（$\lambda=2.5$）的极限承载力分别提高了 14%、12%和 30%。

图 8-32 显示了预应力度对两种梁荷载-挠度曲线的影响。从图中可以看出，斜裂缝出现前，预应力度对预应力超高强混凝土的刚度影响很小，但是对预应力型钢超高强混凝土梁的刚度影响却较为显著。与非预应力梁的切线刚度相比较，梁 PURC-03（$\lambda_p=0.42$）是其 1.09 倍，梁 PURC-10（$\lambda_p=0.34$）是其 1.07 倍；然而，梁 PSURC-01（$\lambda_p=0.42$）是其 3.99

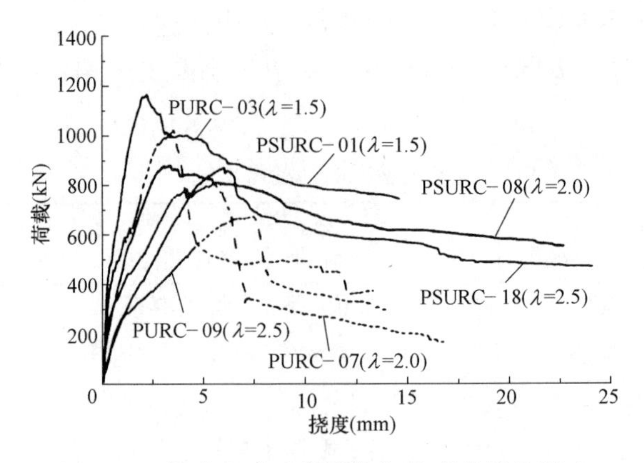

图 8-31　剪跨比对两种梁荷载-挠度曲线的影响

倍，梁 PSURC-04（λ_p=0.34）是其 1.95 倍。根据已有研究成果，在三轴受压及单轴弹性模量相同情况下，侧向压应力越大，混凝土应力-应变曲线的初始斜率也越大。对于预应力型钢超高强混凝土梁而言，型钢对核心区混凝土提供更好的侧向约束作用，并且增大预应力度可以提高混凝土的侧向压应力。因此，增大预应力度会提高预应力型钢超高强混凝土梁的刚度。对比预应力型钢超高强混凝土梁的荷载-挠度曲线的下降段也可以看出：增大预应力度对试验梁的荷载-挠度曲线下降段斜率无明显作用。此外，增大预应力度还可以略微提高试验梁的极限承载力，以剪跨比为 1.5 的试验梁为例，当预应力度从 0 增大到 0.42 时，极限承载力分别增大了 11％（PSURC）和 7％（PURC）。

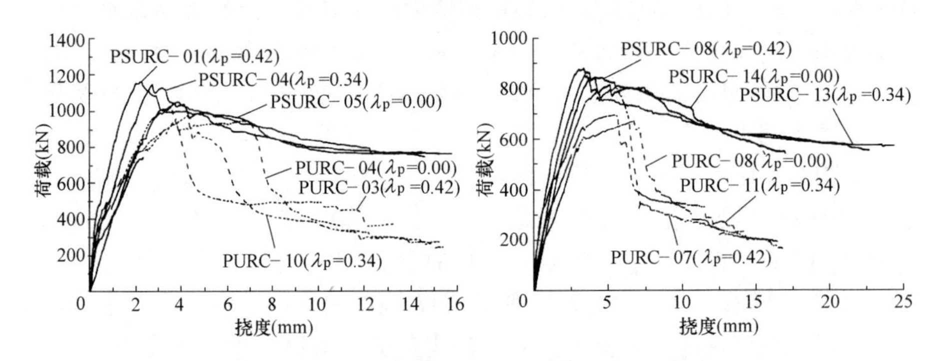

图 8-32　预应力度对两种梁荷载-挠度曲线的影响

图 8-33 显示了配箍率对两种梁荷载-挠度曲线的影响。从图中可以看出，配箍率对预应力超高强混凝土梁的荷载-挠度曲线的刚度无作用。但

是其极限荷载却随着配箍率的增加而增大。这是因为斜裂缝出现后，穿过斜裂缝的箍筋能够限制了斜裂缝的开展以及提供拉力，进而提高极限承载力。配箍率对预应力型钢超高强混凝土梁荷载-挠度曲线的影响规律与预应力超高强混凝土梁荷载-挠度曲线的影响规律相似。从图 8-33 中可以看出，对于剪跨比为 1.5 或 2.0 的预应力型钢超高强混凝土梁，配箍率为 0.22%的试验梁荷载-挠度曲线的下降段斜率比配箍率为 0.32%的试验梁小得多，但是配箍率为 0.42%的试验梁荷载-挠度曲线下降段斜率与配箍率为 0.32%试验梁相近。

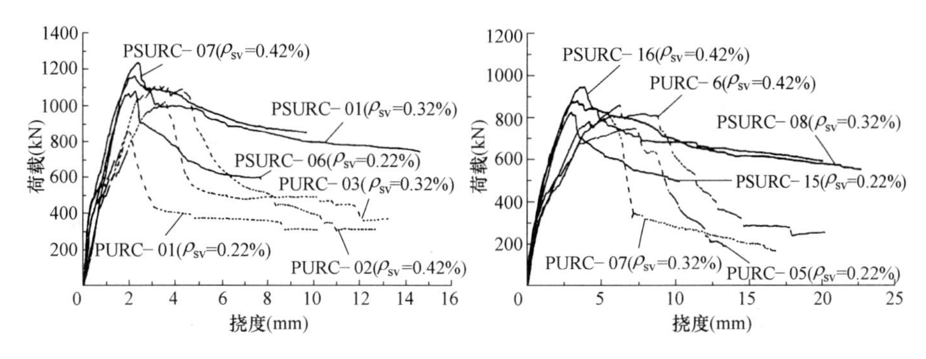

图 8-33 配箍率对两种梁荷载-挠度曲线的影响

从图 8-34 中发现剪跨比为 1.5 的试验梁 PSURC-02 的极限荷载与试验梁 PSURC-06 的极限荷载极为相近。类似地，对于剪跨比为 2.0 的试验梁 PSURC-15 的极限荷载与试验梁 PSURC-11 的极限荷载也相近。此外，从表 8-9 中还可以看出，梁 PSURC-02（2.48）的剪切延性系数与 PSURC-06（2.31）的剪切延性系数相近。类似的，梁 PSURC-11 与梁 PSURC-15 也具有相近的剪切延性系数。这建议在预应力型钢超高强混凝

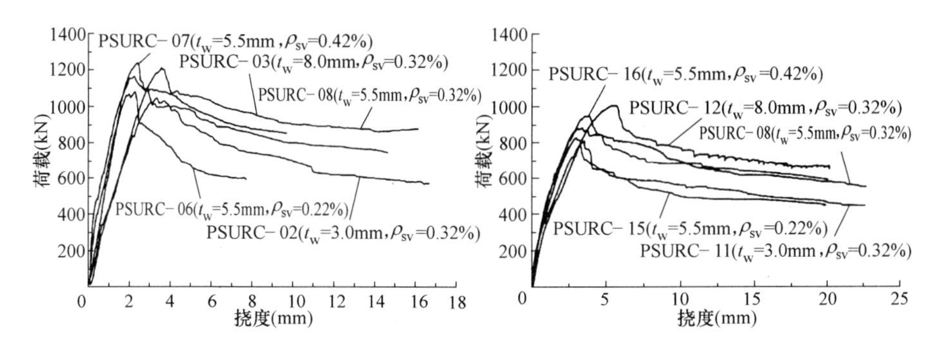

图 8-34 腹板厚度与配箍率对组合梁荷载-挠度曲线的影响

土梁的结构设计中，采用薄腹板和大配箍率的截面形式是更为合理的，如此可以避免钢材的浪费。

3. 斜裂缝的宽度

在剪切试验过程中发现试验梁一旦出现斜裂缝，卸载后，斜裂缝无法闭合；斜裂缝不仅降低试验梁的强度和刚度，而且也会加速钢筋和型钢的锈蚀，影响结构的耐久性能。因此，工作荷载下的斜裂缝宽度是结构设计中的关注重点。根据现有文献，本书工作荷载定义为极限荷载的 0.5 倍。工作荷载下的最大斜裂缝宽度列于表 8-8 中。其中：W_{PSURC}为工作荷载下预应力型钢超高强混凝土梁的最大斜裂缝宽度，W_{PURC}为工作荷载下预应力超高强混凝土梁的最大斜裂缝宽度。通过表 8-8 可以看出，预应力型钢超高强混凝土梁的最大斜裂缝宽度均小于预应力超高强混凝土梁的最大斜裂缝宽度。其W_{PSURC}/W_{PURC}的均值为 0.68。此外，预应力型钢超高强混凝土梁的斜裂缝宽度的均值小于 Eurocode02 规范限值。从表 8-8 中的斜裂缝宽度值也可以看出，增大腹板厚度或提高配箍率均可以降低斜裂缝宽度，这说明较厚的腹板和较小的箍筋间距可以更多的分担斜裂缝处的剪应力。

工作荷载下的最大斜裂缝宽度比较　　表 8-8

试件编号	工作荷载(kN)	裂缝宽度 W_{PSURC}(mm)	试件编号	工作荷载(kN)	裂缝宽度 W_{PURC}(mm)	W_{PSURC}/W_{PURC}
PSURC-01	582.18	0.20	PURC-03	509.98	0.24	0.83
PSURC-02	521.81	0.20	—	—	—	—
PSURC-03	606.10	0.14	—	—	—	—
PSURC-04	573.66	0.24	PURC-10	487.73	0.36	0.67
PSURC-05	521.10	0.26	PURC-04	479.20	0.46	0.57
PSURC-06	539.92	0.24	PURC-01	430.90	0.38	0.64
PSURC-07	619.69	0.12	PURC-02	564.57	0.20	0.60
PSURC-08	440.84	0.20	PURC-07	402.25	0.30	0.67
PSURC-11	403.67	0.25	—	—	—	—
PSURC-12	501.92	0.20	—	—	—	—
PSURC-13	427.82	0.18	PURC-11	347.80	0.28	0.64
PSURC-14	423.32	0.22	PURC-08	334.91	0.30	0.73
PSURC-15	412.94	0.24	PURC-05	375.02	0.28	0.86
PSURC-16	473.51	0.14	PURC-06	430.46	0.35	0.40
PSURC-18	435.02	0.24	PURC-09	336.29	0.32	0.75
均值		0.20			0.33	0.68

8.5.2 剪切延性分析

1. 剪切延性的评定指标

通过裂缝形态与荷载-挠度曲线的分析可以得出型钢的加入能够提高试验梁的变形能力。本书利用剪切延性系数对试验梁的变形能力进行评估。剪切延性系数定义为：$\mu=\Delta_f/\Delta_y$，式中：Δ_y 为试验梁屈服荷载所对应的位移。本文利用能量法求得试验梁的屈服位移，如图 8-35 所示，即图中 OAB 的面积与 YNB 的面积相等求得屈服位移。取荷载-挠度曲线的下降段上对应的 75%F_u 的位移为破坏位移 Δ_f。通过剪切延性系数的计算公式求得 26 根试验梁的剪切延性系数，并将计算结果列于表 8-9 中，其中：F_u 为试验梁的极限荷载，Δ_u 为极限荷载所对应位移。

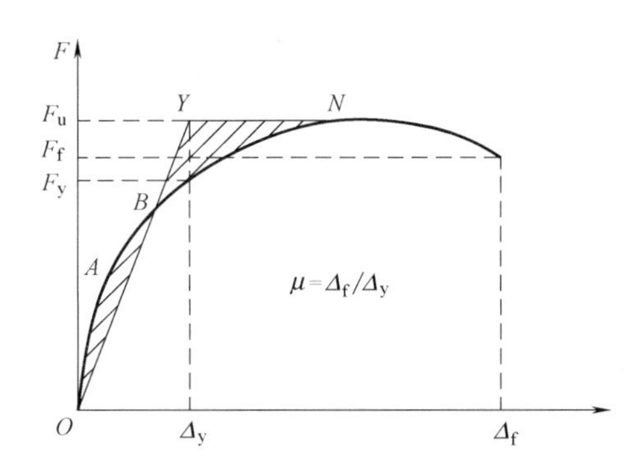

图 8-35　剪切延性系数的定义

2. 试验结果汇总

表 8-10 显示了预应力超高强混凝土与预应力型钢超高强混凝土梁的剪切延性系数的比较。从表中可以看出，预应力型钢超高强混凝土梁的剪切延性系数远远高于预应力超高强混凝土梁的剪切延性系数，两者比值的均值约为 2.00。这主要有以下两个方面的原因：第一，型钢的加入可以提高试验梁的刚度，进而降低试验梁的极限位移，预应力型钢超高强混凝土梁 PSURC-01、PSURC-08 和 PSURC-18 的极限位移分别为 2.26mm、3.39mm 和 6.05mm，与之相对应的预应力超高强混凝土梁 PURC-03、PURC-07 和 PURC-09 的极限位移分别为 3.55mm、5.54mm 和 7.50mm；第二，型钢的加入还可以有效防止试验梁发生类似于预应力超高强混凝土梁的脆性破坏，从而导致试验梁的承载力降低缓慢。

预应力型钢超高强混凝土梁与预应力超高强混凝土梁的剪切延性系数

表 8-9

试件编号	F_u(kN)	Δ_0(mm)	Δ_y(mm)	Δ_f(mm)	μ
PSURC-01	1164.36	2.26	1.69	8.03	4.75
PSURC-02	1043.62	3.35	2.72	6.76	2.48
PSURC-03	1212.19	3.58	3.10	9.40	3.03
PSURC-04	1147.32	2.75	2.20	9.08	4.13
PSURC-05	1042.20	3.70	2.86	9.94	3.48
PSURC-06	1079.83	2.29	1.57	3.63	2.31
PSURC-07	1239.38	2.39	1.20	6.28	5.23
PSURC-08	881.68	3.39	2.23	11.06	4.96
PSURC-11	807.34	3.54	2.20	5.81	2.64
PSURC-12	1003.84	5.51	3.32	10.88	3.28
PSURC-13	855.63	3.48	2.80	12.07	4.31
PSURC-14	846.64	4.16	3.25	12.60	3.88
PSURC-15	825.87	3.00	1.96	5.13	2.61
PSURC-16	947.02	3.86	1.27	7.13	5.61
PSURC-18	870.04	6.05	1.69	10.27	6.08
PURC-01	861.79	1.99	1.42	2.29	1.61
PURC-02	1129.13	3.26	2.35	5.07	2.16
PURC-03	1019.95	3.55	2.29	4.16	1.81
PURC-04	958.39	4.10	3.26	7.55	2.32
PURC-05	750.04	7.24	4.43	9.03	2.04
PURC-06	860.91	6.24	3.98	9.74	2.44
PURC-07	804.49	5.54	3.02	6.52	2.16
PURC-08	669.81	6.75	3.05	7.52	2.46
PURC-09	672.57	7.50	3.07	7.77	2.53
PURC-10	975.45	4.78	3.20	5.85	1.83
PURC-11	695.59	5.36	2.80	6.39	2.28

荷载与剪切延性系数的比较　表 8-10

试件编号	μ_{PSURC}	试件编号	μ_{PURC}	μ_{PSURC}/μ_{PURC}
PSURC-01	4.75	PURC-03	1.81	2.62
PSURC-04	4.13	PURC-10	1.83	2.26
PSURC-05	3.48	PURC-04	2.32	1.50

续表

试件编号	μ_{PSURC}	试件编号	μ_{PURC}	μ_{PSURC}/μ_{PURC}
PSURC-06	2.31	PURC-01	1.61	1.43
PSURC-07	5.23	PURC-02	2.16	2.42
PSURC-08	4.96	PURC-07	2.16	2.30
PSURC-13	4.31	PURC-11	2.28	1.89
PSURC-14	3.88	PURC-08	2.46	1.58
PSURC-15	2.61	PURC-05	2.04	1.28
PSURC-16	5.61	PURC-06	2.44	2.30
PSURC-18	6.08	PURC-09	2.53	2.41
			均值	2.00

3. 试验参数对剪切延性的影响

图 8-36 显示了剪跨比对试验梁剪切延性的影响。当剪跨比为 1.5 时，梁 PSURC-01 的剪切延性系数为 4.75，而与之对应的预应力超高强混凝土梁 PURC-03 的剪切延性系数为 1.81；当剪跨比为 2.5 时，梁 PSURC-18 的剪切延性系数为 6.08，而与之对应的预应力超高强混凝土梁 PURC-09 的剪切延性系数为 2.53。图 8-36 也显示预应力型钢超高强混凝土梁的剪切延性随着剪跨比的增加而增大。这是因为增大剪跨比会导致试验梁的破坏形态从剪切脆性破坏向弯曲延性破坏转变。

图 8-37 显示了预应力度对试验梁剪切延性的影响，当剪跨比为 1.5 时，预应力型钢超高强混凝土梁 PSURC-01 的剪切延性系数为预应力超高强混凝土梁 PURC-03 剪切延性系数的 2.62 倍；梁 PSURC-04 的剪切延性系数为梁 PURC-10 剪切延性系数的 2.26 倍。从图中也可以看出，预

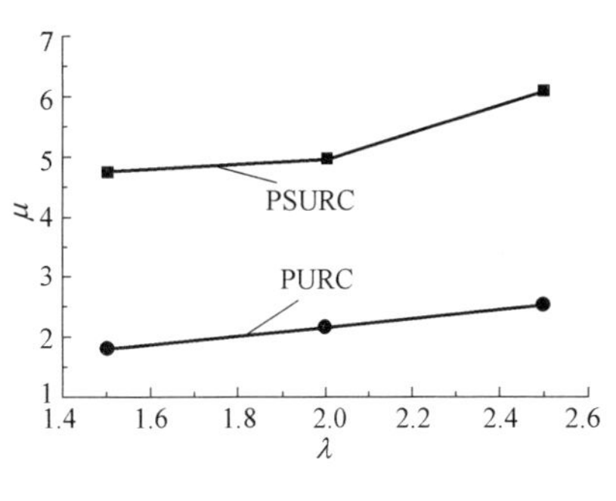

图 8-36　λ 对 μ 的影响

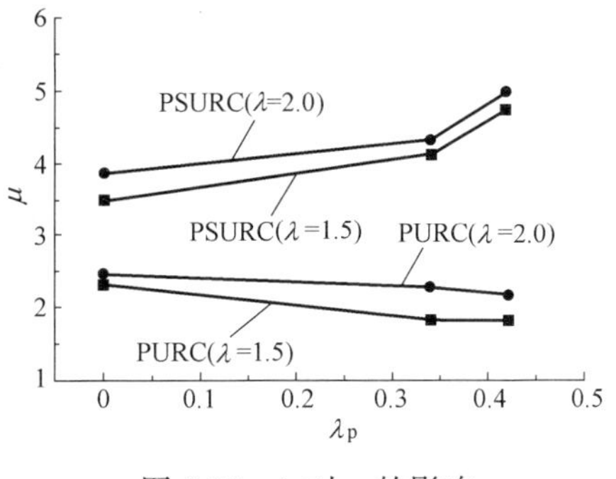

图 8-37　λ_p 对 μ 的影响

应力超高强混凝土梁的剪切延性系数随着预应力度的增加而降低。但是预应力型钢超高强混凝土梁的剪切延性系数却随着预应力度的增加而增大。这主要有以下两个原因：第一，增大预应力度可以提高预应力型钢超高强混凝土梁的刚度，导致了试验梁的屈服位移随着预应力度的增加而降低；第二，预应力对试验梁的极限荷载和峰值后的刚度影响很小。因此，预应力型钢超高强混凝土梁与非预应力型钢超高强混凝土梁具有相似的破坏位移 Δ_f。梁 PSURC-01、PSURC-04 和 PSURC-05 的屈服位移分别为 1.69mm、2.20mm 和 2.86mm；破坏位移分别为 8.03mm、9.08mm 和 9.94mm。这说明预应力对预应力型钢超高强混凝土梁的剪切延性有积极的作用。

增大配箍率不仅提高试验梁的极限荷载，也可以提高试验梁的剪切延性。配箍率对试验梁剪切延性的影响如图 8-38 所示。由图可以看出，对于预应力超高强混凝土梁，当配箍率从 0.22％增大到 0.42％时，剪切延性提高了 34％。这是由于斜裂缝出现后箍筋能够约束斜裂缝的发展和拉结斜裂缝两侧混凝土分离体的作用。类似地，预应力型钢超高强混凝土梁的剪切延性也随着配箍率的增加而增大，这除与箍筋的拉结作用有关外，还和型钢与混凝土的协同工作性能有关。增大配箍率可以减小型钢与混凝土之间的相对滑移（图 8-40），进而提高试验梁的整体变形能力。进一步来说，当配箍率从 0.22％增大到 0.32％时，当剪跨比为 1.5 时，剪切延性系数增加了 105％；当剪跨比为 2.0 时，剪切延性系数增加了 90％。然而，当配箍率从 0.32％增大到 0.42％时，对于剪跨比为 1.5 的试验梁，剪切延性系数仅增加 10％；对于剪跨比为 2.0 的试验梁，剪切延性系数增加了 13％。这说明当配箍率大于 0.32％时，箍筋对提高型钢与混凝土整体工作性能的作用减弱。

图 8-39 显示了腹板厚度对预应力型钢超高强混凝土梁剪切延性的影

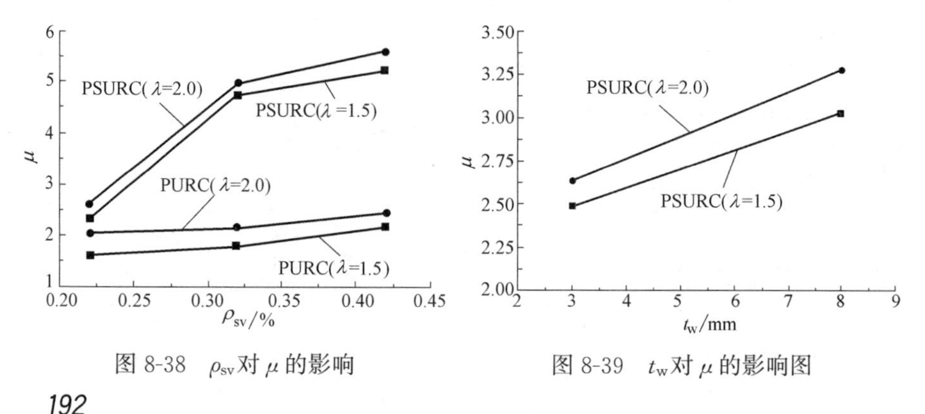

图 8-38　ρ_{sv}对 μ 的影响　　图 8-39　t_w对 μ 的影响图

响。从图中可以看出，当剪跨比为 1.5 时，梁 PSURC-03 剪切延性系数约为梁 PSURC-02 剪切延性系数的 1.22 倍。当剪跨比为 2.0 时，梁 PSURC-12 剪切延性系数约为梁 PSURC-11 剪切延性系数的 1.24 倍。这是由于在峰值荷载过后，随着荷载的继续，薄腹板的型钢比厚腹板的型钢更容易发生屈曲。

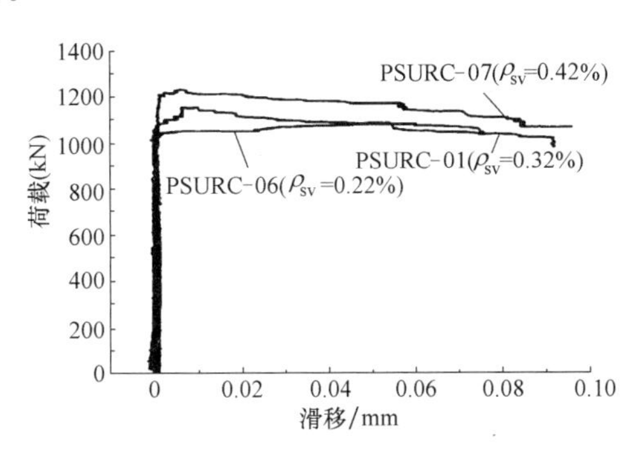

图 8-40 型钢上翼缘的荷载-滑移曲线

8.6 循环荷载对预应力型钢超高强混凝土梁受剪性能影响

8.6.1 试验目的

（1）研究循环加载后预应力型钢超高强混凝土梁的受力破坏过程、破坏形态、破坏机理，并且与静载后的预应力型钢超高强混凝土梁的破坏形态进行比较；

（2）根据 8.2 节得到的静载试验结果，分析预应力度、配箍率对预应力型钢超高强混凝土梁在静载与循环荷载后的受剪性能影响以及研究不同荷载水平对循环荷载后的预应力型钢超高强混凝土梁受剪性能影响。

8.6.2 试件设计和制作

本试验共包括 7 根预应力型钢超高强混凝土梁，截面尺寸均为

160mm×340mm。试验梁的试验参数包括预应力度、配箍率与荷载水平，详见表 8-11。预应力筋采用 1860 级钢绞线，张拉控制应力均为 $0.75f_{ptk}$（f_{ptk}为抗拉强度标准值），预应力筋直径分别为 15.2mm 和 12.7mm，预应力度分别为 0、0.34 和 0.42。为降低由于试验梁长度过小而导致了预应力损失，本试验采用低回缩锚具和二次补张的方法。纵向钢筋分为两种，纵向受压钢筋采用 2 根直径 18mm 的 HRB335 钢，纵向受拉钢筋采用 3 根直径为 20mm 的 HRB335 钢。型钢采用普通热轧工字钢 I14（下翼缘处贴焊截面尺寸为 60mm×10mm 的钢板），型钢与钢板均采用 Q235 钢，型钢上翼缘焊有若干直径为 10mm 长为 55mm 的栓钉以防止型钢与混凝土交界面发生粘结破坏。箍筋采用直径 6.5mm 的 HPB235 钢，箍筋间距分别为 100mm、130mm 和 180mm，对应的配箍率分别为 0.22%、0.32%和 0.42%。试验尺寸及配筋见图 8-41。试验梁混凝土的等级为 C100。

试验参数　　　　表 8-11

试件编号	配箍率 ρ_{sv}(%)	预应力度 λ_p	循环荷载比 R	
			R_1	R_2
PSURC-23	0.22	0.42	0.3～0.5	0.5～0.7
PSURC-24	0.42	0.42	0.3～0.5	0.5～0.7
PSURC-25	0.42	0.42	0.3～0.5	0.7～0.9
PSURC-26	0.32	0	0.3～0.5	0.5～0.7
PSURC-27	0.32	0.34	0.3～0.5	0.5～0.7
PSURC-28	0.32	0.42	0.3～0.5	0.5～0.7
PSURC-29	0.32	0.42	0.3～0.5	0.7～0.9

注：循环荷载比是指循环荷载与极限荷载之比，即 $R=(P_{min}\sim P_{max})/P_u$，其中 P_{min}、P_{max} 是循环荷载的下限与上限，P_u 为对应静载梁的实际极限荷载，R_1、R_2 表示第 1、2 级循环荷载所对应的荷载比。

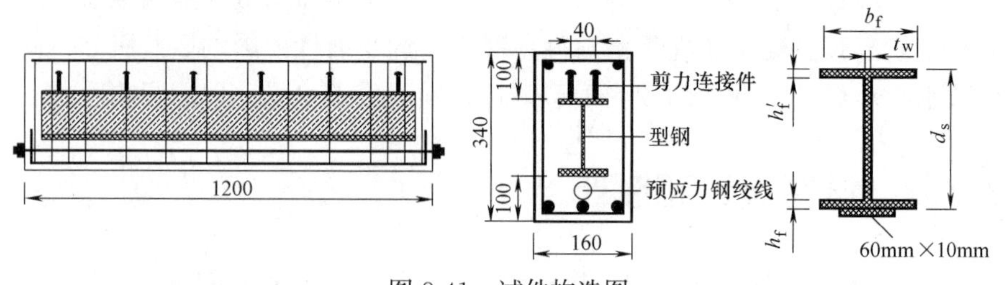

图 8-41　试件构造图

8.6.3 加载装置与加载制度

试验采用 10000kN 液压伺服加载试验机进行单点集中加载。循环加载试验分为两个部分，循环加载部分和循环后的静载部分，具体加载制度如图 8-42 所示。循环加载部分的荷载大小根据静载对比梁的实际极限荷载确定。所有循环加载试验梁均分为两级荷载幅加载。通过前期文献检索，一般认为，梁的工作荷载大约为极限承载力的一半，因此 0.3～0.5P_u、0.5～0.7P_u 和 0.7～0.9P_u 分别对应正常工作荷载幅、低水平超载荷载幅与高水平超载荷载幅；选取 0.3～0.5P_u 作为所有循环试验梁的第一级荷载幅，选取 0.5～0.7P_u 作为其中 5 根试验梁的第二级荷载幅，选取 0.7～0.9P_u 作为剩余 2 根试验梁的第二级荷载幅；每级荷载幅下，试验梁循环加卸载 100 次。为了便于试验梁彼此之间的比较，荷载幅在以下的分析中用荷载水平（即最大循环荷载与极限荷载之比）代替。静载试验采用荷载控制的分级加载制度，在达到极限荷载的 85%之前采用力控制，在极限荷载的 85%之后采用位移控制，加载速率为 0.2mm/min，以便得到完整的荷载-挠度的下降段曲线。

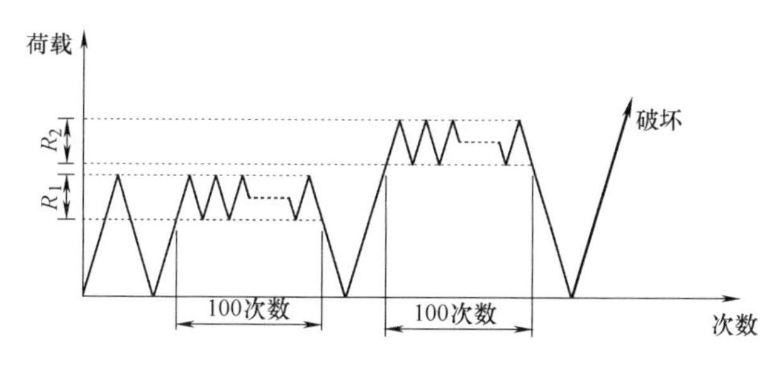

图 8-42　循环荷载作用下的加载制度

8.6.4 观察内容与测点布置

本试验观测的主要内容：

（1）荷载值：记录弯曲裂缝开裂荷载、斜裂缝开裂荷载、极限荷载以及破坏荷载等；

（2）裂缝：观测裂缝的产生和发展，记录随荷载的增加，裂缝的长度和宽度变化情况。裂缝采用肉眼观测，裂缝宽度采用裂缝测宽仪测读，分别取试件最大裂缝宽度值作为实测值。在试验加载过程中沿裂缝开展方向用黑红水性笔描出裂缝位置，同时记录相应的荷载值和最大裂缝宽度，并在试件加载过程中以及实验结束后拍照记录；

（3）应变值：包括钢筋应变和混凝土应变，其中：①加载点与支座之间的每根箍筋中部布置规格为 2.0mm×3.0mm 的应变片，以了解剪跨区内箍筋的应变变化规律，在试验梁的每根纵筋中部粘贴规格为 2.0mm×3.0mm 的应变片，以了解纵筋的应变变化规律，在预应力筋的中部设置 0.5mm×0.5mm 的应变片，以了解试件加载过程中预应力筋的应力状态，如图 8-43 所示；②在型钢受拉翼缘以及腹板分别布置应变片和应变花，以了解试件加载过程中以及最终破坏时型钢的应力状态；③在试验梁的跨中底部设置 100mm×5.0mm 的混凝土应变片，用于掌握试件在加载过程中混凝土弯曲裂缝出现截面处的混凝土应变值。垂直于加载点和支座连线方向布置规格为 100mm×5.0mm 的混凝土应变片以便更好地捕捉梁的斜裂缝位置，如图 8-44 所示；

（4）在试件的跨中与两端支座部位分别安装位移传感器 LVDT，以便测量梁的跨中位移和两个支座的竖向位移。如图 8-45 所示。

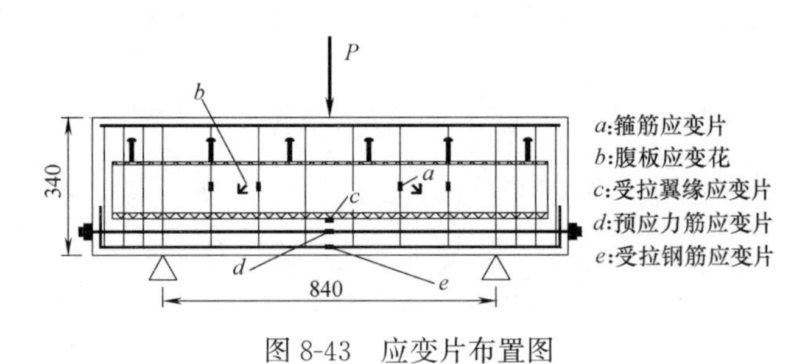

图 8-43 应变片布置图

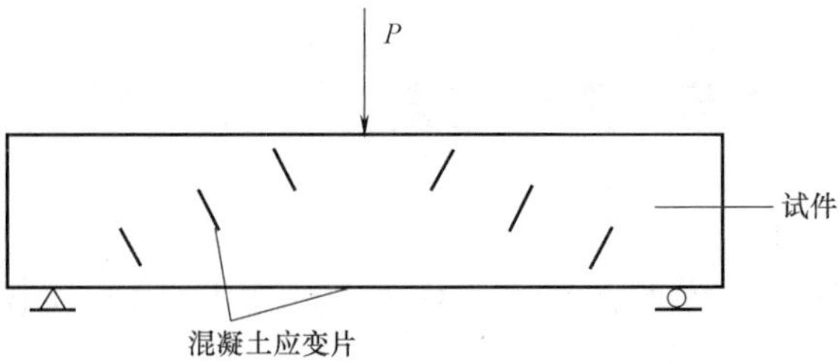

P

试件

混凝土应变片

图 8-44 混凝土应变片布置图

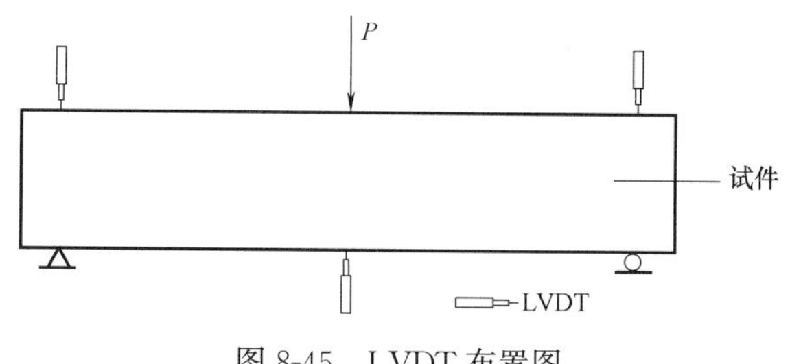

图 8-45 LVDT 布置图

8.6.5 试验结果与分析

1. 循环加载对破坏形态的影响

比较图 8-46（*a*）与图 8-46（*b*）可以看出，在低荷载水平作用下，循环加载梁与静载梁的最终破坏形态相似，破坏时沿主斜裂缝方向存在多条主裂缝，位于主斜裂缝截面处的箍筋和型钢腹板屈服，属于典型的剪切破坏。然而，由于循环加载的影响，试验梁的斜裂缝数量明显高于静载梁，且高度与宽度显著增大。在高荷载水平作用下，循环加载梁不仅存在弯曲裂缝与剪切裂缝，在混凝土与型钢受压翼缘的交界面处还会出现水平裂缝，如图 8-46（*c*）所示。

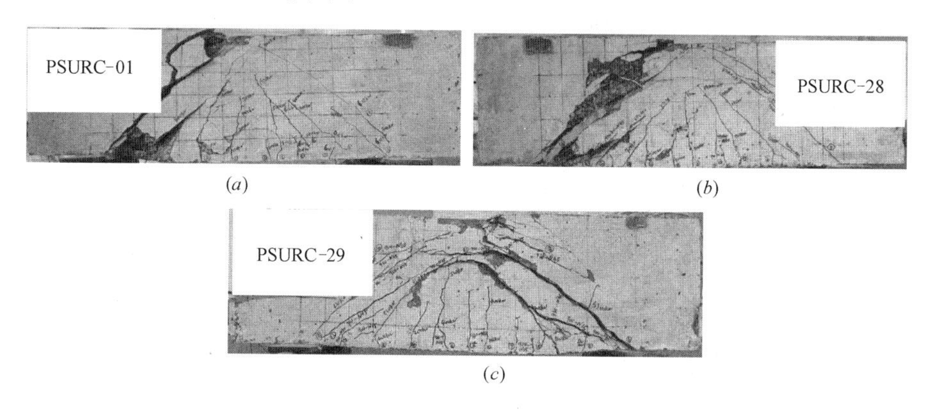

图 8-46 试验梁的破坏形态

（*a*）静载；（*b*）荷载水平为 0.7 的循环加载；（*c*）荷载水平为 0.9 的循环加载

2. 循环加载对荷载-挠度曲线的影响

荷载-挠度曲线体现了静载与循环加载后试验梁的受剪性能。不同试验参数对试验梁荷载-挠度曲线的影响见图 8-47～图 8-49。对于静载梁而言，斜裂缝出现前处于弹性工作状态，荷载-挠度曲线基本呈线性变化，斜裂缝出现后曲线斜率略有降低，随着荷载增加，斜裂缝向梁顶和梁底延伸，荷载-挠度曲线上升段趋势逐渐变缓，当斜裂缝延伸至梁顶时，受压区混凝土大面积压碎、剥落，梁腹部分的斜裂缝完全贯通，试验梁丧失承载能力而导致荷载-挠度曲线出现突降，试验梁表现为典型的脆性破坏。对于循环加载的试验梁而言，由于多次循环加载致使裂缝充分发展，其荷载-挠度曲线存在一定的残余挠度，静载曲线对应的开裂荷载点消失，荷载-挠度曲线在曲线上升段基本呈线性变化，极限荷载之后，循环加载梁的荷载下降段比静载梁更加缓慢，这可能是由于循环加载促使更多的裂缝产生，导致剪力传递路径更加分散，减缓了主应力方向的应力集中。

试验梁在不同预应力度下的荷载-挠度曲线见图 8-47。对于静载梁来说，PSURC-04 和 PSURC-01 在开裂前的刚度分别是 PSURC-05 的 1.95 倍和 3.99 倍，开裂后刚度分别是 PSURC-05 的 1.30 倍和 1.61 倍，这表明静载梁在开裂前后的刚度均随预应力度的增加而增大，且预应力度对开裂前刚度的影响比开裂后更大。对于循环加载试验梁来说，循环加载梁的刚度也随预应力度的增加而增大，但是提高幅度比静载梁开裂后刚度提高幅度小，如图 8-47 所示，PSURC-27、PSURC-28 梁的静载刚度分别是 PSURC-26 的 1.09 倍和 1.29 倍。这是因为循环加载导致裂缝的发展比单调加载更加充分，进而预应力损失更为严重，削弱了循环加载下预应力度对试验梁刚度的影响。值得注意的是，在极限荷载之后，随着挠度的增加，静载与循环加载试验梁对应的剩余承载力越来越接近，刚度越来越相似，这表明：极限荷载之后，预应力度对预应力型钢超高强混凝土梁的刚

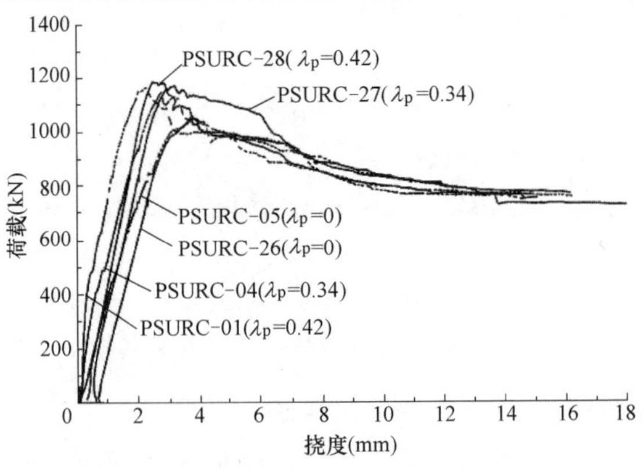

图 8-47　预应力度对试验梁荷载-挠度曲线的影响

度退化影响较小。

图 8-48 为不同配箍率下的静载与循环加载后试验梁的荷载-挠度曲线。极限荷载之前，PSURC-06、PSURC-01 与 PSURC-07 的曲线几乎重合，说明增大配箍率对静载试验梁的刚度影响较小，而 PSURC-06、PSURC-01 与 PSURC-07 的极限荷载依次增大，表明配箍率对静载试验梁的受剪承载能力有积极作用。对于循环加载试验梁来说，PSURC-23、PSURC-28 和 PSURC-24 的残余挠度随着配箍率的增加而减小，且曲线上升段的刚度随着配箍率的增加而提高，但是在极限荷载之后，配箍率最小的 PSURC-06 与 PSURC-23 曲线刚度最低，随着配箍率的提高，PSURC-01、PSURC-07 与 PSURC-28、PSURC-24 的曲线下降刚度有很大提高，说明提高配箍率对于阻止承载力与刚度退化起着有利作用。

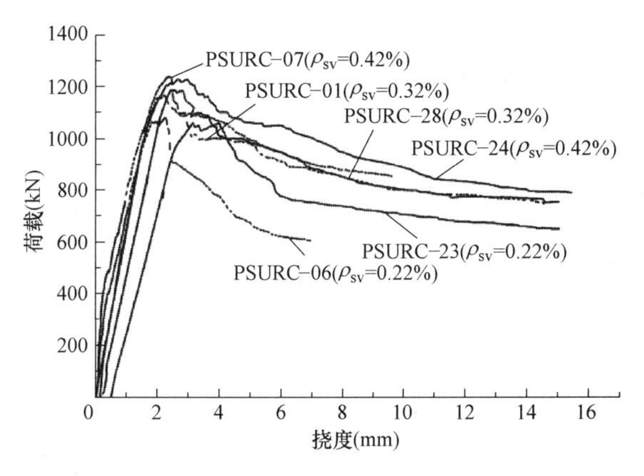

图 8-48　配箍率对试验梁荷载-挠度曲线的影响

图 8-49 给出了荷载水平对试验梁的荷载-挠度曲线的影响。极限荷载之前，PSURC-28 与 PSURC-29 的曲线基本重合，表明荷载水平对刚度影响较小，而 PSURC-29 的极限荷载低于 PSURC-28，说明荷载水平对极限荷载会产生一定影响；极限荷载之后，PSURC-28 与 PSURC-29 的曲线刚度不断降低，而最终趋于重合，这说明荷载水平对试验梁的后期刚度与剩余承载力影响不大。比较 PSURC-24 与 PSURC-25 的荷载-挠度曲线，PSURC-25 的极限荷载明显低于 PSURC-24，而 PSURC-25 在加载初期与末期的曲线刚度略低于 PSURC-24，可认为两试验梁曲线在此两阶段基本重合。这表明：荷载水平仅对极限荷载的大小有明显作用，但是对极限荷载前后的刚度与剩余承载力的影响不显著。

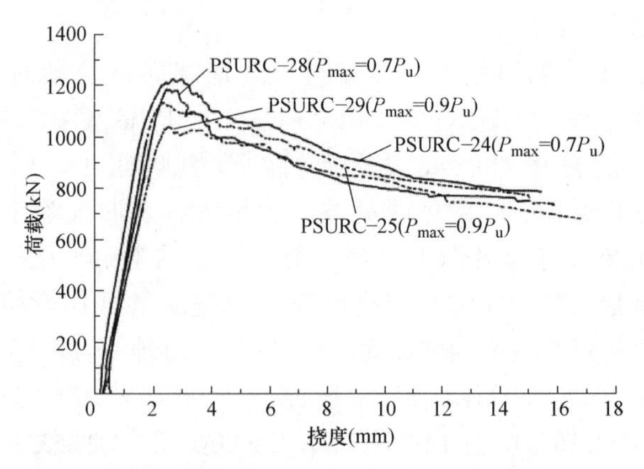

图 8-49 荷载水平对试验梁荷载-挠度曲线的影响

3. 循环加载对极限荷载的影响

表 8-12 给出了对于低荷载水平下的循环加载梁来说，其极限荷载与对应的静载梁几乎相等。循环加载梁与对应的静载梁极限荷载之比 $F_{u,CS}/F_{u,US}$的范围在 0.98～1.02 之间，平均值为 1.00，变异系数为 1.8%。然而，根据钢筋混凝土梁循环加载后极限荷载的相关研究可知：荷载幅为 0.5～0.75P_u 循环加载 50 次后，其 $F_{u,CS}/F_{u,US}$的范围在 0.67～1.00 之间，平均值为 0.88，变异系数为 10.41%，$F_{u,CS}/F_{u,US}$比值与剪跨比与配箍率取值有关。因此从总体上看，在 0.7～0.75P_u 的荷载水平下，相对于钢筋混凝土梁，预应力型钢超高强混凝土梁在循环荷载下仍能保持良好的承载能力。

极限荷载的比较 **表 8-12**

静载梁		循环加载梁					
		P_{max}=0.7P_u			P_{max}=0.9P_u		
试件编号	$F_{u,US}$(kN)	试件编号	$F_{u,CS}$(kN)	$F_{u,CS}/F_{u,US}$	试件编号	$F_{u,CS}$(kN)	$F_{u,CS}/F_{u,US}$
PSURC-06	1079.84	PSURC-23	1055.76	0.98	—	—	—
PSURC-07	1239.38	PSURC-24	1225.46	0.99	PSURC-25	1135.4	0.92
PSURC-05	1042.2	PSURC-26	1052.58	1.01	—	—	—
PSURC-04	1147.32	PSURC-27	1170.06	1.02	—	—	—
PSURC-01	1164.36	PSURC-28	1186.14	1.02	PSURC-29	1038.7	0.89
平均值				1.00	平均值		0.91
变异系数(%)				1.8	变异系数(%)		2.3

图 8-50 表示了预应力度对预应力型钢超高强混凝土梁极限荷载的影响。当预应力度从 0 增加到 0.34 时，对应的静载梁与循环加载后试验梁的极限荷载分别增加了 10.1%和 11.2%；预应力度由 0.34 增加到 0.42，对应的静载梁与循环加载后试验梁的极限荷载分别增加了 1.6%和 1.5%，这表明预应力型钢超高强混凝土梁在静载与循环加载后的极限荷载均随预应力度的增加而提高，其中在较低预应力度情况下，预应力度变化对极限荷载影响尤为显著。这是由于预应力度的提高引起了混凝土预应压力的提高，因而有效延缓了斜裂缝向剪压区的延伸，并且提高预应力度也增加了裂缝间的骨料咬合力，从而提高了极限承载能力。

图 8-51 给出了配箍率对预应力型钢超高强混凝土梁极限荷载的影响。从试验结果看，试验梁在静载与循环加载后的极限荷载随配箍率的提高而增大，当配箍率从 0.22%提高到 0.42%时，对应的静载与循环加载后的极限荷载分别提高了 14.8%和 16.1%。箍筋提高极限荷载的原因：一方面是因为箍筋自身承担了部分荷载作用，另一方面是因为箍筋数量增加限制了裂缝的发展，以及防止型钢腹板局部屈曲。

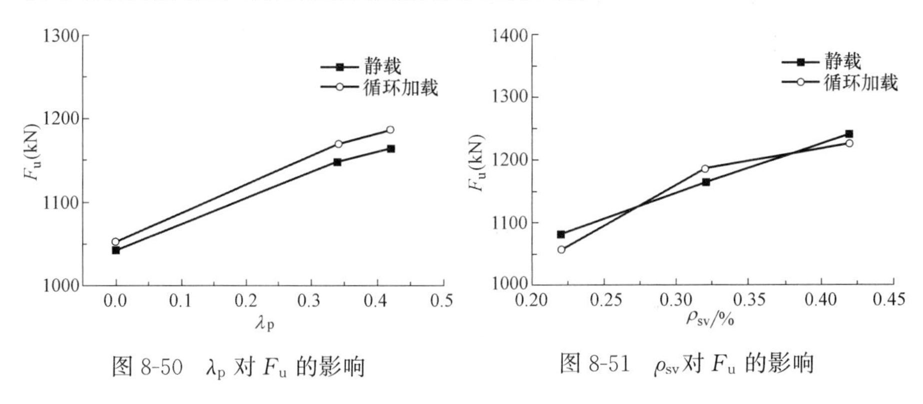

图 8-50 λ_p 对 F_u 的影响

图 8-51 ρ_{sv}对 F_u 的影响

根据前面的分析可知：荷载水平为 $0.7P_u$ 时，预应力型钢超高强混凝土梁在循环加载后的受剪承载力几乎保持不变。为了研究更高荷载水平下的循环加载对预应力型钢超高强混凝土梁受剪承载力的影响，本文选取预应力度与配箍率最高的两根试验梁进行荷载水平为 $0.9P_u$ 的循环加载试验，如图 8-52 所示。当 $\rho_{sv}=0.32$，$\lambda_p=0.42$ 时，荷载水平由 $0.7P_u$ 提高到 $0.9P_u$，循环加载后的受剪承载力下降了 12.4%，而当 $\rho_{sv}=0.42$，$\lambda_p=0.42$ 时，受剪承载力相应下降了 7.3%，这表明在高荷载水平下，循环加载后试验梁的受剪承载力均会显著降低。对比不同荷载水平下试验梁的破坏形态可知，高荷载水平下受剪承载力的降低主要是由于型钢受压翼缘与混凝土之间产生粘结滑移，导致粘结力降低，继而影响试验梁的整体受剪作用。

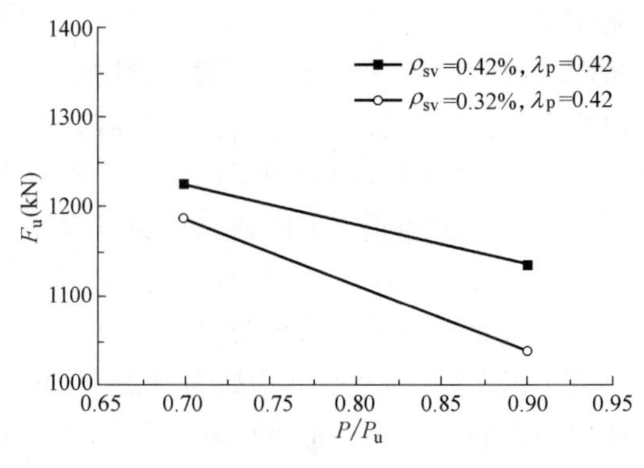

图 8-52 P/P_u 对 F_u 的影响

4. 循环加载对斜裂缝宽度的影响

工作荷载下的斜裂缝宽度是结构设计最关注的问题之一。尽管裂缝的出现并不意味着结构的破坏，但裂缝的存在会提高钢筋混凝土结构中钢筋腐蚀的风险，进而影响结构的耐久性。一般认为，工作荷载大约为极限荷载的 0.5 倍。若将工作荷载对应的最大斜裂缝宽度记作 w_s，则试验梁对应的 w_s 如表 8-13 所示。可以看出，多次循环加载后，试验梁的斜裂缝宽度均大于相应的静载梁。

工作荷载下的最大斜裂缝宽度比较　　　　表 8-13

静载梁		循环加载梁					
		P_{max}=0.7P_u			P_{max}=0.9P_u		
试件编号	$w_{s,US}$(mm)	试件编号	$w_{s,CS}$(mm)	$w_{s,CS}/w_{s,US}$	试件编号	$w_{s,CS}$(mm)	$w_{s,CS}/w_{s,US}$
PSURC-06	0.24	PSURC-23	0.44	1.83	—	—	—
PSURC-07	0.12	PSURC-24	0.18	1.50	PSURC-25	0.22	1.83
PSURC-05	0.16	PSURC-26	0.22	1.38	—	—	—
PSURC-04	0.14	PSURC-27	0.28	2.00	—	—	—
PSURC-01	0.20	PSURC-28	0.26	1.30	PSURC-29	0.34	1.7
平均值				1.60	平均值		1.77
变异系数(%)				18.8	变异系数(%)		30.3

从试验结果上看，配箍率较大时，箍筋对斜裂缝的约束能力较强，因

而静载与循环加载后的斜裂缝宽度较小；但是预应力度对斜裂缝宽度没有明显影响。斜裂缝宽度的发展主要是由于斜裂缝两侧的混凝土体相对滑移所引起的，因此斜裂缝宽度的开展方向与箍筋方向一致。与预应力筋的方向垂直。因此配箍率的大小影响着斜裂缝宽度，而斜裂缝宽度与预应力度无关，这与已有研究成果得到的结论一致。此外，由于在循环加载过程中斜裂缝间骨料咬合力的削弱程度比静载中严重以及箍筋自身在循环加载过程中的塑性变形增加，因此配箍率对循环加载梁的影响程度要小于静载梁的影响程度。

荷载水平的大小对斜裂缝宽度也会产生一定的影响。荷载水平由 $0.7P_u$ 提高到 $0.9P_u$，试验梁在 $\rho_{sv}=0.42\%$；$\lambda_p=0.42$ 与 $\rho_{sv}=0.32\%$；$\lambda_p=0.42$ 情况下的斜裂缝宽度分别增加了 22.2%和 30.8%。这表明荷载水平的提高也会导致斜裂缝宽度的显著增大。对于两种情况下斜裂缝宽度的增加程度可以看出，配箍率较大的试验梁在循环加载后的裂缝控制能力要好。

5. 循环加载对剪切延性的影响

构件的延性是指构件在荷载作用下进入非线性状态后，在承载力没有显著降低情况下的非弹性变形能力。“强剪弱弯”作为受弯构件在设计中的基本要求，主要是为了使受弯构件具有较强的受剪承载力而保证构件最终发生延性较好的弯曲破坏，而避免脆性剪切破坏。因此，在超载情况下，结构也应该具有一定的剪切延性以能确保结构的安全性。根据图 8-47～图 8-49 所示，从预应力型钢超高强混凝土梁的荷载-挠度曲线可以看出，预应力型钢超高强混凝土梁在达到极限荷载之后荷载下降比较缓慢，显示出较好的剪切延性。

预应力型钢超高强混凝土梁的延性性能可采用剪切延性系数来衡量。剪切延性系数一般定义为构件破坏时的变形与屈服时的变形的比值，记作 $\mu=\Delta_f/\Delta_y$。对于本文静载梁，荷载下降到极限荷载的 75%时被认定为试验梁发生最终破坏，此时对应的位移为破坏位移 Δ_f，本书采用能量等效面积法近似确定屈服荷载以及对应的屈服位移 Δ_y，见图 8-35。由于循环加载后的试验梁存在一定的残余变形，因此计算屈服位移与破坏位移时应减去残余位移，由于本次试验的循环荷载取值大多超过对应静载梁的屈服荷载，多次循环加卸载致使试验梁不断强化，循环加载后的荷载-挠度曲线上升段几乎呈现一条直线，因此，能量等效面积法对循环加载后的荷载-挠度曲线并不适用。为了进行统一对比，认为循环加载梁的屈服强度与对应的静载梁相等，屈服强度对应的位移为屈服位移 Δ_y，破坏位移 Δ_f 的定义方法与静载梁相同。表 8-14 给出了试验梁的剪切延性系数计算结果，表 8-15 给出了循环加载后梁的剪切延性系数 μ_{CS} 与对应静载梁的剪切延性系数 μ_{US} 的比值。可以看出：在低荷载水平下，μ_{CS}/μ_{US} 的范围在 0.98～1.02 之间，平均值为 1.00，变异系数为 24.6%，这表明静载与循环加载后试验梁的剪切延性总体上是相等的，然而在个体上仍有较大差异。值得注意的是，在高荷载水平下，μ_{CS}/μ_{US} 不小于 1.36，说明高荷载水平循环加载对试验梁的剪切延性有显著提高。

剪切延性系数　　**表 8-14**

试件编号	P_u(kN)	Δ_y(mm)	Δ_f(mm)	μ
PSURC-06	1079.83	1.57	3.63	2.31
PSURC-07	1239.93	1.20	6.28	5.23
PSURC-05	1042.20	2.86	9.94	3.48
PSURC-04	1147.32	2.20	9.08	4.13
PSURC-01	1164.36	1.69	8.03	4.75
PSURC-23	1067.32	2.56	5.30	2.06
PSURC-24	1226.87	1.64	8.44	5.15
PSURC-26	1052.57	2.4	11.97	4.99
PSURC-27	1170.05	2.04	7.76	3.80
PSURC-28	1186.14	1.67	6.35	3.80
PSURC-29	1038.69	1.74	11.21	6.44
PSURC-25	1135.39	1.22	9.32	7.38

剪切延性系数比较　　**表 8-15**

静载梁		循环加载梁					
		$P_{max}=0.7P_u$			$P_{max}=0.9P_u$		
试件编号	μ_{US}	试件编号	μ_{CS}	μ_{CS}/μ_{US}	试件编号	μ_{CS}	μ_{CS}/μ_{US}
PSURC-06	2.31	PSURC-23	2.06	0.89	—	—	—
PSURC-07	5.23	PSURC-24	5.15	0.98	PSURC-25	7.38	1.41
PSURC-05	3.48	PSURC-26	4.99	1.43	—	—	—
PSURC-04	4.13	PSURC-27	3.80	0.92	—	—	—
PSURC-01	4.75	PSURC-28	3.80	0.80	PSURC-29	6.44	1.36
平均值				1.00	平均值		1.39
变异系数(%)				24.6	变异系数(%)		9.6

预应力度对剪切延性的影响如图 8-53 与表 8-14 所示。预应力水平对静载与循环加载的预应力型钢超高强混凝土梁的剪切延性产生不同影响。静载梁的剪切延性随预应力度的提高而增大，但是循环加载梁的剪切延性却随着预应力度的提高而显著降低。主要原因：对于静载梁来说，提高预应力度对曲线下降段影响较小，但却能有效提高上升段刚度，降低屈服位移，从而可以提高剪切延性；对于循环加载梁来说，循环加载大大削弱了预应力对初始刚度的影响程度。另外，在循环荷载作用下，预应力度对曲线下降段刚度的影响程度较小，因而与无预应力梁相比，其延性降低。

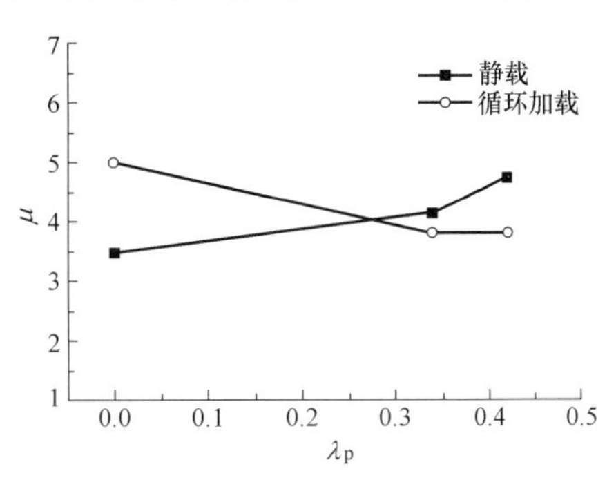

图 8-53　λ_p对 μ 的影响

从图 8-54 可以看出，在静载与循环加载作用下，增大配箍率可以提高试验梁的剪切延性。这是因为：增加箍筋数量能够有效约束混凝土变形，延缓承载力下降趋势，进而提高了试验梁的剪切延性。从总体上看，循环加载试验梁的剪切延性比静载梁低，这是因为箍筋的自身塑性变形导致了其约束能力的降低。此外，混凝土裂缝的开展也削弱了箍筋对混凝土的整体约束能力。

从图 8-55 可以看出，PSURC-25、PSURC-29 的位移延性系数分别比 PSURC-24、PSURC-28 增长了 43.3%与 69.5%，说明与低荷载水平相比，高荷载水平下的试验梁循环加载后的剪切延性更好，并且增大配箍率对试验梁剪切延性的提高更显著。这是因为在高应力幅下，试验梁裂缝的

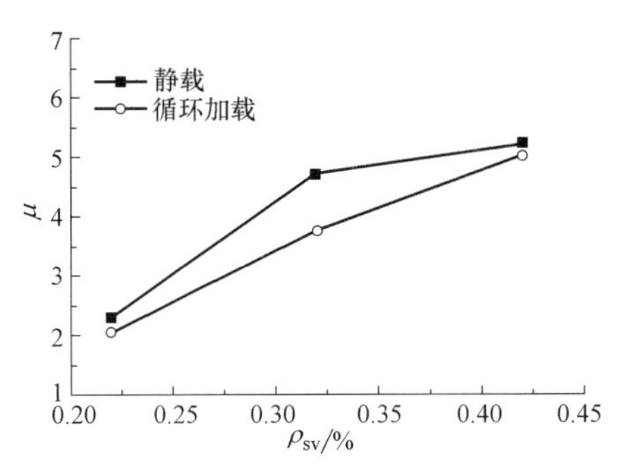

图 8-54　ρ_{sv}对 μ 的影响

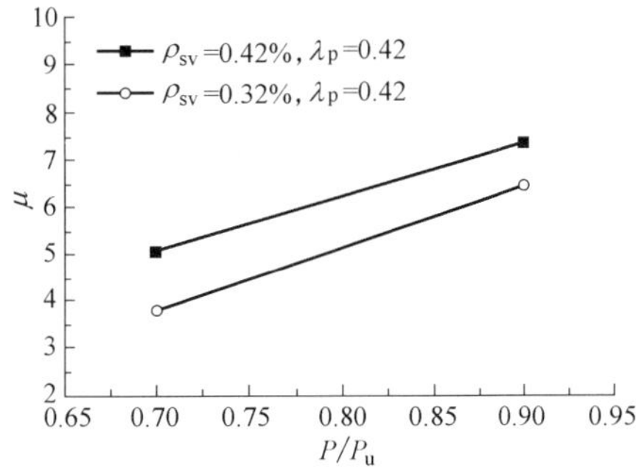

图 8-55　P/P_u对 μ 的影响

数目、长度、宽度充分发展，所以荷载-挠度曲线的下降段更加平滑，剪切延性更好。但是值得注意的是，由于高应力幅下裂缝的充分发展，其承载能力也显著下降。

本章小结

本章通过预应力型钢超高强混凝土梁的试验研究、数值计算以及循环加载试验，得到如下初步结论：

（1）预应力型钢超高强混凝土梁和预应力型钢普通混凝土梁的裂缝形态和荷载-挠度曲线特征基本相同。此外，预应力型钢超高强混凝土梁具有更好的刚度和剪切延性。

（2）增大腹板厚度和混凝土强度对试验梁的斜截面开裂荷载和极限荷载均有提高；剪跨比越大，试验梁的斜截面开裂荷载和极限荷载越大，但是剪跨比增大到一定程度时，极限荷载变化很小。

（3）增加预应力度对试验梁的斜截面开裂荷载提高较为明显，但是对极限荷载的提高不显著，增大配箍率，预应力型钢超高强混凝土梁的极限荷载也随之增加，但是对斜截面开裂荷载几乎无影响。

（4）试验梁的斜截面开裂荷载和极限荷载均随着翼缘宽度比的增加而降低，增大栓钉高度可以提高试验梁的斜截面开裂荷载，但是对极限荷载无影响。

（5）提出了预应力型钢超高强混凝土梁受剪承载力的计算公式。计算结果与试验结果的对比分析表明，本书提出的计算公式具有较高的精度，可供进一步研究参考。

（6）将 ANSYS 计算所得的极限荷载和荷载-挠度曲线与试验所得的极限荷载和荷载-挠度曲线进行比较，结果表明：极限荷载的计算与试验结果基本一致，但是混凝土开裂后的荷载-挠度曲线计算存在偏差。

（7）预应力型钢超高强混凝土梁的裂缝形态与预应力超高强混凝土梁的裂缝形态有着明显区别。当试验梁达到极限荷载状态时，预应力型钢超高强混凝土梁的斜裂缝高度小于预应力超高强混凝土梁的斜裂缝高度，且大部分斜裂缝只开展至型钢上翼缘位置处并在最终破坏时形成多条主裂缝。此外，在工作荷载状态下，预应力型钢超高强混凝土梁的最大斜裂缝宽度小于预应力超高强混凝土梁的斜裂缝宽度，其比值的均值为 0.68。

(8) 型钢对试验梁极限承载能力的提高效果不明显，但是对试验梁的残余承载力的提高效果较为显著。剪跨比、预应力度和配箍率对两种试验梁的承载能力均有影响，其中剪跨比和配箍率对承载能力的作用更加显著。预应力型钢超高强混凝土梁的承载能力随着腹板厚度的增加而增大。此外，试验结果建议了在实际工程中采用薄腹板和大配箍率的截面构造形式是更合理的。

(9) 型钢对预应力型钢超高强混凝土梁的开裂后刚度具有显著作用。两种试验梁的刚度均随着剪跨比的增加而降低，随着配箍率的增加而无明显改变。增大预应力度可以提高预应力型钢超高强混凝土梁的刚度，但是对预应力超高强混凝土梁的刚度无作用。此外，增加腹板厚度对预应力型钢超高强混凝土梁的刚度也无影响。

(10) 预应力型钢超高强混凝土梁的剪切延性远远优于预应力超高强混凝土梁的剪切延性。两者剪切延性系数比值的均值约为 2.00。预应力型钢超高强混凝土梁的剪切延性随着腹板厚度或预应力度的提高而增大，但是预应力超高强混凝土梁的剪切延性却随着预应力度的增大而降低。此外，增大剪跨比或配箍率也能提高两种试验梁的剪切延性。

(11) 循环加载后预应力型钢超高强混凝土梁的破坏形态与静载梁相似，剪跨比为 1.5 的情况下，均发生剪切破坏。与静载梁相比，循环加载导致斜裂缝数量增加，且裂缝开展更加充分。此外，在高荷载水平作用下，除了斜裂缝、弯曲裂缝外，跨中型钢受压翼缘处的混凝土表面还会出现若干水平裂缝。

(12) 循环加载使试验梁产生残余挠度，荷载-挠度曲线的下降速度放缓。无论在静载或是循环加载之后，提高预应力度能够有效提高上升段刚度，但是对曲线下降段影响较小。在循环加载作用下，预应力度对试验梁上升段刚度的影响程度比相应的静载梁小；增大配箍率对曲线上升段刚度没有明显作用，但是却有效减缓曲线下降段的承载力与刚度退化趋势。此外，荷载水平对循环加载试验梁的刚度也没有显著作用。

(13) 在低荷载水平（$P_{max}=0.7P_u$）下，循环加载后的预应力型钢超高强混凝土梁受剪承载力与静载梁相比没有显著降低。静载与循环加载下，试验梁的受剪承载力均随预应力度与配箍率的提高而增加；循环荷载水平由 $0.7P_u$ 提高到 $0.9P_u$ 时，试验梁的受剪承载力大约下降 10%。

(14) 循环加载导致斜裂缝宽度增大。在静载与循环加载下，试验梁的斜裂缝宽度均随配箍率的增大而减小，但是随着预应力度的增大而基本不变。此外，荷载水平的提高对循环加载试验梁斜裂缝宽度的增长也有显著影响。

（15）与静载梁相比，在高荷载水平下，循环加载试验梁的剪切延性显著提高，但是低荷载水平下却变化不大。增大预应力度会提高静载梁的剪切延性，但是会降低循环加载梁的剪切延性。提高配箍率对静载或循环加载梁的剪切延性均有积极的影响，另外，箍筋对静载梁剪切延性的影响比循环加载梁更显著。

参考文献

［1］ Minoru Wakabayashi，A historical study of research on composite construction in Japan. Proceeding Conference Paper. Composite Construction in Steel and Concrete，ASCE，New York 1997；400-427.

［2］ C. C. Weng，S. L. Yen，M. H. Jiang，Experimental study on shear splitting failure of full-scale composite concrete encased steel beams. Journal of Structural Engineering 2002；128（9）：1186-1194.

［3］ Hideki Naito，Mitsuyoshi Akiyama，Motoyuki Suzuki，Ductility evaluation of concrete-encased steel bridge piers subjected to lateral cyclic loading. Journal of Bridge Engineering 2011；16（1）：72-81.

［4］ S. A. Mirza，E. A. Lacroix，Comparative strength analyses of concrete-encased steel composite columns. Journal of Bridge Engineering 2004；130（12）：1941-1953.

［5］ Sherif EI-Tawil，Gregory G. Deierlein，Strength and ductility of concrete encased composite columns. J Struct Eng 1999；125（9）：1009-1019.

［6］ S. EI-Tawil，C. F. Sanz-Picòn，G. G. Deierlein，Evaluation of ACI318 and AISC（LRFD）strength provisions for composite beam-column. Journal of Construction Steel Research 1995；34（1），103-123.

［7］ 郑山锁，胡义，车顺利等. 型钢高强高性能混凝土梁抗剪承载力试验研究［J］. 工程力学，2011，28（3）：129-135.

［8］ JGJ 138—2001，型钢混凝土组合结构设计规程［S］. 北京：中国建筑工业出版社，2001.

［9］ YB 9082—1997，钢骨混凝土结构设计规程［S］. 北京：冶金工业出版社，1998.

［10］ 张宏站. 钢纤维高强混凝土构件受剪性能试验研究［D］. 大连理工大学工学博士论文，2005.

[11] Yining Ding, Zhiguo You, Said Jalali, Hybrid fiber influence on strength and toughness of RC beams. Composite Structure 2010; 92, 2083-2089.

[12] Yuliang Xie, Shuaib H Ahmad, Tiejun Yu, et al. Shear Ductility of Reinforced Concrete Beams of Normal and High-strength Concrete. ACI Structural Journal 1994; 91 (2): 140-149.

[13] 赵国藩. 高等钢筋混凝土结构学 [M]. 北京：机械工业出版社，2012.

[14] Chien Hung Lin, Feng Sheng Lee. Ductility of High-performance Concrete Beams with High-Strength Lateral Reinforcement. ACI Structural Journal. 2001; 98 (4): 600-608.

[15] Chien Hung Lin, Wen Chih Lee. Shear Behavior of High-workability Concrete Beams. ACI Structural Journal. 2003; 100 (5): 599-608.

[16] G. Fathifazl, A. G. Razaqpur, O. Burkan Isgor, et al. Shear strength of reinforced recycled concrete beams with stirrups. Magazine of Concrete Research. 2010; 62 (10) 685-699.

[17] Eurocode 2 (EC2). Design of concrete structures-Part 1-1. General Rules and Rules for Buildings, European Standard, 1992.

[18] 易伟建，潘柏荣，吕艳梅. HRB500 级钢筋配箍的混凝土梁受剪性能试验研究. 土木工程学报 2012; 45 (4): 56-62.

[19] 易伟建，吕艳梅. 高强箍筋高强混凝土梁受剪试验研究. 建筑结构学报. 2009; 30 (4): 94-101.

[20] 吴建营. 异形截面柱在低周反复荷载作用下的抗剪性能试验与理论研究：硕士学位论文 [D]. 上海：同济大学，2001.

[21] 聂礼鹏. 钢筋混凝土异形柱结构非线性分析及抗震性能研究：硕士学位论文 [D]. 上海：同济大学，2001.

[22] 皱积麟. 钢筋混凝土异形柱抗剪性能的试验研究：硕士学位论文 [D]. 大连：大连理工大学，1997.

[23] 沈聚敏，王传志，江见鲸. 钢筋混凝土有限元与板壳极限分析 [M]. 北京：清华大学出版社，1993.

[24] 郝文化. ANSYS 土木工程应用实例 [M]. 北京：中国水利水电出版社，2005.

[25] 祝效华，余志祥. ANSYS 高级工程有限元分析范例精选 [M]. 北京：电子工业出版社，2004.

[26] 赵海峰，蒋迪. ANSYS 工程结构实例分析 [M]. 北京：中国铁道出版社，2004.

[27] 吕西林，金国芳，吴晓涵. 钢筋混凝土结构非线性有限元理论与应用 [M]. 上海：同济大学出版社，1997.

[28] 江见鲸. 钢筋混凝土结构非线性有限元分析 [M]. 西安：陕西科学技术出版社，1994.

[29] 朱伯龙，董振祥. 钢筋混凝土非线性分析 [M]. 上海：同济大学出版社，1985.

[30] Damian Kachlakev. Finite Element Modeling of Reinforced Concrete Structures Strengthened Wuth FRP Laminates-Final Report [J]. Oregon Department of Transportation. 2001 (5)：51-67.

[31] 江见鲸，陆新征. 混凝土的开裂有限元分析 [M]. 北京：清华大学土木工程系. 2004.

[32] Attard M M. Stress-strain relationship of confined and unconfined concrete [J]. ACI Material Journal，1996，93 (5)：432-442.

[33] 蒲心诚，王志军，王冲等. 超高强高性能混凝土的力学性能研究 [J]. 建筑结构学报，2002，23 (6)：49-55.

[34] 张耀庭，邱继生. ANSYS在预应力混凝土结构非线性分析中的应用 [J]. 华中科技大学学报（城市科学版），2003，20 (4)：20-23.

[35] Forrest Richard W. B.，Higgins Christopher，Senturk A. Ekin. Experimental and analytical evaluation of reinforced concrete girders under low-cycle shear fatigue [J]. ACI Structural Journal，2010，107 (2)：199-207.

[36] 孙晓燕，黄承逵. 循环加载对钢筋混凝土梁抗剪性能影响研究 [J]. 大连理工大学学报，2006，46 (1)：69-74.

[37] Lin C H，Lee F S. Shear behavior of high-workability concrete beams [J]. ACI Structural Journal，2003，100 (5)：599-608.

[38] Lin C H，Lee F S. Ductility of High-performance concrete beams with high-strength lateral reinforment [J]. ACI Structural Journal，2001，98 (4)：600-608.

[39] Fathifazl G，Razaqpur G，Isgor Burkan et al. Shear strength of reinforced recycled concrete beams with stirrups [J]. Magazine of Concrete Research，2010，62 (10)：685-699.

[40] Lee S C，Cho J Y，Oh B H. Shear behavior of large-scale post-tensioned girders with small shear span-depth ratio [J]. ACI Structural Journal，2010，107 (2)：137-145.